21世纪高等院校信息与通信工程规划教材

21st Century University Planned Textbooks of Information and Communication Engineering

通信与信息专业概论

李文娟 胡珺珺 赵瑞玉 主编

鲜继清 主审

Telecommunications Essentials

人民邮电出版社

北京

图书在版编目（C I P）数据

通信与信息专业概论 / 李文娟，胡珺珺，赵瑞玉主编. -- 北京 : 人民邮电出版社，2014.8
21世纪高等院校信息与通信工程规划教材
ISBN 978-7-115-35659-8

Ⅰ. ①通… Ⅱ. ①李… ②胡… ③赵… Ⅲ. ①通信系统－高等学校－教材②信息系统－高等学校－教材 Ⅳ. ①TN914

中国版本图书馆CIP数据核字(2014)第142155号

内 容 提 要

本书系统介绍了通信与信息类专业的性质、特点以及所学技术的作用和地位，全面介绍了通信与信息的知识框架，对信息终端、接入到信息传输、交换、网络，再到各种通信业务和常用技术做了深入浅出的阐述，使学生对通信与信息从宏观上有全面认识。

本书内容广泛，信息量大，涉及较多基础知识，图文结合，重点突出，表达清晰易懂，方便自学，具有完整性和系统性的特点。本书注重理论与实际应用相结合，并力图反映技术的最新发展动态。

本书可作为普通高校通信、电子等相关专业的“专业概论”课教材或参考书，也可作为其他专业学生学习通信与信息基本知识的自学参考资料。

◆ 主　　编　李文娟　胡珺珺　赵瑞玉
　主　　审　鲜继清
　责任编辑　刘　博
　责任印制　彭志环　焦志炜
◆ 人民邮电出版社出版发行　　北京市丰台区成寿寺路 11 号
　邮编　100164　　电子邮件　315@ptpress.com.cn
　网址　http://www.ptpress.com.cn
　北京九州迅驰传媒文化有限公司印刷
◆ 开本：787×1092　1/16
　印张：11.75　　　　2014 年 8 月第 1 版
　字数：291 千字　　　2024 年 11 月北京第 14 次印刷

定价：29.80 元

读者服务热线：(010)81055256　印装质量热线：(010)81055316
反盗版热线：(010)81055315

前 言

"通信与信息专业概论"是为引导通信与信息类专业大一新生初步认识和理解所学专业而设置的一门课程。为了适应通信与信息技术的最新发展，通过总结多年教学实践的经验，参考国内外优秀教材，并结合近几年来我校的教学实践和改革成果，编写了本书。

本书旨在通过介绍通信与信息类专业的性质、特点以及所学技术的作用和地位，使学生了解所学专业的基础知识、培养目标和所学课程的教学内容，树立正确的专业思想和学习观，为今后在校学习、激发自己的学习潜力打下良好的思维和学习方法基础，并且引导学生尽快适应大学学习。本书建立了完整的知识框架，使学生从宏观上对通信与信息全面认识，对以后在专业课中有针对性地学习起到指导作用。

本书具有如下主要特点。

1. 本书是一本面向应用型本科通信、电子信息类专业的教材和参考书，对通信与信息类专业的特点、课程体系、培养目标和学习方法等做了系统地介绍，体现了应用型本科通信、电子信息大类专业的特色。

2. 强调基础概念，图文结合，知识结构体系完整，便于自学。以最易接受的方式介绍了通信与信息中的主体概念、基本构成、常用技术和发展及应用。

3. 在注重基本理论和基础概念的同时，力图反映一些技术的最新发展和实际意义，理论联系实际，缩短读者对抽象知识的距离感。

全书共 9 章。第 1 章序言，简要说明了大学学习的任务和特点，阐述了通信与信息类专业的学科体系、教学环节和学习方略，介绍了通信与信息类几个典型专业的培养目标和对人才素质的要求。第 2 章通信与信息的历史演进和应用，介绍了通信、电子信息、广播电视的发展简史和应用。第 3 章通信与信息的基本概念，简要介绍一些常用名词，通信系统的分类及特点，通信系统的组成，通信网的基本知识，简述了通信系统的基础理论。第 4 章信息终端，介绍了固定电话终端，移动终端中的手机、笔记本电脑和平板电脑，电视终端和物联网终端的分类、组成以及接入方式。第 5 章信息传输与接入系统，首先介绍了传输系统的基本任务和传输方式，重点讨论了几种典型的传输系统和接入系统。第 6 章信息交换，首先说明了交换的基本作用和发展过程，重点介绍了电路交换、分组交换、ATM 交换、IP 交换、软交换和光交换技术。第 7 章信息网络，首先说明了网络的基本概念，在介绍几种常见的信息网络的基础上，简要阐述了三网融合。第 8 章通信业务，介绍通信业务的分类，重点讨论电话业务、移动业务和增值业务。第 9 章现代通信及发展，主要说明了现代通信的基本特征和主要技术，重点介绍了 CTI 技术、物联网和云计算，讨论了目前通信的热点技术和现代通信的发展方向。

本书可作为普通高等学校通信工程、电子信息工程、电子信息科学与技术、广播电视工程及其相近专业的教材，在大一年级开设的专业概论课程中使用，还可作为参考书供其他专业学生学习通信与信息基本知识。

本书的第 1 章、第 2 章、第 3 章、第 4 章由李文娟老师编写，第 6 章、第 7 章、第 8 章由胡珺珺老师编写，第 5 章、第 9 章由赵瑞玉老师编写。全书由李文娟老师统编定稿。

本书在编写过程中得到了毛期俭教授、鲜继清教授和张毅教授的支持和帮助，并且由鲜继清教授主审。在此深表感谢。

由于编者水平有限，书中难免有缺点和错误，希望读者批评指正。

编 者

2014 年 4 月

目　录

第1章 序言

1.1 通信与信息类专业学习方略

通信与信息类专业学习通信技术、通信系统、通信网和电子信息等方面的知识，此类专业学生能在通信与信息领域中从事研究、设计、制造和运营等工作，例如，从事无线通信、电视、大规模集成电路、智能仪器及应用电子技术领域的研究和设计以及通信工程的研究、设计、技术引进和技术开发工作。近年来的毕业生集中在通信系统、高科技开发公司、科研院所、设计单位、金融系统、民航、铁路及政府和高等院校等。下面我们就来具体地了解一下通信与信息类专业的学习方略和几个典型的专业。

1.1.1 通信与信息类专业课程特点

我国工科大学一般按照课程的性质和目的，将大学课程划分为公共基础课程、学科基础课程、专业基础课程和专业课程四大类，对于非计算机专业还要开设计算机系列课程。本科学生在四年期间分为两个学习阶段：前两年按通信与信息大类专业培养计划学习，通常完成公共基础课程和学科基础课程部分的学习；后两年按本专业培养计划学习，通常完成专业基础课程和专业课程部分的学习。

1. *公共基础课程*

公共课和公共基础课程设置如图 1.1 所示。

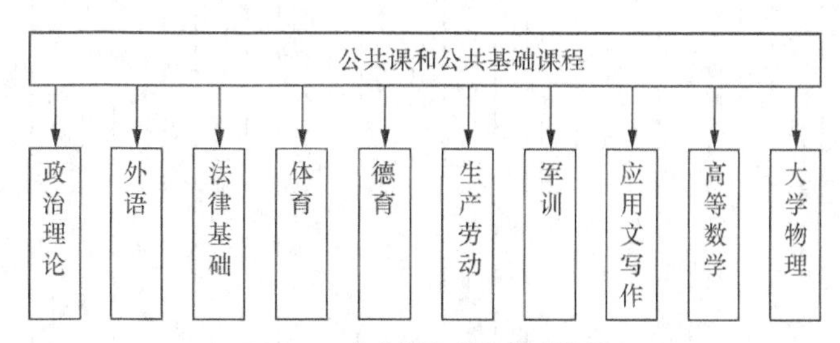

图 1.1 公共课和公共基础课程

公共课程是由国家统一规定设置的，是任何专业的学生都必修的课程。目的在于使所有专业的大学生都具备马列主义基本理论知识，掌握一门外国语言，增强社会文明意识，发展社会实践技能等。它为培养德、智、体、美全面发展的人材所必需，这类课程常常把不同学科的内容联系在一起，有利于开拓学生视野，提高学生的一般文化素养和政治理论素养，并为终身学习作好准备。

公共基础课程是根据各专业的特点和性质设置的，是学生学习知识、进行科学思维和基本技能训练、培养能力的基础，也为学生提高基本素质以及学习后续专业课程奠定良好的基础。这类课程的内容和标准一般比较稳定，是学习专业课程的基石。

例如，英语是当今世界上主要的国际通用语言。从全世界来看，说英语的人数已经超过了任何语言的人数，8 个国家以英语为母语，38 个国家的官方语言是英语，世界三分之一的人口（二十几亿）讲英语。英语与许多行业都有着密切的关联，通信与信息专业很多高新技术资料都是以英语编写，再以计算机程序开发为例，虽然目前的计算机操作系统已经有中文版，但要进行应用程序开发，程序还是用英语编写的。掌握英语能力（听、说、读和写）是大学生的基本能力之一。

高等数学对于通信与信息类专业的学生而言也是非常重要的。数学家华罗庚曾经说过："宇宙之大，粒子之微，火箭之速，化工之巧，地球之变，日用之繁，无处不用数学。"这是对数学与生活的精彩描述。数学教学与社会生活相互依存，相互融合，数学问题来源于生活，而生活问题又可用数学知识来解决。数学是一切科学的工具，使得各种学科都存在不同程度的数学化的倾向，在一些学科里面产生了与数学联姻的边缘分支（比如，布尔代数→数字技术），甚至个别学科的发展已经难以分清它与数学的界限了。高等数学是专业所有主干课程学习的基础，比如《信号与系统》课程，它是通信工程、电子信息工程、电子信息科学与技术、广播电视工程等专业的一门学科基础课，在这门课程中就将大量用到数学知识。

物理学是一切自然科学的基础，是一切工程技术的基础，是科学技术和新兴技术的母体，是工科各专业的一门必修的重要基础课。该课程使学生掌握物理学的基本理论，培养科学思维，提高学生分析问题、解决问题和发现问题的能力，为掌握工程技术及今后的知识打下必要的物理基础。比如，其中的电学、光学、磁学等内容对后续专业课程学习都是很重要的。

2. 计算机系列课程

通信与信息类专业设置了相关的计算机系列课程，如图 1.2 所示。

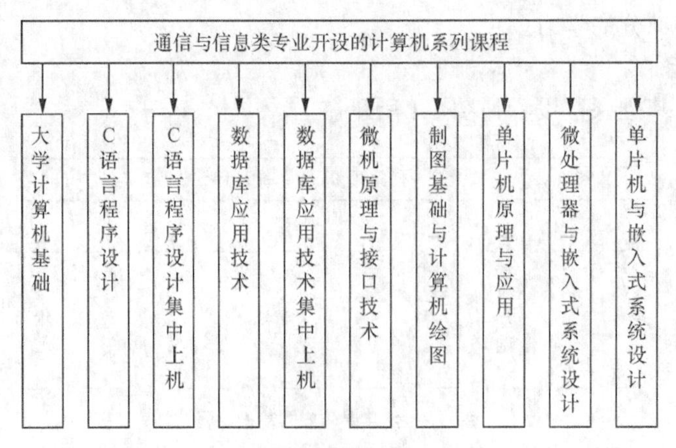

图 1.2　计算机系列课程

今天，没有哪一种技术能和计算机技术的发展一样日新月异！计算机已经渗透到我们的工作、学习、生活和娱乐的各个方面。掌握计算机和网络知识已经成为大多数人的基本工作技能。在高等学校，计算机教育已经成为学生的必修课程。非计算机专业学生接受的是以应用为目的的教育，一般是学习基本的程序设计、操作系统和网络应用等知识。

在通信与信息科学领域，计算机仿真已经成为研究者从事科学研究的重要手段。研究人员可利用合适的仿真软件模拟系统，通过仿真实验来分析方案设计的正确性并予以优化，以减少工程实施中的问题。另外，在实际科研条件不充分的情况下，计算机仿真可帮助研究人员在一定程度上摆脱科研条件的限制，从事大量专题研究。为提高学习和科研能力，通信与信息专业学生还应该掌握一些计算机仿真工具。

3. 专业基础和专业课程

专业课程是根据不同的专业培养目标而专门开设的。工科专业的学生只有学习并掌握了本专业的专业课程，才有可能胜任相应的技术工作。一般说来，学生的专业能力和专长主要来自他们所学习的专业课程，但后劲取决与基础课程。

下面以通信与信息类几个典型的专业来了解各专业的专业课程设置。

（1）通信工程专业

通信工程专业的专业基础课和专业课设置如图 1.3 所示。

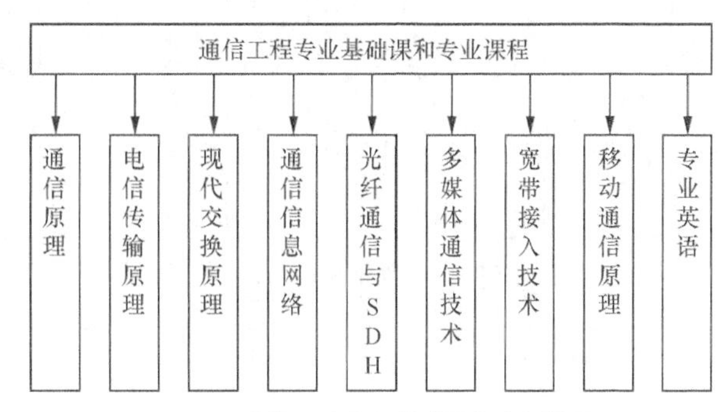

图 1.3 通信工程专业基础课和专业课程

该专业主要学习信号的产生、信息的传输、交换和处理，以及在计算机通信、数字通信、卫星通信、光纤通信、蜂窝通信、个人通信、平流层通信、多媒体技术、信息高速公路、数字程控交换等方面的理论和工程应用。

这里所列出的专业课程是我们本专业必须要学习的最为主要的几门课程。其实，通信工程还有好多专业课程，如数字通信原理、数据与计算机通信、光缆工程与测量技术、网络管理原理及工程技术、通信新业务、数字图像处理技术等课程，在以前的培养方案中是列在限选和任选课程中的，同学们可根据自己的需要和兴趣选修。

（2）广播电视工程专业

广播电视工程专业的专业基础课和专业课设置如图 1.4 所示。

该专业主要学习广播电视技术、多媒体技术以及相关基础理论等方面的知识，掌握在广播电视系统和相关部门从事设备维护、使用和管理等方面的基本能力。

（3）电子信息工程专业

电子信息工程专业的专业基础课和专业课设置如图 1.5 所示。

该专业主要学习信息的获取与处理，电子设备与信息系统的设计、开发、应用和集成。

（4）电子信息科学与技术专业

电子信息科学与技术专业的专业基础课和专业课设置如图 1.6 所示。

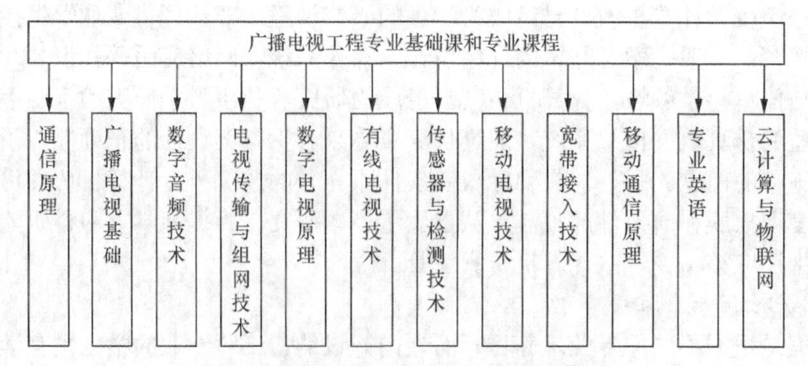

图 1.4 广播电视工程专业基础课和专业课程

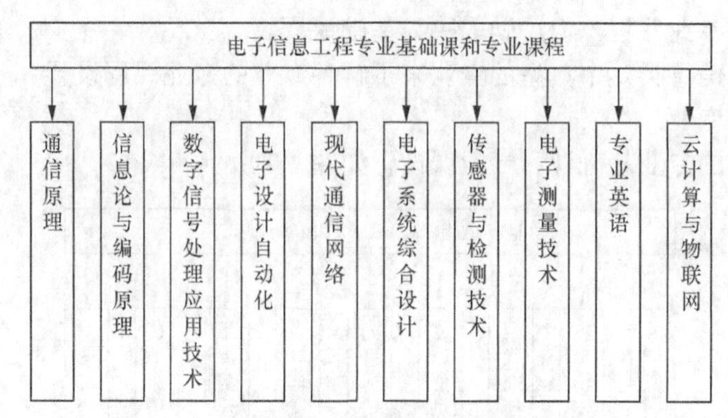

图 1.5 电子信息工程专业基础课和专业课程

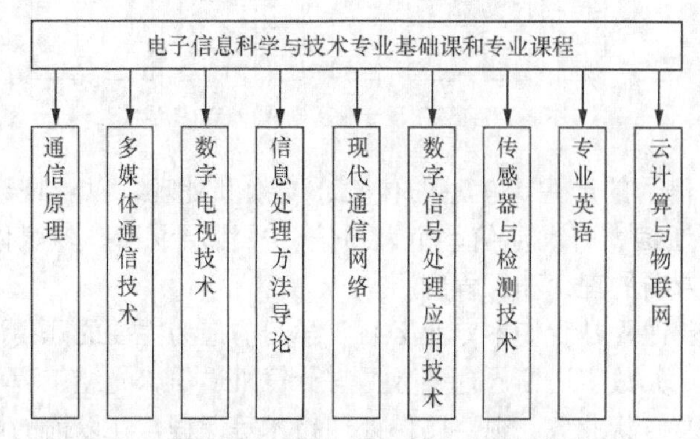

图 1.6 电子信息科学与技术专业基础课和专业课程

本专业学生主要学习电子信息科学与技术的基本理论和技术，受到科学实验与科学思维的训练，具有本学科及跨学科的应用研究与技术开发的基本能力。

4. 学科基础课程

学科基础课程或称技术基础课程，包括专业理论基础和专业技术基础课程。学科基础课程有一定的应用背景，因而它的覆盖面较宽，有一定的理论深度和知识广度，还具有与工程科学密切相关的方法论。

学科基础课一般可以分为若干大类，例如力学类、电工类、电子类等，这类课程对于学生专业能力的发展关系重大，其作用犹如高层建筑的基础，只有有了坚实、宽厚的基础，才可能建设起高大、宏伟的建筑。

通信与信息类专业设置的学科基础课程通常如图 1.7 所示。

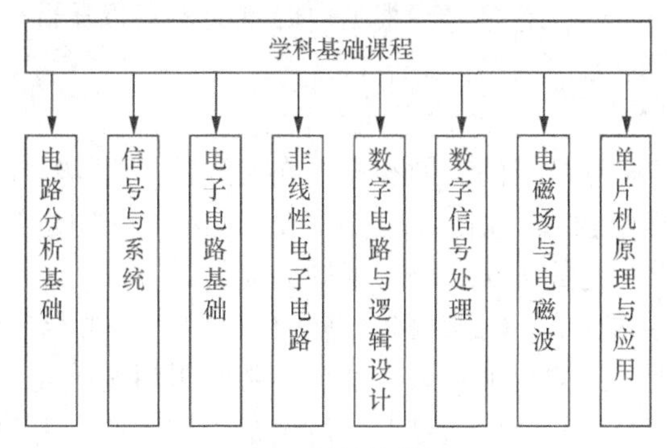

图 1.7 学科基础课程

《电路分析基础》课程是《电子电路基础》《数字电路与逻辑设计》《非线性电子电路》等很多课程的前续课，它是进入电子领域必须学习的第一门重要学科基础课程。

《电子电路基础》和《数字电路与逻辑设计》是电气、电子信息类各专业（通信工程、电子信息工程、电子信息科学与技术、广播电视工程、通信技术、计算机科学与技术、信息管理等）和很多理工科专业的重要专业基础课，也是主要技术基础课，它们具有自身的体系和很强的实践性，因此被称为学生的“看家课”和“牛鼻子”课。

《非线性电子线路》也是一门重要的技术基础课。内容包括功率放大器、正弦振荡、模拟相乘器、混频器、振幅调制与检波、角度调制与解调等。内容上突出实践和应用，加强了集成电路的介绍和软件工具的使用，有利于加强学生自主学习能力和创新意识的培养。

学科基础课的知识体系直接服务于电子信息类各专业相关后续课程，直接服务于当今科学研究和生产实践。它的“基础性”、“工程性”、“实用性”、“应用广泛性”决定了它在相关专业的课程体系中举足轻重的地位。该课程学得好坏将直接影响到后续相关课程的学习和将来的工作能力。因此，请同学们务必认真学好这些课程。

5. 通识课程

通识教育不单单是一种课程设置模式，也是一种教育思想、一种教育理念、一种教育境界，其目的是培养人的自由、和谐、全面发展。大学提出通识教育目标，就是要纠正高校普遍存在的过窄的专业教育、过弱的文化陶冶、过重的功利导向、过强的共性制约的弊病，是十分必要的。因而大学不仅提供专业教育，还重视通识教育，例如选修课程中的艺术修养与实践、数学建模、电子设计制作、大学生创业基础、文学与法等。

1.1.2 通信与信息类专业的教学环节

大学教学是一个十分复杂的过程，包含着众多的环节。如果一个环节出了问题，就可能“满盘皆输”。通信工程专业的教学环节分为理论教学和实践教学两部分，包括课堂教学（包括课堂讲授、课堂讨论、习题课等）、习题和作业、辅导和答疑、实验、自学和自学指导、实习（金工、认识、电装实习、集中上机、毕业实习）、社会调查、生产劳动、考核、课程设计和毕业设计等。

1. 课堂讲授

课堂讲授是古今中外教学的基本形式，也是理论教学的主要环节。通过教师讲授，能使学生系统地、集中地掌握本课程所涵盖的重点内容和难点所在。为了能抓住重点和难点，学生应该在课前预习课程内容，在听讲的过程中要紧跟老师的思路，积极思考，这样基本上能解决绝大部分所要理解的内容。有些老师根据内容难易，可以让同学们以自己阅读、课堂讨论或课堂练习的形式进行学习。

2. 习题课和课堂讨论

习题课和课堂讨论是课堂讲授的有效补充，在习题课上，教师通过分析典型例题，使同学们养成仔细审题、明确题意（已知什么，求什么？），培养构建解题思路、解题依据、解题方法和步骤，培养分析问题的方法和解决问题的能力。

课堂讨论是培养学生智能的重要渠道，是一种学习与思考相结合、相互启发的教学环节。课堂讨论一方面促进学生的自主学习，锻炼学生分析问题的能力；另一方面可以锻炼学生当众口头表达观点的能力。教师可通过课堂讨论检查学生的学习效果和智能发展水平。

3. 实验

实验过程包括实验设计（含实验步骤和实验电路设计）、实验过程实施（搭接电路、检查、故障分析、故障排除等）、实验观察与记录、实验数据的整理计算、结果分析与讨论以及实验报告的撰写等。实验的性质包括验证性、综合性和设计性等。通过实验教学不仅可以加深理解理论知识、提高理论教学效果，更重要的是可以培养学生实际操作能力、观察能力、科研意识、创新能力和与人协作的精神等综合素质。

4. 课程设计

课程设计是使学生面对模拟或实际的工程问题，运用所学的相关课程的知识提出自己的技术设想和方案，并在实验室条件下具体实现的一种形式，可以较大程度地提高学生的自学、组织与创新以及科学运算和使用技术资料的能力。通过课程设计，使学生树立正确的设计思想，掌握初步的工程技术方法和科研方法。

5. 毕业实习

毕业实习是学生毕业实践教学过程中的第一个教学环节，其目的是进一步提高学生的实践能力和创新能力。毕业实习的基本任务是对学生进行生产（科研）实践技能的基本训练，提高学生分析问题和解决问题的能力。毕业实习安排在大学四年级最后一学期，一般为前三周，实习单位由学生自主联系确定或各系安排。毕业实习成绩分五档：优、良、中、及格、不及格。毕业实习成绩根据实习表现和实习报告综合评定。毕业实习是一门必修课，成绩不及格者必须重修。

6. 毕业设计

毕业设计是培养学生综合运用所学基础理论、专业知识和基本技能，提高分析与解决实际问题的能力，培养科学创新精神，完成基本训练和工程技术实践、科学研究、社会实践和调查的基本训练的重要环节，也是前期各个教学环节的继续、深化、补充和检验，更是培养方案中规定的必须完成的教学环节。毕业设计安排在大学四年级最后一学期，一般为期十六周左右。学生要在指导老师的指导下完成一定分量的任务，最终要写出一篇毕业论文，参加论文答辩。答辩小组根据学生的答辩情况、论文水平、平时表现等多方面情况给出学生优秀、良好、及格或者不及格的成绩。

7. 认识实习

认识实习是作为了解社会，进行国情教育的一个环节，一般结合其他课程或教学环节进行，在教学计划中没有硬性规定。有些高校将认识实习放在暑假和寒假进行，学生可以利用充足的假期时间对自己的调查进行全面深入的分析。只要切入点好，能用心调查，就可能写出很有深度的调查报告，有的学生写出的调查报告甚至达到社会科学工作者的水平（具体由辅导员老师指导）。

8. 考核

考核方式主要有考试和考查两种，其目的是检测与评价教学质量，为教学工作提供反馈信息；同时也是为了鉴别和发现优秀人才。考试按实施周期可分为期中考试、期末考试和小测验；按实施方式可分为口试、笔试和实践考试（实际操作考试）。其中笔试又可分为开卷、闭卷等形式。期末考试的内容较多，而且带有总结性质，通过系统地总结和复习，可以对整个课程有一个全面的、整体的了解。有些课程也可采用考查的方法来确定成绩，这由教学计划来决定具体考核方式。学生的最终成绩通常由平时成绩和期末卷面成绩两部分组成，有些课程还会把实验成绩一起按比例算入到最终成绩里。

1.1.3 学习方法建议

大学和中学的学习目的有本质的区别。中学学习的目的很单纯，就是为了考大学，一切都围绕应试教育而展开学习；但大学最主要的是学会学习、学会思考，为以后漫长的人生打好基础。因此，在学习过程中，就要充分发挥学习的主动性和积极性，尽可能挖掘自我内在的学习潜力，培养和提高自学能力，不要为读书而读书，应当把所学的知识加以消化吸收，变成自己的东西。

大学教育与科研齐头并进。一方面，大学担负着向学生传授知识和技能，进行专业训练的重任；另一方面，大学发挥着多学科、多专业和先进科研设备、丰富信息资料的巨大优势进行各项科学研究，以此为社会、政治、经济服务。为此，大学生要自觉的培养自己的各种能力，不仅要学好专业知识，而且要锻炼能力。大学教育在传授知识的同时，注意培养开发学生的创造能力。因此，自学在大学学习中占有相当比重，是学生智能培养的一个重要方面。这种特点就使大学教育重在传授学习方法、训练学生的研究思维，而不是机械记忆。这种情况就要求大学生必须加强独立性的培养和锻炼。

学生首先要利用好课堂时间，对老师强调的要点做好笔记，课后及时复习，按时完成作业，积极参与讨论，对照参考书进行归纳补充。结合课堂听课情况，根据本人的学习现状制定该门课程的自学计划，培养自学的自觉性，克服学习的胆怯心理，树立自学信心。学生在学习过程中要培养良好的专业学习的习惯。建议学生在每周听课后要安排一个专门的时间，依据教材、媒体、学习笔记梳理每一单元内容，领会课程学习技巧，解决疑点、难点；并运用所学技能与知识，认真完成课后练习，应培养勤于思考，善于发现问题和解决问题的能力；同时，学生也应补充适量的课外练习，增加知识量，扩大知识面。自学过程中要认真做好学习记录，如实反映自学过程中遇到的难点、疑点，以便在辅导教师面授课上进行答疑。根据学习进度依次完成考核作业册中布置的作业，从而在一定程度上了解一定阶段的学习效果。同时，学生要加强课外学习，充分利用网上有声资源进行学习，通过网上直播课堂等进行课程学习，通过网上辅导进行课程巩固，通过 BBS 进行学习交流，答疑解惑，通过电子邮件与辅导教师联系。

1.2 通信与信息类专业的学科体系

我国本科教育的学科体系按“学科门类”、“学科大类（一级学科）”、“专业”（二级学科）三个层次来设置。按照国家 1997 年颁布的《授予博士、硕士学位和培养研究生的学科、专业目录》，学科分为哲学、经济学、法学、教育学、文学、历史学、理学、工学、农学、医学、军事学和管理学 12 大门类，每大门类下设若干一级学科，共 88 个一级学科，382 种二级学科（专业）。通信与信息类专业属于“工学”学科，一级学科为“信息与通信工程”，学科代码为 0810，下设两个二级学科，分别为“通信与信息系统”和“信号与信息处理”，如图 1.8 所示。

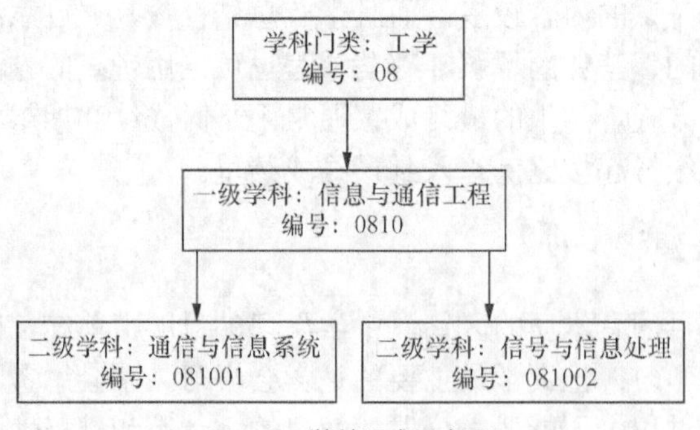

图 1.8 学科组成示意图

1.3 典型专业简介

下面，我们来了解一下通信与信息类几个典型的专业。

1.3.1 通信工程专业

1. 通信相关专业介绍

如果让科学家们选出近十年来发展速度最快的技术之一，恐怕也是非通信技术莫属。相应地，各高校也出现了通信工程（也称作信息工程、电信工程；旧称远距离通信工程、弱电工程）、电子信息工程等学科。

我国通信工程专业的前身是电机系和电机工程专业。1909 年，北京交通大学（国立交通大学北京学校）首开“无线电”科，开创了中国培养通信人才的先河，后来又成立了电信系，这里走出了简水生院士等一大批知名学者。上海交通大学于 1917 年在电机工程专业内设立“无线电系”，此后，于 1921 年设立“有线通信与无线通信系”，1952 年院系调整后，成立了“电信系”。清华大学于 1934 年在电机系设立电讯组，1952 年与北京大学两校电机系的电讯组合并后成立了清华大学无线电工程系。随后出现了任之慕、朱兰成、章名涛、叶楷、范绪筠、张钟俊教授等较有影响的人物。同时，我国开始建设一系列部委学校。这是我国高等教育发展的一个重要阶段，期间北京邮电大学、重庆邮电大学、成都电讯工程学院、西安电讯工程学院等一些重要的工科高校相继成立和建设，与通信技术相关的本科专业开始在全国招生，为我国自主培养了第一批通信技术人才。

新中国成立初期，各有关学校分别在原有的电信工程、电机工程、无线电电子学专业的基础上，为现代通信工程技术的人才培养积蓄着雄厚的力量。20 世纪 60～70 年代，受“文革”的冲击，通信工程专业的变迁较大。例如，清华大学电子工程系在 1969 年大部分迁往四川绵阳，1978 年才迁回北京，恢复为无线电电子学系建制，并为拓宽专业面向，适应科技发展需要，专业设置有所调整，增设了无线电技术与信息系统、物理电子与光电子技术、微电子学共三个大学本科专业。

到了20世纪80年代，从美国、日本、英国等发达国家刮起信息革命这股飓风，为我国通信工程专业的发展增添了强劲的动力，也是从这时起，通信工程专业有了它现在的名称。1998年，教育部本科专业调整正式命名了通信工程（Communication Engineering）专业，并定义了该专业学习和研究的内容，涉及通信技术、各种媒体处理、通信系统与通信网以及各种信息的传输、存储、变换、处理、检测与显示技术与系统等。

2. 通信工程专业培养目标

（1）人才培养定位、目标和特色

本专业遵循“加强基础、拓宽专业、注重实践、培养能力、提高素质”的原则，适应现代化和信息化社会的迫切需求，主要培养具备通信与信息技术、系统和网络等方面的基础知识，具备“全程全网全业务”工程素养、竞争力强、发展潜力大，具有创新意识、工程能力强、阳光心态、强健体魄，能在通信、信息和广播电视领域中从事工程设计、技术开发、运营维护、技术管理、设备制造和技术支持等工作的应用型高级工程技术人才。

（2）培养规格及要求

本专业学生主要学习通信技术、通信系统和通信网等方面的基础理论、组成原理和设计方法，受到通信工程实践的基本训练，具备从事现代通信设备，通信系统和网络的设计、开发、工程应用、调测及计算机模拟信息系统的基本能力。

毕业生应获得以下几方面的知识和能力。

① 具有较扎实的数理和外语基础。

② 系统地掌握本专业领域宽广的技术基础理论知识，适应通信、电子等领域的工作。

③ 掌握电路、信号与系统的基本理论及分析方法。

④ 掌握模拟和数字电路的基本理论及分析、设计和实验方法。

⑤ 掌握典型通信系统的基本原理和技术，具备从事工程设计、技术开发、设备维护和初步的科学研究实践能力。

⑥ 掌握信息处理、传输和交换的一般原理与技术。

⑦ 具备计算机模拟信息系统的基本能力。

⑧ 了解通信设备和信息系统的理论前沿和发展动态，具有研究、开发新系统的初步能力。

⑨ 初步掌握社会主义市场经济、法律、信息产业的基本方针和企业管理的基本知识。

⑩ 有一定的人文、艺术素养。

（3）主干学科和主要课程

主干学科：信息与通信工程、计算机科学与技术。

主要课程：电路分析基础、电子电路、数字电路与逻辑设计、信号与系统、数字信号处理、电磁场与电磁波、通信原理、电信传输原理、现代交换与网络、移动通信原理等，计算机技术系列课程及微处理器与嵌入式系统设计。

3. 通信产业链及毕业生就业方向

当大学生走出校园，进入通信这个行业的时候，会发现通信是个极其庞大的产业链！据粗略估计，我国在通信行业工作的人数有几百万，分布于工业和信息化部门，或其下属机构、代理商、设备制造商、渠道商、运营商、增值服务提供商、虚拟运营商 VNO、互联网服务提供商 ISP、互联网内容提供商 ICP、网络服务商 NSP、应用服务提供商 ASP、系统集成商 SI 等各个角落，如图 1.9 所示。

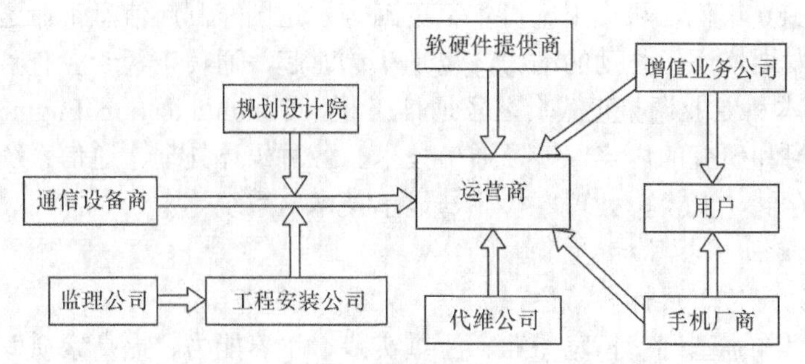

图 1.9 通信产业链

其中，面向高校通信专业毕业生的对口岗位，大多集中在以下几个方向。

（1）有线通信工程：从事明线、电缆、载波、光缆等通信传输系统及工程，用户接入网传输系统以及有线电视传输及相应传输监控系统等方面的科研、开发、规划、设计、生产、建设、维护运营、系统集成、技术支持、电磁兼容和三防（防雷，防蚀，防强电）等工作的工程技术人员。

（2）无线通信工程：从事长波、中波、短波、超短波通信等传输系统工程，微波接力（或中继）通信、卫星通信、散射通信和无线电定位、导航、测定、测向、探测、雷达等的科研、开发、规划、设计、生产、建设、维护运营、系统集成、技术支持，以及无线电频谱使用、开发、规划管理、电磁兼容等工作的工程技术人员。

（3）电信交换工程：从事电话交换，话音信息平台，ATM 和 IP 交换，智能网系统及信令系统等方面的科研、开发、规划、设计、生产、建设、维护运营、系统集成、技术支持等工作的工程技术人员。

（4）数据通信工程：从事公众电报与用户电报、会议电视系统、可视电话系统、多媒体通信、电视传输系统、数据传输与交换、信息处理系统、计算机通信和数据通信业务等方面的科研、开发、规划、设计、生产、建设、维护运营、系统集成、技术支持等工作的工程技术人员。

（5）移动通信工程：从事无线寻呼系统、移动通信系统、集群通信系统、公众无绳电话系统、卫星移动通信系统和移动数据通信等方面的科研、开发、规划、设计、生产、建设、维护运营、系统集成、技术支持、电磁兼容等工作的工程技术人员。

（6）电信网络工程：从事电信网络（电话网、数据网、接入网、移动通信网、信令网和同步网以及电信管理网等）的技术体制，技术标准的制定，电信网计量测试，网络的规划设计及网络管理（包括计费）与监控，电信网络软科学课题研究等科研、开发、规划、设计、维护运营、系统集成、技术支持等工作的工程技术人员。

（7）通信电源工程：从事通信电源系统、自备发电机和通信专用不间断电源（UPS）等电源设备及相应的监控系统等方面的科研、开发、规划、设计、生产、建设、运行、维护、系统集成、技术支持等工作的工程技术人员。

（8）计算机网络工程：从事计算机网络的技术体制、技术标准的制定、网络的规划设计及网络管理与监控和软科学课题研究等科研、开发、规划、设计、测试、维护运行、系统集成、技术支持等工作的工程技术人员。

（9）通信市场营销工程：从事通信市场策划、开拓、销售、市场分析，为客户提供服务和解决方案等工作的工程技术人员。

对于身处通信专业或对通信领域感兴趣的同学来说，庞大的通信产业，无处不需要人才，无处不是锻炼能力的广阔天地！

1.3.2 电子信息专业

1. 电子信息相关专业介绍

面对一个带有电子、信息这些字眼的专业，恐怕没人会怀疑它的前途。电子行业的飞速发展、信息技术的迅速应用，使以它们为代表的知识经济大潮席卷全球，成为当今世界经济增长的主要推动力量，所有国家概莫能外。展望未来，电子产业（包括方兴未艾的**光电子专业**）还将继续站在世界技术发展的最前沿，一如既往的带动全球经济的发展。尽管它的前途一片光明，然而当我们面对**电子信息工程（Electronic Information Engineering）、电子信息科学与技术（Electronic Information Science and Technology）**这些非常相近的专业名词时，相信肯定仍有很多人感到迷惑。通常说来，前者指的是无线电专业，偏应用；后者，也就是本专业指的是物理电子、微电子、光电子等专业，比较偏理论。前者所要研究的主要是无线电波、电路与系统，后者主要研究微观领域中的电现象、电性质及其制成器件后能够实现的功能。可以说两者是并重的，是电子科学平行发展的两个方面，都是硬件工业发展的基础。信息技术已是经济发展的牵动力量，而在关系到一国生死存亡的军事领域，电子工业更是扮演着举足轻重的角色。现代战争越来越向高技术、信息化的方向发展，电子战已经成为杀伤敌人的一种强大手段。任何国家都不想在全球的信息战中处于被动挨打的地位，包括我国在内的世界上比较有实力的国家，对于信息技术的投入都非常大，即便是非常耗费资金的电子信息科学与技术专业，国家也不惜重金投入，以期在新时代经济及战略争夺中居于主动地位。原国家信息产业部部长吴基传曾经在信息技术与微电子产业发展研讨会上表示，未来 10 年是我国发展微电子产业的关键时期，国家将微电子产业作为重中之重，优先扶植发展。

2. 电子信息专业培养目标

（1）人才培养定位、目标和特色

电子信息工程专业遵循“加强基础、拓宽专业、注重实践、培养能力、提高素质”的原则，培养具有现代电子技术和信息系统的基本理论，具备设计、开发、应用、集成各类电子设备和信息系统的基本能力，能在信息通信、电子技术、智能控制、计算机科学等领域和行政部门从事各类电子设备和信息系统的科学研究、产品设计、工艺制造、系统集成、应用开发和技术管理等工作，德、智、体、美全面发展的应用型高级工程技术人才。

电子信息科学与技术专业遵循“加强基础、拓宽专业、注重实践、培养能力、提高素质”的原则，培养具备扎实的电子信息科学与技术的基本理论、基本知识和工程应用的基本能力，受到严格的科学实验训练和科学研究初步训练，能在电子信息科学与技术、计算机科学与技术及相关领域和行政部门从事科技开发、工程设计、设备制造、生产技术与生产管理以及在电信部门从事运营维护、技术管理和营销等工作，德、智、体、美全面发展的应用型高级工程技术人才。

（2）电子信息专业培养规格及要求

电子信息工程专业是电子技术和信息工程方面的宽口径专业。本专业学生主要学习电子信息工程方面的基本理论和基本知识，学习信息获取、信号处理、信号传输以及电子信息系统设计、应用开发等方面的专业知识，接受电子工程、信息工程、计算机辅助设计实践的基本训练，掌握电子设计、信息处理、应用开发和集成电子设备及信息系统的基本能力。

电子信息工程专业毕业生应获得以下几方面的知识和能力。

① 具有较扎实的数理和外语基础。

② 较系统地掌握本专业领域宽广的技术基础理论知识，适应电子和信息工程领域广泛的工作范围。

③ 掌握模拟和数字电路的基本理论及分析、设计和实验方法。

④ 掌握信息获取、信号处理、信号传输的基本理论和应用的一般方法，具有设计、集成、应用的基本能力。

⑤ 掌握计算机模拟信息系统的基本能力。

⑥ 了解电子设备和信息系统的理论前沿及发展动态，具有研究、开发新系统的初步能力。

⑦ 熟悉国家电子信息产业政策及国内外有关知识产权的法律法规。

⑧ 熟悉社会主义市场经济、法律和信息产业的基本方针及企业管理的基本知识。

⑨ 掌握文献检索、资料查询的基本方法，具有一定的科学研究和实际工作能力。

⑩ 具有一定的人文、艺术素养。

电子信息科学与技术专业学生主要学习电子信息科学与技术的基本理论和技术，受到严格的科学实验、科学思维和工程实践的基本训练，具有数理、电子信息科学与技术和计算机科学与技术的基本理论、基本知识、基本技能。具备从事科技开发、工程设计、设备制造、生产技术与生产管理以及在电信部门从事运营维护、技术管理和营销等工作的基本能力。

电子信息科学与技术专业毕业生应获得以下几方面的知识和能力。

① 掌握数学、物理、外语等方面的基本理论和基本知识，有一定的人文、艺术素养。

② 掌握电路、信号与系统的基本理论及分析方法。

③ 掌握模拟和数字电路的基本理论及分析、设计和实验方法。

④ 掌握电子信息科学与技术、计算机科学与技术等方面的基本理论、基本知识和基本技能与方法。

⑤ 掌握电子信息产业发展状况；了解相近专业的一般原理和知识。

⑥ 掌握资料查询、文献检索及运用现代信息技术获取相关信息的基本方法；具有一定的技术设计，归纳、整理、分析实验结果，撰写论文，参与学术交流的能力。

⑦ 熟悉国家电子信息产业政策及国内外有关知识产权的法律法规。

⑧ 初步掌握社会主义市场经济、法律和信息产业的基本方针和企业管理的基本知识。

（3）主干学科和主要课程

电子信息工程专业主干学科：电子科学与技术、信息与通信工程、计算机科学与技术。

电子信息工程专业主要课程：电路理论与应用系列课程、计算机技术系列课程、信号与系统、数字信号处理、通信原理、电磁场理论、信息理论与编码、传感器与检测技术、电子设计自动化、现代通信网络等。

电子信息科学与技术专业主干学科：电子科学与技术、计算机科学与技术。

电子信息科学与技术专业主要课程：电路理论与应用系列课程、计算机技术系列课程、信号与系统、数字信号处理、通信原理、电磁场理论、信息处理方法导论、传感器与检测技术、多媒体通信技术、现代通信网络等。

3. 电子信息产业链及毕业生就业方向

电子信息产业是一项新兴的高科技产业，被称为朝阳产业。电子信息产业链主要包括电子产品制造、软件及信息服务业，并将以重点园区为载体，以加快推动新一代信息技术产业发展为目标，充分发挥作为“两化”深度融合和“三网融合”的带动作用，提升电子产品制造业，做强软件产业，建设电子信息制造集聚区，打造以电子产品制造业、软件与信息服务业为主体的千亿级产业链，如图 1.10 所示。

电子产品制造：依托海尔、海信、乐金浪潮、安普泰克、朗讯、金溢、乐星、星电高科、航天半导体所、以太科技、东软载波等骨干企业，重点发展 3G 及以上移动通信网络终端、多媒体数字集群、绿色基站、光交换设备、光传输设备、物联网数字家庭终端设备、三网融合终端产品等新一代通信与网络设备，和数字电视芯片、数模混合芯片、变频控制芯片、网络通信芯片、新型传感器、光电子器件、电力电子元器件等新型元器件与集成电路等；依托海尔、海信、冠捷、瑞晶光电、嘉星晶电、海泰新光、卡尔光电、杰生等企业，聚焦平板显示和半导体照明两个领域，发展高世代 TFT-LCD 显示面板、OLED 显示器、激光显示产品、功率型 LED、3D 电视、智能电视、网络电视（IPTV）、手机电视、多屏融合数字家庭智能终端及其他数字视听终端产品等新型显示与数字视听产品。

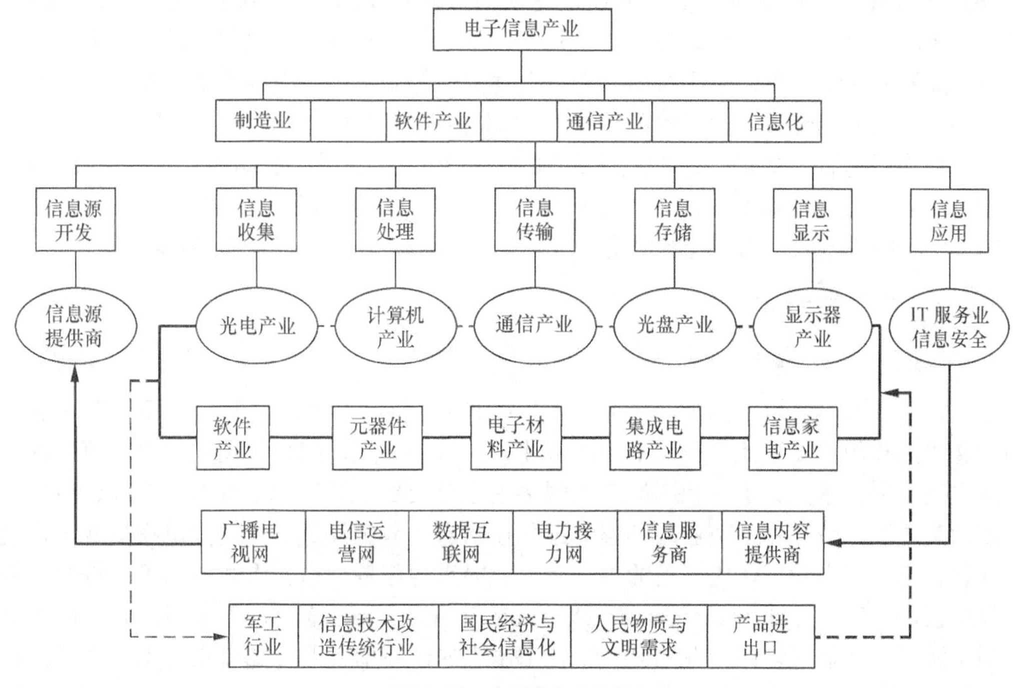

图 1.10 电子信息产业链

软件与信息服务业：依托海尔、海信、软控股份、东软载波、高校信息、太阳软件等骨干企业，重点发展嵌入式软件、工业软件、行业应用软件和基础软件等。

到 2016 年，电子信息产业实现业务收入 3000 亿元（其中电子产品制造 800 亿元，年均增长 10%左右；软件业务收入 2200 亿元，年均增长 40%）。

电子信息专业人才已经成为信息社会人才需求的热点。目前，在信息技术支持人才需求中，排除技术故障，设备和顾客服务，硬件和软件安装以及配置更新，系统操作、监视与维修等四类人才最为短缺。此外，电子商务和互动媒体、数据库开发和软件工程方面的需求量也非常大。其中，面向高校电子信息专业毕业生的对口岗位，大多集中在以下几个方向。

（1）数字电子线路方向：从事单片机（8 位的 8051 系列、32 位的 ARM 系列等）、FPGA（CPLD）、数字逻辑电路、微机接口（串口、并口、USB、PCI）的开发者，要求会写驱动程序、底层应用程序。单片机主要用 C 语言和汇编语言开发，复杂的要涉及到实时嵌入式操作系统（ucLinux、VxWorks、uC-OS、WindowsCE 等）的开发、移植。大部分搞电子技术的人都是从事这一方向，主要用于工业控制、监控等方面。

（2）通信方向：一个分支是工程设计、施工、调试（基站、机房等）。另一分支是开发路由器、交换机、软件等，要懂 7 号信令，各种通信相关协议，开发平台从 ARM、DSP 到 Linux、Unix。

（3）多媒体方向：各种音频、视频的编码、解码，mpeg2、mpeg4、h.264、h.263 的开发平台主要是 ARM、DSP、windows；各种图像信息的处理和应用。

（4）电源：包括线性电源、开关电源、变压器等。电源是任何电路中必不可少的部分。

（5）射频：也就是无线电电子线路，包括天线、微波固态电路等，属于高频模拟电路，是各种通信系统的核心部分之一。

（6）信号处理：这里包括信息处理、变换的技术，如图像压缩处理技术、模式识别、编译码技术和调制技术等。这需要些数学知识，主要是矩阵代数、概率和随即过程、傅立叶分析。从如同乱麻的一群信号中取出我们感兴趣的成分是很吸引人的事情，有点人工智能的意思。如雷达信号的合成、图像的各种变换、CT 扫描，车牌、人脸、指纹识别等。

（7）微电子方向：集成电路的设计和制造分成前端和后端，前端侧重功能设计，FPGA（CPLD）开发也可以算作前端设计，后端侧重于物理版图的实现。

（8）还有很多方向：比如音响电路、电力电子线路、汽车飞机等的控制电路和协议等。

1.3.3 广播电视工程专业

1. 广播电视工程专业介绍

目前，“电力、电信、电视”三电已经成为我国的支柱产业，广播电视事业既是促进我国精神文明建设的重要载体，又是推动经济建设的重要工具，随着我国广播电视事业的发展和广播电视传播技术的进步，我国的广电网络正在普及到全国每一个乡村。培养适应广电事业发展的素质高、技术好、敬业精神强的工程技术人员队伍，是确保广播电视事业的发展质量，确保我国信息产业一体化建设的进一步形成的重要任务。培养人才是高等院校的中心任务，就广播电视工程专业（Radio and Television Engineering）而言，开设时间较长的是原北京广播学院，在其他开设此专业的高校中，基本上属于新增专业，如南京邮电大学、西藏大学、浙江传媒学院、湖南省传媒职业技术学院等。

2. 广播电视工程专业培养目标

（1）人才培养定位、目标和特色

本专业遵循“加强基础、拓宽专业、注重实践、培养能力、提高素质”的原则，适应现代化和信息化社会的迫切需求，主要培养具备广播电视系统及通信技术等方面的知识，具备“广播电视组网、传输和业务”的工程素养，具有创新意识、工程能力、阳光心态、强健体魄，竞争力强，发展潜力大，能在广播电视及通信等领域从事工程设计、技术开发、运营维护、技术管理、设备制造和技术支持等工作的应用型高级工程技术人才。

（2）培养规格及要求

本专业学生主要学习广播电视工程的基本理论和技术，受到科学实验与科学思维的训练，具有运用相关专业知识在广播电视、通信、电子信息等领域工作与创新的基本能力。

毕业生应具备以下几方面的知识和能力。

① 具有较扎实的数理和外语基础。

② 掌握计算机软、硬件的基本知识，并具有在实际工作中应用计算机的能力。

③ 掌握电路、信号与系统的基本理论、分析方法与实验技能。

④ 掌握模拟与数字电路的基本理论、分析和设计方法以及实验技能。

⑤ 掌握广播电视系统及通信技术的基本原理、基本技能，使学生具备从事技术开发、工程设计、设备制造、设备维护和初步的科学研究能力。

⑥ 掌握资料查询、文献检索及运用现代信息技术获取相关信息的基本方法；具有一定的实验设计，归纳、整理、分析实验结果，撰写论文，参与学术交流的能力。

⑦ 初步掌握社会主义市场经济、法律、信息产业的基本方针和企业管理的基本知识。

⑧ 具有一定的人文艺术素养。

（3）主干学科和主要课程

主干学科：信息与通信工程、计算机科学与技术。

主要课程：电路理论与应用的系列课程、计算机技术系列课程、信号与系统、数字信号处理、电磁场理论、通信原理、广播电视基础、数字音频原理（技术）、电视传输与组网技术、广播电视测量技术、有线电视技术、移动电视技术等。

3. 广播电视产业链及毕业生就业方向

传统的广播电视的流程由生产、传输、分配、接收构成，节目生产出来以后按频道的方式播出去。传输是通过卫星传输、光缆干线传输，还有地方通过微波传输这三种方式，把节目传递到全国各地，再通过有线电视网和地方电视台进行发配和接收，接收的用户都是固定接收。数字广播电视产业链里面增加了集成的环节，即生产、集成、分配、接收，如图 1.11 所示。在各个环节里面，也增加了很多内容。比如在节目的制作生产方面，不光是按频道来播出、传输，同时还提供节目内容，信息服务、游戏业务、各种商务服务、短信、彩信等等各种业务。在节目的生产环节，可以提供大量的产品、大量的服务。同时有一个集成的平台，把提供的各种服务，通过这个集成平台集成打包再进行传输、再分配，而且明后年我们还会有一些新的传输手段，包括卫星直播电视、网络电视，通过各种传播的手段，把我们的电视节目送到千家万户。在接收方面，因为模拟电视是固定的接收，到了数字电视以后，除了固定接收还可以移动接收。

广播电视行业是产业链复杂、技术密集、控制难度较大的行业，特别是广播电视工作的技术要求和专业性要求较高，在信息化和时代发展的大背景下，广播电视工作的社会性要求呈现出更加严格的态势。当前，广播电视行业对人才的需求数量越来越大，需求的种类越来越多，需求的品质越来越高。其中，面向高校通信专业毕业生的对口岗位，大多集中在以下几个方向。

（1）数字电视技术方向：从事数字视频技术应用、电视系统维护与管理、数字视频科研开发工作，主要是在电视台、有线电视网络公司、视频技术公司、信息产业各领域。

（2）多媒体技术方向：从事多媒体技术应用、系统软件开发工作，主要是在多媒体公司、广播电视领域、信息产业领域。

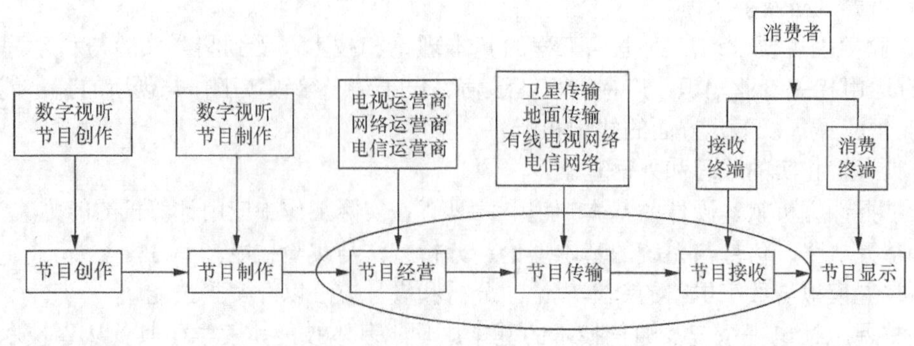

图 1.11 广播电视产业链

（3）网络传输技术方向： 从事广播电视网络传输工作，主要是在电视台网络中心、有线电视网络公司等。

（4）数字媒体制作技术方向： 从事数字视频技术与艺术结合的复合型工作，主要是在电视台、影视制作公司、数字媒体制作部门。

1.4 通信与信息类专业对所培养人才的素质要求

科学技术的飞速发展和现代化社会的全面进步，使人们对现代人才的需求有了新的认识，国家提出的“科教兴国”的战略方针，要求高校培养和造就一批跨世纪人才，这些人才除了具有扎实的知识基础和较强的能力，还要有全面的素质，坚持知识、能力、素质的辩证统一，这样才能面向现代化，面向世界，面向未来，成为德智体全面发展的社会主义建设者和接班人。实施素质教育是我国提高国民素质，培养 21 世纪人才的战略举措。《中国教育改革和发展纲要》所指出的：“发展教育事业，提高全民族的素质，把沉重的人口负担转化为人力资源优势，这是我国实现社会主义现代化的一条必由之路。”

普遍认为 21 世纪的工程师至少要做好回答以下问题的准备。

（1）会不会去做，是否在科学技术上掌握了必需的知识和技能，能解决工程中遇到的难题。

（2）可不可以做，是否掌握了足够的法律知识和具有良好的道德观，能在政策法规和社会公德允许的条件下开展工作。

（3）值不值得做，是否具备了科学的判断和决策能力，能在人、财、物和时空约束下经济合理地完成任务。

（4）应不应该做，是否拥有了优良的前瞻和预测未来的能力，能自觉地考虑生态可行性和工程持续性等。

1. 认知和技能要求

具有扎实的数理与外语基础，掌握通信领域内的基本理论和基本知识。掌握各种通信技术，掌握通信系统和通信网的分析与设计方法；具有设计、开发、调测、应用通信系统和通信网的基本能力，以及通信系统和通信网的运行、维护和相应的管理工作的基本能力；了解通信系统和通信网建设的基本方针、政策和法规；了解通信技术的最新进展与发展动态；掌握文献检索、资料查询的基本方法；具有一定的科学研究和实际工作能力；具有较强的自学能力、创新意识和较高的综合素质。

2. 思想和情感的要求

政治品质：热爱祖国、关心集体、尊敬师长、爱护同志和家人，关心国家大事、时事政治，有较强的法治、法规观念。

思想品质：树立积极向上的人生观、正确的价值观和辩证唯物主义世界观，对我国通信事业有情感、有信念、有责任心。

道德品质：有良好的品德修养和文明的行为（两年前）准则，具有敬业精神和职业道德。

3. 意识和意志

实践意识，坚持一切从实际出发，不迷信书本、不迷信权威。

系统观的意识，以系统的观点看自然界，系统是自然界物质的普遍存在形式，通信信息系统是一个不可分割的整体，需将各个知识点有机组织成一个系统。

质量意识，在研制和开发的每一个环节都坚持质量至上的思想。

协作意识，团结协作是一切事业成功的基础，是立于不败之地的重要保证。团结协作不只是一种解决问题的方法，而是一种道德品质。它体现了人们的集体智慧，是现代社会生活中不可缺少的一环。

创新与竞争意识，创新是一个民族进步的灵魂，是国家兴旺发达的不竭动力，当今社会是一个充满竞争的社会，没有创新能力也就没有竞争能力。

坚毅意志，培养坚强的意志，有助于我们战胜困难、承受挫折和适应环境，对于我们的学习、生活和未来人生的发展具有重要的意义。

4. 其他方面

学风上勤奋、严谨、求实、进取；作风上谦虚、谨慎、朴实、守信；具有健康的心理、务实的心态；具有健全的体质、良好的体格；拥有旺盛的精力、敏捷的思路。

思 考 题

1.1 通信与信息类专业的人才应具备那些素质？

1.2 根据你对所学专业的认识，谈谈你打算如何度过大学 4 年的学习生活。

第2章 通信与信息的发展历程和应用

2.1 通信发展简史

从“周幽王烽火戏诸候”到“竹信”，从“漂流瓶”到人类历史上第一份电报——上帝创造了何等的奇迹！百年间，通信技术借助现代科技飞速发展。通信的历史演进与社会生活的变化以及人类社会的发展有极为密切的关系。通信技术在不断改善人们生活质量的同时，也深刻地改变着人们的生产方式和生活方式，推动人类社会向前迈进。从通信的发展可以看到社会的发展。通信发展的历史过程虽然没有明确的界限，但大致可以分为四个阶段，即古代通信、近代通信、现代通信和未来通信。

2.1.1 古代通信

古代通信利用自然界的基本规律和人的基础感官（视觉、听觉等）可达性建立通信系统，是人类基于需求的最原始的通信方式。

广为人知的“烽火传讯（2700 多年前的周朝）”“信鸽传书”“击鼓传声”“风筝传讯（2000 多年前的春秋时期，公输班和墨子为代表）”“天灯（代表是三国时期的孔明灯的使用，发展到后期热气球成为其延伸）”“旗语”以及随之发展依托于文字的“信件（周朝已经有驿站出现，传递公文）”都是古代通信的方式，而“信件”在较长的历史时期内，都是人们传递信息的主要方式。这些通信方式，或者是广播式，或者是可视化的、没有连接的，但是都满足现代通信信息传递的要求，或者一对一，或者一对多、多对一。在我们的生活中仍然能找到这些方式的影子，如旗语、号角、击鼓传信、灯塔、船上使用的信号旗、喇叭、风筝、漂流瓶、信号树、信鸽和信猴、马拉松长跑项目等。

1. 烽火通信

“烽火”是我国古代用以传递边疆军事情报的一种通信方法，始于商周，延至明清，相习几千年之久，其中尤以汉代的烽火组织规模为大。在边防军事要塞或交通要冲的高处，每隔一定距离筑一高台，俗称烽火台，亦称烽燧、墩堠、烟墩等，如图 2.1 所示。高台上有驻军守候，发现敌人入侵，白天燃烧柴草以“燔烟”报警，夜间燃烧薪柴以“举烽”（火光）报警。一台燃起烽烟，邻台见之也相继举火，逐台传递，须臾千里，以达到报告敌情、调兵遣将、求得援兵、克敌制胜的目的。在我国历史上，还有一个为了讨得美人欢心而随意点燃烽火，最终导致亡国的“烽火戏诸侯”的故事。

图 2.1　烽火通信

2. 鸿雁传书

“鸿雁传书”的典故，出自《汉书·苏武传》中“苏武牧羊”的故事。据载，汉武帝天汉元年（公元前 100 年），汉朝使臣中郎将苏武出使匈奴被鞮侯单于扣留，他英勇不屈，单于便将他流放到北海（今贝加尔湖）无人区牧羊。19 年后，汉昭帝继位，汉匈和好，结为姻亲。汉朝使节来匈，要求放苏武回去，但单于不肯，却又说不出口，便谎称苏武已经死去。后来，汉昭帝又派使节到匈奴，和苏武一起出使匈奴并被扣留的副使常惠，通过禁卒的帮助，在一天晚上秘密会见了汉使，把苏武的情况告诉了汉使，并想出一计，让汉使对单于讲：“汉朝天子在上林苑打猎时，射到一只大雁，足上系着一封写在帛上的信，上面写着苏武没死，而是在一个大泽中。”汉使听后非常高兴，就按照常惠的话来责备单于。单于听后大为惊奇，却又无法抵赖，只好把苏武放回。有关“鸿雁传书”，民间还流传着另一个故事。唐朝薛平贵远征在外，妻子王宝钏苦守寒窑数十年矢志不移。有一天，王宝钏正在野外挖野菜，忽然听到空中有鸿雁的叫声，勾起她对丈夫的思念。动情之中，她请求鸿雁代为传书给远征在外的薛平贵，但是荒郊野地哪里去寻笔墨？情急之下，她便撕下罗裙，咬破指尖，用血和泪写下了一封思念夫君、盼望夫妻早日团圆的书信，让鸿雁捎去。

以上两则“鸿雁传书”的故事已经流传了千百年，而“鸿雁传书”也就渐渐成了邮政通信的象征了。

3. 鱼传尺素

在我国古诗文中，鱼被看作传递书信的使者，并用“鱼素”、“鱼书”、“鲤鱼”、“双鲤”等作为书信的代称。唐代李商隐在《寄令狐郎中》一诗中写道：“嵩云秦树久离居，双鲤迢迢一纸书。”古时候，人们常用绢帛书写书信，到了唐代，进一步流行用织成界道的绢帛来写信，由于唐人常用一尺长的绢帛写信，故书信又被称为“尺素”（“素”指白色的生绢）。因捎带书信时，人们常将尺素结成双鲤之形，所以就有了李商隐“双鲤迢迢一纸书”的说法。显然，这里的“双鲤”并非真正的两条鲤鱼，而只是结成双鲤之形的尺素罢了。书信和“鱼”的关系，其实在唐以前早就有了。秦汉时期，有一部乐府诗集叫《饮马长城窟行》，主要记载了秦始皇修长城，强征大量男丁服役而造成妻离子散之情，且多为妻子思念丈夫的离情，其中有一首五言写道："客从远方来，遗我双鲤鱼；呼儿烹鲤鱼，中有尺素书。长跪读素书，书中竟何如？上言长相思，下言加餐饭。"这首诗中的"双鲤鱼"，也不是真的指两条鲤鱼，而是指用两块板拼起来的一条木刻鲤鱼。在东汉蔡伦发明造纸术之前，没有现在的信封，写有书信的竹简、木牍或尺素是夹在两块木板里的，而这两块木板被刻成了鲤鱼的形状，便成了诗中的"双鲤鱼"了。两块鲤鱼形木板合在一起，用绳子在木板上的三道线槽内捆绕三圈，再穿过一个方孔缚住，在打结的地方用极细的粘土封好，然后在粘土上盖上玺印，就成了"封泥"，这样可以防止在送信途中信件被私拆。至于诗中所用的"烹"字，也不是去真正去"烹饪"，而只是一个风趣的用字罢了。

4. 青鸟传书

据我国上古奇书《山海经》记载，青鸟共有三只，名曰诏兰、紫燕（还有一只青鸟的名字笔者没有查阅到），是西王母的随从与使者，它们能够飞越千山万水传递信息，将吉祥、幸福、快乐的佳音传递给人间。据说，西王母曾经给汉武帝写过书信，并派青鸟前去传书，而青鸟一直把西王母的信送到了汉宫承华殿前。在以后的神话中，青鸟又逐渐演变成为百鸟之王——凤凰。南唐中主李璟有诗"青鸟不传云外信，丁香空结雨中愁"，唐代李白有诗"愿因三青鸟，更报长相思"，李商隐有诗"蓬山此去无多路，青鸟殷勤为探看"，崔国辅有诗"遥思汉武帝，青鸟几时过"，借用的均是"青鸟传书"的典故。

5. 黄耳传书

《晋书·陆机传》："初机有俊犬，名曰黄耳，甚爱之。既而羁寓京师，久无家问，……机乃为书以竹筒盛之而系其颈，犬寻路南走，遂至其家，得报还洛。其后因以为常。"

宋代尤袤《全唐诗话·僧灵澈》："青蝇为吊客，黄犬寄家书。"苏轼《过新息留示乡人任师中》诗："寄食方将依白足，附书未免烦黄耳。"元代王实普《西厢记》第五本第二折："不闻黄犬音，难得红叶诗，驿长不遇梅花使。"黄耳传书在后代也多次出现。

6. 飞鸽传书

飞鸽传书，大家都比较熟悉，因为现在还有信鸽协会，并常常举办长距离的信鸽飞行比赛。信鸽在长途飞行中不会迷路，源于它所特有的一种能力，即可以通过感受磁力与纬度来辨别方向。信鸽传书确切的开始时间，现在还没有一个明确的说法，但早在唐代，信鸽传书就已经很普遍了。五代王仁裕《开元天宝遗事》一书中有"传书鸽"的记载："张九龄少年时，家养群鸽。每与亲知书信往来，只以书系鸽足上，依所教之处，飞往投之。九龄目为飞奴，时人无不爱讶。"张九龄是唐朝政治家和诗人，他不但用信鸽来传递书信，还给信鸽起了一个美丽的名字——"飞奴"。此后的宋、元、明、清诸朝，信鸽传书一直在人们的通信生活中发挥着重要作用。

7. 风筝通信

我们今天娱乐用的风筝，在古时候曾作为一种应急的通信工具，发挥过重要的作用。传说早在春秋末期，鲁国巧匠公输盘（即鲁班）就曾仿照鸟的造型"削竹木以为鹊，成而飞之，三日不下"，这种以竹木为材制成的会飞的"木鹊"，就是风筝的前身。到了东汉，蔡伦发明了造纸术，人们又用竹篾做架，再用纸糊之，便成了"纸鸢"。五代时人们在做纸鸢时，在上面拴上了一个竹哨，风吹竹哨，声如筝鸣，"风筝"这个词便由此而来。

最初的风筝是为了军事上的需要而制作的，它的主要用途是用作军事侦察，或是用来传递信息和军事情报。到了唐代以后，风筝才逐渐成为一种娱乐的玩具，并在民间流传开来。

军事上利用风筝的例子，史书上多有记载。汉初楚汉相争时，刘邦围困项羽于垓下，韩信建议汉王刘邦用绢帛竹木制作大型风筝，在上面装上竹哨，于晚间放到楚营上空，发出呜呜的声响，同时汉军在地面上高唱楚歌，引发楚军的思乡之情，从而瓦解了楚军的士气，赢得了战事的胜利。

8. 通信塔

18 世纪，法国工程师克劳德.查佩成功地研制出一个加快信息传递速度的实用通信系统。该系统由建立在巴黎和里尔 230 千米间的若干个通信塔组成。在这些塔顶上竖起一根木柱，木柱上安装一根水平横杆，人们可以使木杆转动，并能在绳索的操作下转动形成各种角度。在水平横杆的两端安有两个垂直臂，也可以转动。这样，每个塔通过木杆可以构成 192 种不同的构形，附近的塔用望远镜就可以看到表示 192 种含义的信息。这样依次传下去，在 230 千米的距离内仅用 2 分钟便可完成一次信息传递。该系统在 18 世纪法国革命战争中立下了汗马功劳。

9. 旗语

在 15～16 世纪的 200 年间，舰队司令靠发炮或扬帆作训令，指挥属下的舰只。1777 年，英国的美洲舰队司令豪上将印了一本信号手册，成为第一个编写信号书的人。后来海军上将波帕姆爵士用一些旗子作“速记”字母，创立了一套完整的旗语字母。1805 年，纳尔逊勋爵指挥特拉法加之役时，在阵亡前发出的最后信号是波帕姆旗语第 16 号：“驶近敌人，近距离作战。”

1817 年，英国海军马利埃特上校编出第一本国际承认的信号码。舫海信号旗共有 40 面，包括 26 面字母旗，10 面数字旗，3 面代用旗和 1 面回答旗。旗的形状各异：有燕尾形、长方形、梯形、三角形等。旗的颜色和图案也各不相同。

2.1.2 近代通信

近代通信就是在这样的背景下产生的。近代通信的革命性变化，是在电作为信息载体后发生的。电流的发现对通信产生了不可估量的推动作用，引领了以电报、电话的发明为代表的第一次信息技术革命。

1. 电报与电话的发明

19 世纪 30 年代，由于铁路迅速发展，迫切需要一种不受天气影响、没有时间限制又比火车跑得快的通信工具。此时，发明电报的基本技术条件（电池、铜线、电磁感应器）也已具备。1837 年，英国库克和惠斯通设计制造了第一个有线电报，且不断加以改进，发报速度不断提高。这种电报很快在铁路通信中获得了应用。他们的电报系统的特点是电文直接指向字母。在众多的电报发明家中，最有名的还要算萨缪尔 • 莫尔斯，莫尔斯是一名享誉美国的画家。

1832 年，美国人莫尔斯对电磁学产生浓厚的兴趣，他在 1835 年研制出电磁电报机的样机，后又根据电流通断时出现电火花和没有电火花两种信号，于 1838 年发明了由点、划组成的“莫尔斯电码”。它是电信史上最早的编码，是电报发明史上的重大突破。图 2.2 所示为莫尔斯及其发明的电报机。

莫尔斯在取得突破以后，马上就投入到紧张的工作中，把设想变为实用的装置，并且不断地加以改进。1844 年 5 月 24 日，莫尔斯在美国国会大厅里，亲自按动电报机按键。随着一连串嘀嘀嗒嗒声响起，电文通过电线很快传到了数十公里外的巴尔的摩。他的助手准确无误地把电文译了出来，莫尔斯向巴尔的摩发出了人类历史上的第一份电报“上帝创造了何等的奇迹！”。莫尔斯电报的成功轰动了美国、英国和世界其他各国，他的电报很快风靡全球。19 世纪后半叶，莫尔斯电报已经获得了广泛的应用。电报是利用架空明线来传送的，所以这是有线通信的开始。电报的发明拉开了电信时代的序幕，由于有电作为载体，信息传递的速度大大加快了，“滴-嗒”一声（一秒钟），它便可以载着信息绕地球 7 圈半，这是以往任何通信工具所望尘莫及的。在 1896 年，德国建立了电报局。

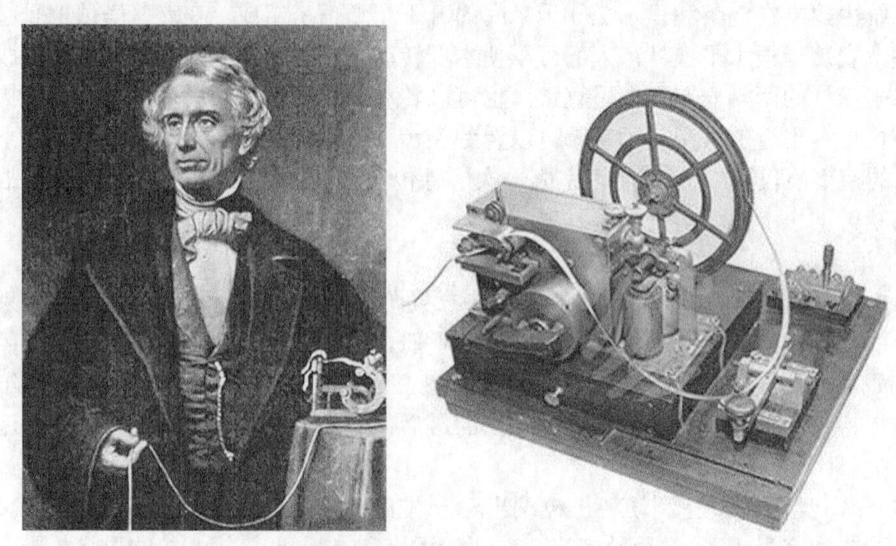

图 2.2　莫尔斯及其发明的电报机

电报只能传达简单的信息，所以有很大的局限性，而且要译码，很不方便。1876 年，亚历山大・格雷厄姆・贝尔利用电磁感应原理发明了电话（传输语音），预示着个人通信时代的开始，如图 2.3 所示。1876 年的 3 月 10 日，贝尔在做实验时不小心将硫酸溅到腿上，他疼痛地呼喊他的助手：“沃森先生，快来帮我啊！”谁也没有料到这句极为普通的话，竟成了人类通过电话传送的第一句话。当天晚上，贝尔含着热泪，在写给他母亲的信件中预言：“朋友们各自留在家里，不用出门也能互相交谈的日子就要到来了！”1877 年，也就是贝尔发明电话后的第二年，在波士顿和纽约间架设的第一条电话线路开通了，两地相距 300 千米。也就在这一年，有人第一次用电话给《波士顿环球报》发送了新闻消息，从此开始了公众使用电话的时代。一年之内，贝尔共安装了 230 部电话，建立了贝尔电话公司，这是美国电报电话公司（AT&T）前身。

图 2.3　贝尔及其发明的电话

1879 年，第一个专用人工电话交换系统投入运行。电话传入我国是在 1881 年，英籍电气技师皮晓浦在上海十六铺沿街架起一对露天电话，花费 36 文钱可通话一次，这是中国的第一部电话。1882 年 2 月，丹麦大北电报公司在上海外滩扬于天路办起我国第一个电话局，用户 25 家。1889 年，安徽省安庆州候补知州彭名保，自行设计了一部电话，包括自制的五六十种大小零件，成为我国第一部自行设计制造的电话。最初的电话并没有拨号盘，所有的通话都是通过接线员进行，由接线员为通话人接上正确的线路，如图 2.4 所示。直到新中国成立后的 1955 年，全市调整布局，更新设备，统一全市网络，所有电话才得以互通直拨。进入上世纪末，上海市电话改为 8 位数号码后，电话已基木普及到城乡每户家雇。

图 2.4　1898 年上海的电话交换局

2. 无线电应用

电报和电话的相继发明，使人类获得了远距离传送信息的重要手段。但是，电信号都是通过金属线传送的，线路架设到的地方，信息才能传到，遇到大海、高山，无法架设线路，也就无法传递信息，这就大大限制了信息的传播范围。因此人们又开始探索不受金属线限制的无线电通信。无线通信与早期的电报、电话通信不同，它是利用无线电波来传递信息的。那么，谁是无线通信的“报春人”呢？

1864 年，麦克斯韦发表了电磁场理论，成为人类历史上第一个预言电磁波存在的人。1887 年，德国物理学家赫兹通过实验证实了电磁波的存在，并得出电磁能量可以越过空间进行传播的结论，这为日后电磁波的广泛应用铺平了道路，但遗憾的是，赫兹却否认将电磁波用于通信的可能性。

1895 年，20 岁的意大利青年马可尼发明了无线电报机如图 2.5 所示。虽然当时的通信距离只有 30 米，但他闯进了赫兹的“禁区”，开创了人类利用电磁波进行通信的历史。1901 年无线电越过了大西洋，人类首次实现了隔洋远距离无线电通信。两年后，无线电话实验成功。由于在无线电通信上的卓越贡献，1909 年，35 岁的马可尼登上了诺贝尔物理学奖的领奖台。

无线通信在海上通信中获得了广泛应用，如图 2.6 所示。近一个世纪来，用莫尔斯代码拍发的遇险求救信号“SOS”成了航海者的“保护神”，拯救了不计其数人的性命，挽回了巨大的财产损失！例如 1909 年 1 月 23 日，“共和号”轮船与“佛罗里达号”相撞，30 分钟后，“共和号”发出的“SOS”信号被航行在该海域的“波罗的海号”所截获。“波罗的海号”迅速赶到出事地点，使相撞两艘船上的1700条生命得救。类似的事例不胜枚举。

图 2.5 1899年3月27日无线电之父马可尼在接收无线电信号

1912年，航船上装用的无线电极设备

图 2.6 1912年，航船上使用的无线电报设备

但是，反面的教训也是十分沉重的。1912 年 4 月 14 日，豪华客轮“泰坦尼克号”（如图 2.7 所示）在做处女航行时因船上电报出了故障，导致它与外界的联系中断了 7 个小时，在它与冰山相撞后发出的“SOS”信号又没有及时被附近的船只所接收，最终酿成了 1500 人葬身海底的震惊世界的惨剧。图 2.8 为泰坦尼克号残骸，“泰坦尼克号”的悲剧，似诉似泣。它告诉我们，通信与人类的生存有着多么密切的关系！

在第二次世界大战中，无线电技术发挥了巨大的威力，以至于有人把第二次世界大战称作“无线电战争”。其中特别值得一提的便是雷达的发明和应用。1935 年，英国皇家无线电研究所沃森·瓦特等人研制成功了世界上第一部雷达。20 世纪 40 年代初，雷达在英、美等国军队中获得广泛应用，被人称为“千里眼”，如图 2.9 所示。后来，雷达也被广泛应用于气象、航海等民用领域。

图 2.7　泰坦尼克号

图 2.8　泰坦尼克号残骸

图 2.9　1943 年在第二次世界大战中使用的雷达

3. 广播与电视的发明

19 世纪，人类在发明无线电报之后，便进一步希望用电磁波来传送声音。要实现这一愿望，首先需要解决的是如何把电信号放大的问题。1906 年，继英国工程师弗莱明发明真空二极管之后，美国人福雷斯特又制造出了世界上第一个真空三极管，它解决了电信号的放大问题，为无线电广播和远距离无线电通信的实现铺平了道路，如图 2.10 所示。

图 2.10　福雷斯特及其制造的真空三极管

广播诞生于 20 世纪 20 年代。1906 年圣诞节前夜，美国的费森登和亚历山德逊在纽约附近设立了一个广播站，并进行了有史以来第一次广播，如图 2.11 所示。1908 年，美国的弗雷斯特又在巴黎埃菲尔铁塔上进行了一次广播，被那一地区所有的军事电台和马赛的一位工程师收听到。1916 年，弗雷斯特又在布朗克斯新闻发布局的一个试验广播站播放了关于总统选举的消息，可是在当时只有极少数的人能够收听这些早期的广播。由于无线电的广泛使用以及人们对于大功率发射机和高灵敏度电子管接收机技能的熟练掌握，使广播逐渐变成了现实。

图 2.11　1906 年，历史上第一次无线电广播

1925 年，英国人贝尔德发明了可以映射图像的电视装置（机械扫描式电视机，如图 2.12 所示），这一年的 10 月 2 日，贝尔德用他发明的电视在伦敦塞尔弗里奇百货商店做了一次现场表演。第一个登上屏幕的便是住在贝尔德楼下的一个名叫威廉·戴恩顿的公务员。1927 年，英国广播公司试播了 30 行机械扫描式电视，从此便开始了电视广播的历史。1935 年，英国广播公司用电子扫描式电视取代了机械扫描式电视，这标志着一个新时代由此开始，如图 2.13 所示。20 世纪 50 年代，是电视机开始普及的年代。1953 年，美国 RCA 公司设定了全美彩电标准，并于 1954 年推出第一台彩色电视。到 1964 年，有 31%的美国家庭拥有了彩色电视机。

图 2.12　1925 年，机械扫描式电视接收机

图 2.13　1936 年，电视转播在柏林举行的第 11 届奥林匹克运动会

1958 年 3 月 17 日，是我国第一台黑白电视机的“生日”。1978 年，国家批准引进第一条彩电生产线，并将生产重任托给上海电视机厂（现在的上广电集团）。1982 年 10 月份这条生产线竣工投产。不久，国内第一个彩管厂咸阳彩虹厂成立。这期间我国彩电业迅速升温，并很快形成规模。

随着时代的发展，电视机的多媒体功能也越来越多样化，创维早在 2007 年就推出了全球首款支持 RM/RMVB 格式网络视频文件播放的酷开 TV。中国的消费者由此可以抛开

DVD、VCD，直接下载网络视频内容在电视上共享。到了 2008 年，这种多媒体娱乐功能得到了进一步加强，创维在电视上加入了酷 K 功能，使消费者通过电视便可以实现“在家 K 歌”，这在当时的年轻用户中引起了巨大反响。酷 K 功能还在 2009 年得到进一步升级，创维当年力推的酷开 TV 创先内置了家庭 KTV 娱乐系统及 Mr.Mic 智能评分，具有在家 K 歌、自制 MTV 和一键录音三大实用功能。

2011 年，智能电视的概念逐渐被炒热，三星电视在 1 月份的 CES（全球消费电子展上）上发布智能电视，一时间其风头盖过智能手机和平板电脑，成为最受瞩目的“智能明星”。到了 4 月，三星率先将 13 款 Smart TV 引入国内市场。而为了给用户提供更充分的娱乐，三星在 2010 年智能电视还处于概念期的时候，已经率先开发出了自己的 App 应用程序商店。此后，索尼、夏普等品牌也纷纷投入到各自应用程序平台的开发中。三星 Smart TV 发布不久，其智能应用程序商店的程序下载量很快就达到 200 万次。

2.1.3 现代通信

电话、电报从其发明的时候起，就开始改变人类的经济和社会生活。但是，只有在以计算机为代表的信息技术进入商业化以后，特别是互联网技术进入商业化以后，才完成了近代通信技术向现代通信技术的转变，通信的重要性日益得到增强。

1946 年，世界上第一台通用电子计算机问世，如图 2.14 所示；1947 年，晶体管在贝尔实验室问世，为通信器件的进步创造了条件，如图 2.15 所示；1948 年，香农提出了信息论，建立了通信统计理论；1951 年，直拨长途电话开通；1956 年，铺设越洋通信电缆；1958 年，发射第一颗通信卫星；1959 年，美国的基尔比和诺伊斯发明了集成电路，如图 2.16 所示；1962 年，发射第一颗同步通信卫星，开通国际卫星电话；1967 年大规模集成电路诞生，做成的一块米粒般大小的硅晶片上可以集成一千多个晶体管的线路；1977 年美国和日本的科学家制成超大规模集成电路，30 平方毫米的硅晶片上集成了 13 万个晶体管。微电子技术极大地推动了电子计算机的更新换代，使电子计算机拥有了前所未有的信息处理能力，成为现代高新科技的重要标志。

图 2.14　第一代电子计算机

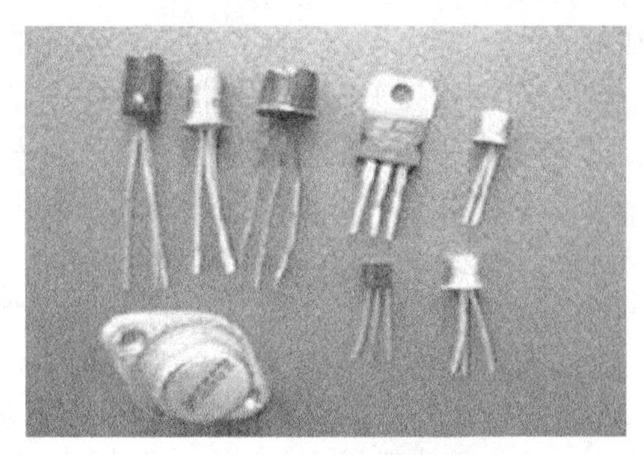

图 2.15　晶体管

图 2.16　集成电路

1970～1994 年，是骨干通信网由模拟网向数字网转变的阶段。这一时期数字技术和计算机技术在网络中被广泛使用，除传统 PSTN 外，还出现了多种不同的业务网。基于分组交换的数据通信网技术在这一时期发展已成熟，TCP/IP、X.25、帧中继等都是在这期间出现并发展成熟的，在这一时期，形成了以 PSTN 为基础，Internet、移动通信网等多种业务网络交叠并存的结构。从 1995 年一直到目前，可以说是信息通信技术发展的黄金时期，是新技术、新业务产生最多的时期。互联网、光纤通信、移动通信是这一阶段的主要标志。骨干通信网实现了全数字化，骨干传输网实现了光纤化，同时数据通信业务增长迅速，独立于业务网的传送网也已形成。由于电信政策的改变，电信市场由垄断转向全面的开放和竞争，宽带化的步伐日益加快。

至此，以微电子和光电技术为基础，以计算机和数字通信技术为支撑，以信息处理技术为主题的信息技术（Information Technology，IT）正在改变我们的生活，数字化信息时代已经到来。

2.1.4　未来通信

通信经历了从最初使用人力，到现在使用电、光、无线电波作为媒介来传递信息，实现了人们传达信息、交流思想的愿望，摆脱了空间地域的束缚。现代的通信技术不仅满足了人们获取信息的渴望，而且大大丰富了人们的生活，各式各样的图片、声音、视频等多媒体信息充斥在我们周围，娱乐、办公、学习……无法想象，没有了现代通信技术的支持，我们的生活会变得多么枯燥乏味。通信技术从单纯的语音通信进入多媒体通信时代，多媒体通信将成为 21 世纪人类通信的基本方式。同时 3G、4G 的出现正是源于用户对多媒体业务越来越广泛的需求。多媒体通信特别是可视媒体无疑将会在很大程度上提高人类的生活水平并改变人类的生活和工作习惯，这一全新未来通信的发展方向，被称为——多方位交互通信。

同时，未来通信也向着个人化、智能化方向发展。所谓个人化是指通信可以达到"每个人在任何时间和任何地点与任何其他人通信"。每个人将有一个识别号，而不是每一个终端设备（如现在的电话、传真机等）有一个号码。现在的通信，如拨电话、发传真，只是拨向某一设备（话机、传真机等），而不是拨向某人。如果被叫的人外出或到远方去，则不能与该人通话。未来的通信只需拨该人的识别号，不论该人在何处，均可拨至该人并与之通信（使用哪一个终端决定于他所持有的或归其暂时使用的设备）。要达到个人化，需有相应终端和高智能化的网络。智能化需要建立先进的智能网。一般说来，智能网是能够灵活方便地开设和提供新业务的网络，且当网络提供的某种服务因故障中断时，智能网可以自动诊断故障和恢复原来的服务。它是隐藏在现存通信网里的一个网，只是在已有的通信网中增加一些功能单元，并不是脱离现有的通信网而另建一个独立的"智能网"。

随着计算机结构和功能向着微型化、超强功能、智能化和网络化的方向发展，人机界面将更为友好。在未来，通信工具的操作将变得非常简单，不论您处在何种文化水平、身体是否健全，都能享受到交流的乐趣。

接下来，我们来看看对未来通信的一些展望。

（1）人们的通信工具没有电话线，也不用手持，因为通信工具已经植入到您的日常用品中了（如衣服、眼镜、腕表等）。而未来通信工具的显示器可以和我们的日常视觉融为一体，只需要触摸镜头屏幕，它就会在我们脑海中形成三维影像或在空间中形成三维影像，如图 2.17 所示。

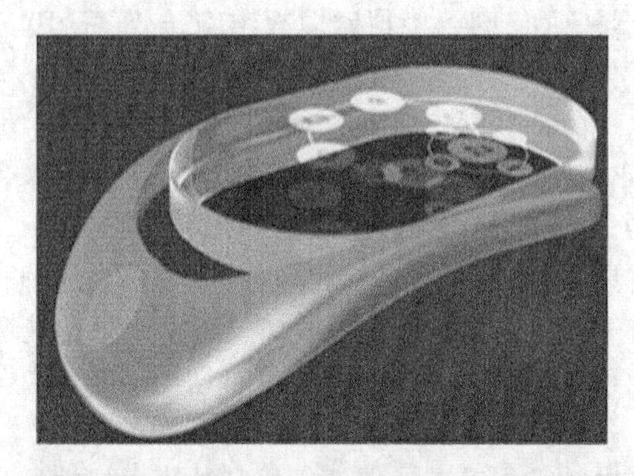

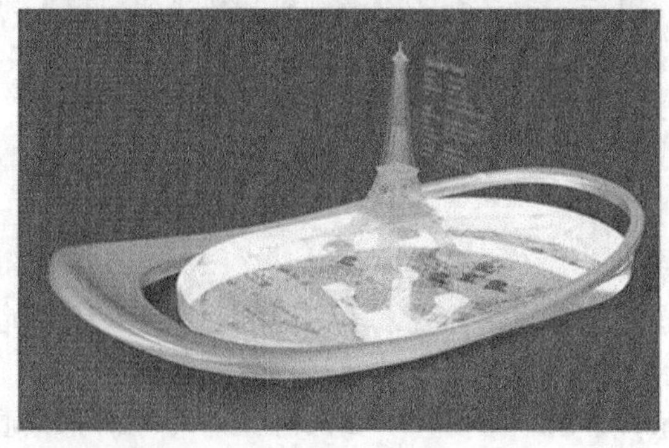

图 2.17 未来通信工具的显示器

（2）不论在何时何地，人们都可以了解到周围发生的一切及随时获悉所关注事物的数字信息。比如，假如遇见一个陌生人，便可以通过混合现实技术知道这个人的名字、了解 Facebook 上他的个人资料、Twitter 账号及其他信息，如图 2.18 所示。

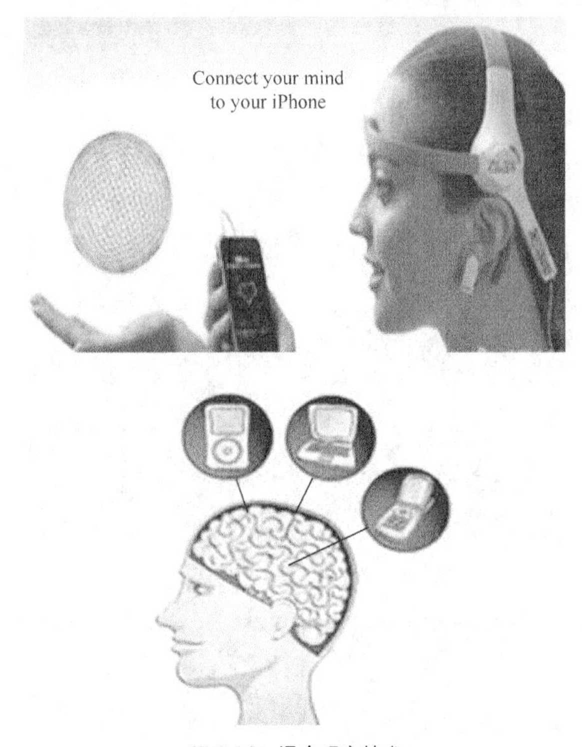

图 2.18 混合现实技术

（3）传说中的诺基亚 8888

来看看这款由 Nokia Benelux 设计竞赛的赢家所设计的 Nokia 8888 概念手机，如图 2.19 所示。这款造型类似手镯的 8888 概念手机，其构想包括以液态电池供电、语音辨识、弹性触控屏幕以具有触感的机身外壳。消息来源中有一段展现出这款概念手机潜在功能的影片，包括闹钟、个人数字助理（PDA）、卫星定位（GPS）、手机、电子邮件接收、电子钱包以及首饰等功能。除了液态电池（liquid battery）以外，其余的功能应该在不久之后都会一一实现。因为全彩电子墨水、弹性 OLED 屏幕以及超薄电路板印刷技术都已到位，我们即将进入下一个通信世界的新领域。

（4）Jung Dae Hoon 设计了一款前卫的手镯式概念手机 Dial Phone，该产品可以被认为是时尚的产品，设计师将手机设计成环形，可以像手镯一样方便携带，真是一个不错的创意。该手机的数字键通过手镯边缘透射出来，在手镯接口处有一个小型的 LED 显示屏，可以刚好显示时间、信号强度和来电号码，并且还可以像创意酷前面介绍的手镯式激光手表一样将时间透射到人的手上，以方便查看，如图 2.20 所示。

（5）未来计算机

由北京中关村科技公司设计和构思了一台未来计算机，如图 2.21 所示。它的形状只是一个手掌大小的球显示屏，键盘都由球两面的三维立体投影完成。相信不久的未来你也会拥有这样一台神奇的计算机呢！

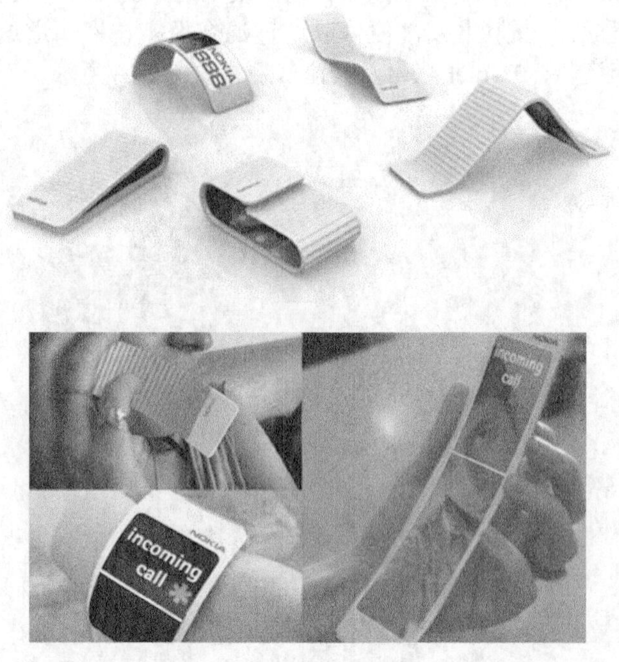

图 2.19 Nokia 8888 概念手机

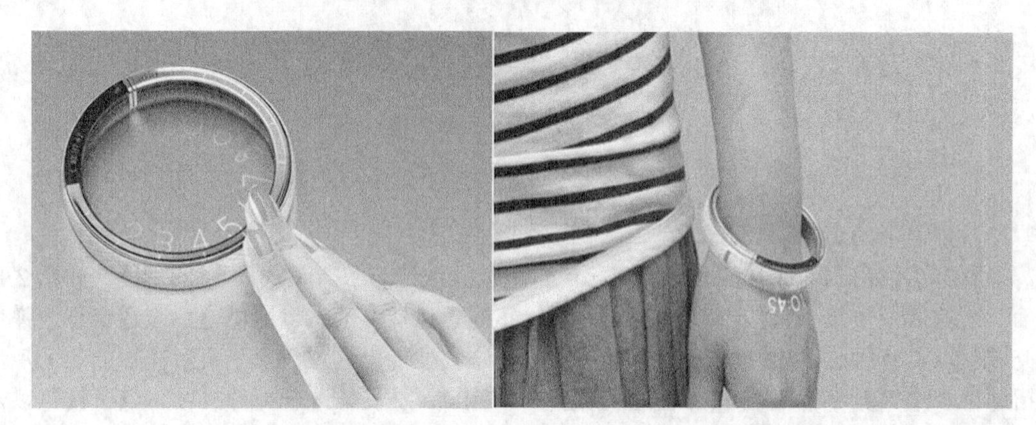

图 2.20 手镯式概念手机

图 2.21 未来的计算机

（6）与动物交流

Bruno Fosi 设计了一个金鱼缸，可以把金鱼的状态数字化，通过无线网络方式把金鱼的生活连接到互联网上，用户可以和金鱼展开远程互动，如图 2.22 所示。

图 2.22 能交流的鱼缸

2.2 通信的地位和作用

在现代社会，经济高速发展，社会日益前进，广阔的经济前景离不开通信的发展。近几十年，全球通信迅猛发展。通信作为社会发展的基础设施和经济发展的基本要素，越来越受到世界各国的高度重视和大力发展。通信改变社会和人们的生活方式，通信的发展也给政府和商家的日常活动带来便利和机会。在政府政务方面，目前，税务、交管、公安、工商等部门都提供了网上发布信息和办理各种手续的手段，大大方便和群众的交互。网络的出现除了给工商业原有的活动带来便利以外，更是创造了大量的商机和新的运营模式。网上商店，电子商务，网上交易等的出现创造了更多的就业机会和方式，促进了经济的发展和人民生活水平的提高。社会需求推动了通信的迅速发展，反过来，通信的发展也促进了社会的宏观发展，典型的例子是克林顿时期的美国“信息高速公路”计划。

美国学者阿尔温·托夫勒在 20 世纪 80 年代出版的《第三次浪潮》曾在世界引起强烈反响，他把迄今为止人类社会发展历程视为三次革命浪潮，第一次是农业革命，第二次是工业革命，第三次浪潮就是信息技术革命。由克林顿政府提出的 NII，俗称为“信息高速公路”。因信息高速公路而来的时尚——苹果 iPad 信息高速公路，是当今社会的热门话题，首先提出者是美国。其概念是于 1992 年 2 月在美国总统乔治·H·W·布什发表的国情咨文中提出的，即计划用 20 年时间，耗资 2000～4000 亿美元，建设美国国家信息基础结构，作为美国发展政策的重点和产业发展的基础。倡议者认为，它将永远改变人们的生活、工作和相互沟通的方式，产生比工业革命更为深刻的影响。本世纪前期欧美国家兴起的高速公路的建设，显示出其在振兴经济中的巨大作用和战略意义。中国科学院对 NII 解释为：由大量的相互作用的信息要素（通信网、计算机系统、信息与人）构成的开放式的巨型的综合网络系统，能以 Gbit/s 级的速率传递信息，以先进的技术采集、处理信息并供全社会成员方便地利用信息，因此它是现代化社会的国家信息基础设施。从信息应用层面上，可简单用图 2.23 来表示 NII。

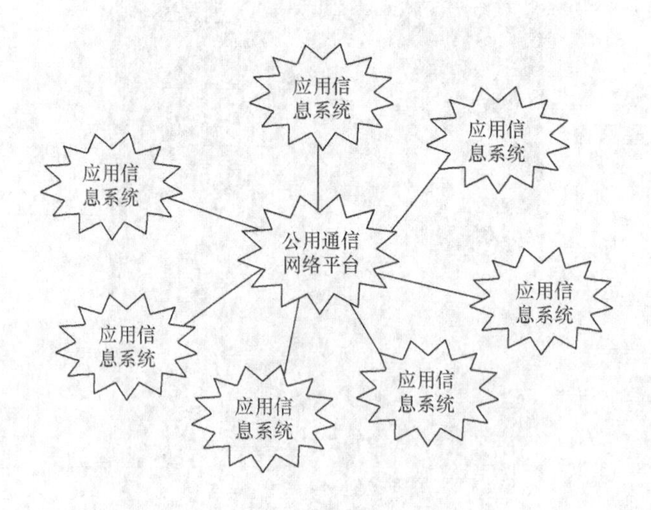

图 2.23 NII 结构示意图

可以看出，NII 由公用通信网络平台和各种不同的应用信息系统所构成，利用现代通信手段和技术来拓展和完成各种信息功能。公用通信网络平台是信息的核心，各种应用信息系统都需要通过通信平台进行传输，解决远距离信息交流的问题。

通信与我们日常生活也是息息相关的，它的应用涉及到许多领域，它是人类社会发展的基础，是推动人类文明与进步的巨大动力，是现代化社会的国家信息基础设施。

2.3 通信的应用

2.3.1 通信在生活中的应用

通信在日常生活中的应用已非常普遍，电话已经成为人们不可缺少的联系方式，电视也已是老少业余生活中的伙伴，计算机上网更是人们的酷爱，电子邮箱逐渐代替了纸质书信。利用互联网，可以在家里看书学习，玩各种游戏，观赏电影，欣赏音乐。人们足不出户即可在家中应用通信网络到各大商场浏览、选购满意的商品，还可以网上订购飞机票、火车票等，并且通过电子银行在网上结算。人们可以通过远程医疗在家中与医院进行网络联系，医生可以对病人进行远程诊断咨询和治疗救助。

信息家电、智能家居技术或者家庭信息化都是相近的概念，指的是将微处理技术尤其是嵌入式技术、通信技术引入到传统的家居、家电中，用于安全防范、智能控制以及家庭信息服务等各种家庭服务，这已经成为当今计算机及通信研究应用的热点之一。在实现信息家电的几个关键技术中，采用何种家庭网络控制平台来实现家电的互连、信息共享与控制以及与外界的信息交换是其中的关键技术之一。由于家庭网络具有连接设备多、传输信息种类多以及布局随机等特点，所以一般采用无线局域网或宽带技术进行通信并通过家庭网关等设备与外界连接。

无线局域网（Wireless Local Area Network，WLAN）满足了人们实现移动办公的梦想，为我们创造了一个丰富多彩的自由天空。无线局域网具有易安装、易扩展、易管理、易维护、高移动性、保密性强、抗干扰等特点，一般在家庭中可用于家庭办公设备之间无线连接以及无线局域网与有线网之间进行连接。

蓝牙技术实际上是一种短距离无线连接技术，支持较高质量的语音、数据传输的无线通信网络。蓝牙技术具有短距离低成本等特点，尤其是容易构建 Ad-hoc 网络以实现移动式计算/通信设备、智能终端等之间信息共享，特别适合用来实现家庭信息网络。

家庭信息网如图 2.24 所示。

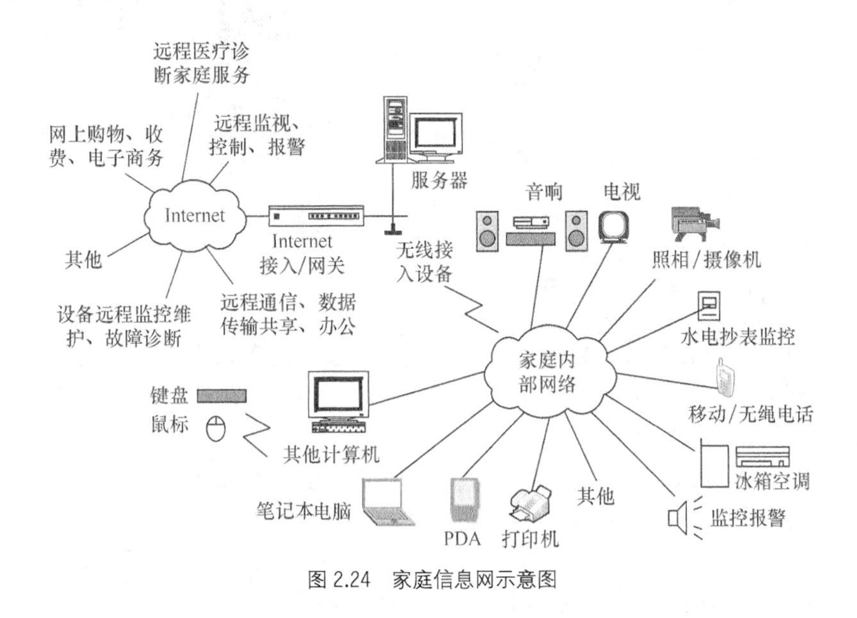

图 2.24　家庭信息网示意图

2.3.2　通信在校园网中的应用

随着因特网的快速普及与高速发展，校园网已经成为每个学校必备的信息基础设施之一，是学校提高教学、科研及管理水平的重要途径和手段，国家对教育信息化建设给予了大力推进和支持，极大地鼓励学校积极参与校园网的建设。

校园网的层次结构较多，职能不同的部门的分布在不同的地理位置，需要进行子网划分，以便于管理。图 2.25 所示的校园网采用星型拓扑结构，核心是骨干网，周围是各个子网，子网向下连接工作组网，工作组网向下再连接基层网段。骨干网必须有较大的带宽和很强的中心交换能力。子网相对独立，在骨干汇聚处形成子网边界，通过汇集层交换机与骨干网进行星型连接。汇集层采用交换能力为数兆的交换机，向上利用光纤连接骨干节点，向下根据距离的大小采用不同的传输介质连接接入层节点：100 米内采用普通的同轴电缆或屏蔽双绞线；100 米外采用光缆连接。每个接入点又通过交换机、集线器连接到各宿舍、教室或办公室。

校园网为校园提供全方位的网络信息化服务，同时整合社会上其他优势资源，让校园网络服务包罗万象，应有尽有，也带动其他产业快速发展，形成一条完整而巨大的校园产业服务链。

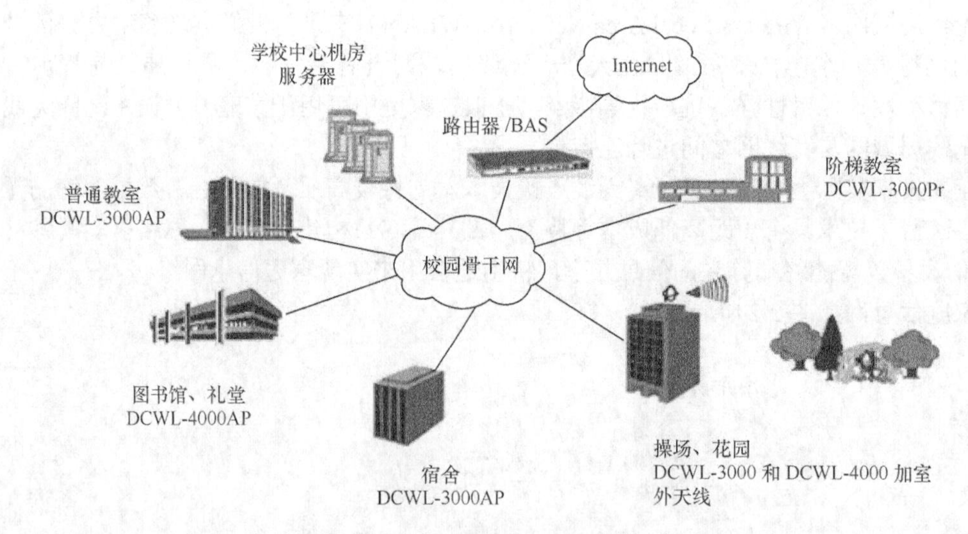

图 2.25 校园网的一般模式图

2.3.3 通信在交通中的应用

通信在交通中也起着非常重要的作用，如列车、飞机的售票系统需要通信，途中的各种信息传递、指挥调度等需要通信。接下来我们来看看通信在交通中比较典型的一些应用。

1. 城市交通监控管理系统

它能大大提高各地交警部门对城市交通的现代化综合管理水平，有效地解决诸如交通堵塞、闯红灯、机动车违章、交通肇事等问题。在城市各街道站口设立监控点（红、绿灯及摄像机等），由这些点采集信号并用光纤或电缆通过局域网或信号集中器通信接口（E1）与多点控制器（MCU）相连接，并传送到主控室（指挥部调度中心）及电视监视屏，如图 2.26 所示。

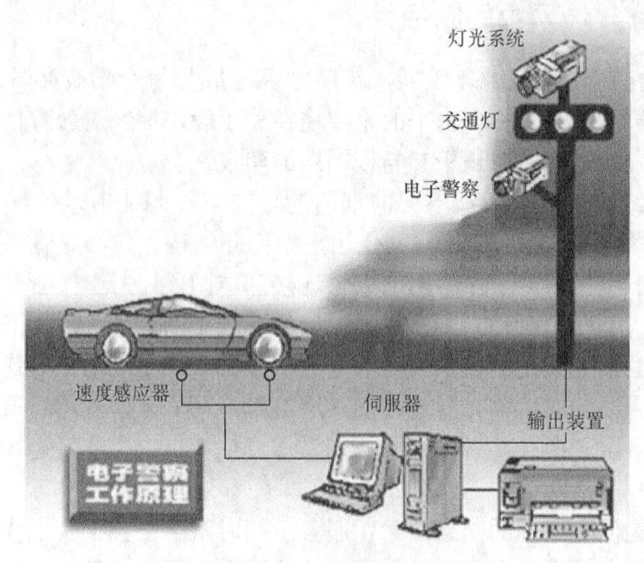

图 2.26 电子警察示意图

2. 高速公路信息网

高速公路信息网是对高速公路及在公路上运行的车辆进行现代化管理的信息网络，它实现对道路上行驶的车辆进行的远程监控，特别是高速公路的进出口、隧道、桥梁等各收费站点的监视、控制及通信联络等，如图 2.27 所示。

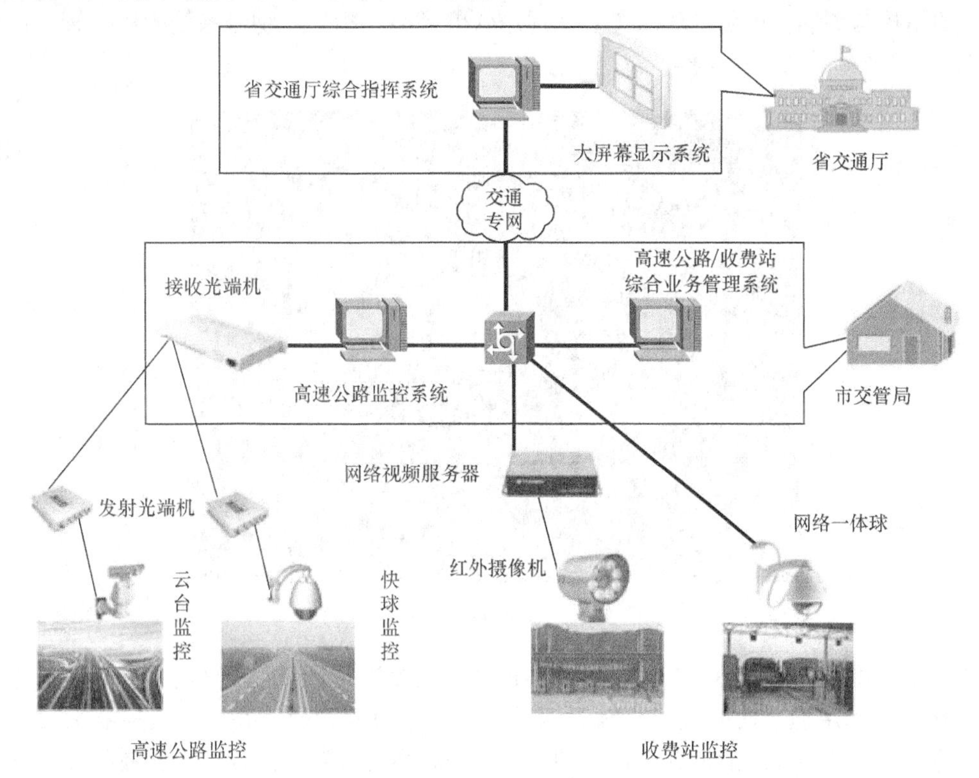

图 2.27　高速公路信息网

高速公路监控系统主要由信息采集子系统、监控中心及信息提供子系统三大部分组成。信息采集子系统包括：车辆检测器、气象检测器、紧急电话和巡逻车；监控中心是高速公路全线路监控系统的最高层即控制中心，主要负责全线路范围内交通情况的监视和控制；信息提供子系统包括交通标志、标线和信号等，是交通监控管理为汽车用户服务的主要形式。高速公路监控系统用于交通监控、交通信息和气象信息的采集以及交通疏导。该系统通过在高速公路沿线、立交、收费广场设置 CCD 摄像机，并把其信号传输至监控中心集中监控，从而实现交通状况的可视监控；通过在沿线关键位置设置车辆计数器、车辆测速器、气象资料采集器，并把信号传输至监控中心集中处理，实现交通信息和气象信息的采集；通过安装于道路中间分隔带的可变速标志，可以从中心对外发布交通疏导和交通控制信息。

3. GPS 与交通管理网

GPS（Global Positioning System）是全球定位系统，如图 2.28 所示，可以提供车辆定位、防盗、反劫、行驶路线监控及呼叫指挥等功能。要实现以上所有功能必须具备 GPS 终端、传输网络和监控平台三个要素。GPS 导航系统是以全球 24 颗定位人造卫星为基础，向全球各地全天候地提供三维位置、三维速度等信息的一种无线电导航定位系统。它由三部分构成，一是地面控制部分，由主控站、地面天线、监测站及通讯辅助系统组成；二是空间部分，由 24 颗卫星组成，分布在 6 个轨道平面；三是用户装置部分，由 GPS 接收机和卫星天线组成。民用的定位精度可达 10 米内。GPS 从根本上解决了人类在地球上的导航、定位及精度授时（如通信系统中的定时信号）等需求，可以满足不同用户的特殊要求，如：海洋监测、石油勘探、浮标建立、海轮出港引航、沙漠中定位导向、飞机着陆导航、武器投掷定点、导弹飞行定位、海上协同作战、空中交通管制；军队的各种车辆、坦克、部队、炮兵、空降兵的指挥与调动；民用中的汽车及交通运输的调度、指挥及物流系统的监控管理；人们日常生活中的旅游、探险、狩猎等。

图 2.28　GPS 系统示意图

装配了 GPS 接收机的车辆，利用系统对其位置进行跟踪、定位并与地理信息系统（GIS）配合，利用通信网的接口可实时地对车辆进行监控管理，并可在监控器上实时显示此车辆的具体位置和车上的情况，便于调度、指挥、运行安全监控以改善交通状况、提高运输效率，如图 2.29 所示。GPS 技术可广泛应用于交通物流行业，为城市交通管理、出租车安全防范、公交车业务调度、公共卫生急救调度、社会货运物流配送、大型企业物流、公共信息导航、海关贸易监管等领域。

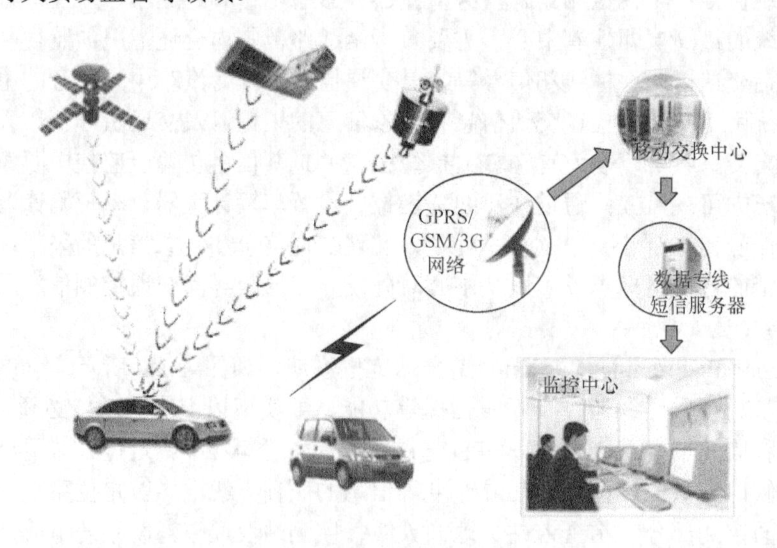

图 2.29　GPS 技术在交通管理网中的应用示意图

2.3.4 通信在电力中的应用

通信在电力系统中起到非常重要的作用。电力通信在电网运行中起到感知、传输、交互的作用，是为电力工业的发展提供保障的重要基础设施，被称为智能电网的“神经系统”。通信被应用于发电、输电、变电、配电、用电和调度等各领域中。在电力通信的发展初期，我国电网中，主要采用的通信方式是电力线载波与微波通信，这两种方式的规模相对较小，技术也相对简单。随着电力需求的不断增长，电网规模不断增大，电力系统对于信息的传输质量及通道容量等具有更高要求，原来电话指挥已无法满足安全用电要求，另外，电力系统中的调度管理技术也日益复杂。在此背景下，光纤通信日益成为电力通信的基础网络。

1. 电力信息主干网

电力信息主干网是专为电力行业现代化而组建的信息网络，它是基于网络化的电力生产、电力控制、电力市场的电力信息系统，集办公、语声等信息服务为一体的专用宽带信息网络。

2. GSM对电力的监控

利用 GSM 网的短消息数据传输信道可构建一个虚拟网络，实施对远程电力用户的监控，此网络主要由三大部分组成。远程客户终端用户（RCT），供电局监控中心 SC，以及利用短消息的数据传输信道组成一个依托公用网短消息传输数据信息的电力远程监控网络。

3. 3G通信网络的应用优势

3G 通信网络技术，具有实时、快速组建网络的优点，实现远端视频信息的实时传输。电力设备远程监控是一个复杂的问题，涉及到通信系统的构建，现场信息的采集，设备的供电以及图像处理等，因此设计监控系统时比较难。而基于 3G 网络的远程电力设备监控系统，就可以很好的解决视频远程传输以及现场供电的问题。在系统设置中，首先在电力设备现场设置摄像头，实时采集电力设备的状况信息。同时，设计合理的太阳能供电方式，保证系统的正常供电。数据经处理后传入 3G 网络终端，将信息转换成数字信号发射出去。控制中心接收到信息后，通过图像处理，自动检测非正常状态的电力设备状况，并进行报警。监控信息进入数据库，使控制人员对监控设备和信息进行系统化的管理。3G 无线接入，改变了原有的分级上传处理的方式，只需一个数据中心就可对监测点数据进行集中管理，极大的提高了效率，降低了传输成本。

4. 小型专用信息网

电力线通信专网（PLC）是在电力输送网（线）基础上实现电力通信网络内部各节点之间以及与其他通信网络之间通信的系统。它是一线两用，既是输电线又是通信线，各种家用电器均可作为网络终端。此种网络在功能和业务上与其他现有通信网络相融合，可提供远程网络教学、网络医疗、保健、网络视频及语音通信、网络娱乐、安全防范等各方面的服务。

2.3.5 通信在工业中的应用

随着通信技术、计算机技术和传感器技术的发展普及，工业生产的信息化得到快速发展，表现在宏观上是生产的全球化、开放化。计算机集成制造系统、虚拟工厂、供应链管理等新的概念涌现出来，分布在全球的各企业之间、企业各部门之间利用信息技术完成从市场调研、设计、制造到销售和售后服务一系列的任务；另一方面，在工厂生产现场，机器人、流水线、自动化检测与控制装置的采用使生产现场十分复杂，它们相互间必须通过信息网连接实现通信以协调工作，因此信息网络已成为现代工业企业不可缺少的部分。

例如，20 世纪 80 年代初，出现了现场总线技术（即网络拓扑中的总线型网），将专用微处理器植入传统的测控装置，使其具有了计算和数字通信能力；采用双绞线作为总线，将现场设备连接成网络，按公开规范的协议通信，使现场设备之间、测控装置和计算机之间实现数据传输和信息交换，实现全分布自控，构成现场总线控制系统（Fieldbus Control system，FCS）。

以太网用于工业控制可以有效利用高速发展的通用网络技术，有利于实现系统的集成和综合自动化。由于以太网仅提供了 OSI 参考模型中的物理层和数据链路层协议，在商业应用中由公共的协议保证互操作性，而工业应用中要在其上为工业控制领域的 TCP/IP 定义公共的应用层协议，实现数据传输和网络管理功能，这样就产生了基于控制和信息协议的新型以太网--工业以太网。以太网贯穿于控制系统的各个层次，实现从设备层到管理层的直接通信，真正实现企业控制、管理的无缝集成。

2.3.6 通信在军事中的应用

通信作为具有重要战略意义的“千里眼”、“顺风耳”，在现代高技术战争（特别是在信息化战争）中的地位和作用尤为突出。通信被誉为信息化战争中综合信息系统敌我较量的“生命线”，是作战指挥的“网络神经”。在战争中，由于无线通信有着无可替代的优越性（移动性和灵活性），可实现随时随地获取和处理信息，已成为各国军事通信专家研究的重点。

例如，美国在中东两次非同寻常的对伊拉克战争，最终使得伊拉克政权更迭。在这两次对伊战争中，无线通信传输系统起着不可估量的作用。不论是单兵作战还是集体行动，对前线信息的及时把握和反馈，是美军制胜的关键。

随着战略性武器的大量出现和运用，战争在时间上进一步缩短，空间上进一步扩大。随着光通信、卫星通信、数字通信技术的发展，军事通信时空观也随之发生了变化，通信时效已是实时信息传递或近乎实时的信息传递（以秒为数量级），通信已能覆盖全球任何一个角落，包含了地下、地上、空中、太空等各个方面。这时军事通信追求的是全球的、多维的、实时的信息传递。

在现代战场上，各种军事车辆之间、士兵时间、士兵与军事车辆之间都需要保持密切的联系，以实现统一指挥、协同作战。由此，美国军方在 20 世纪 70 年代的无线分组网基础上研究出移动自组织网络（Mobile Ad Hoc Network，MANET）。无线或移动自组织网络是一种无中心的无线网络，这种分布式或自组织的网络节点之间不需要经过基站或其他管理控制设备就可以直接实现点对点的通信。

随着技术的发展和战争的变化，通信也从配角到主角，从后台到前台，通信在战争中的地位不断跃升。在海湾战争中，少数走散的美军在沙漠中迷路了，给部分官兵配备的 GPS 系统起到了意想不到的作用。在此以后，美军又把 GPS 系统应用到了飞机上，之后，又安装到炸弹上，成为今天精确的制导炸弹。

在未来信息化战争中，必须夺取制信息权，而夺取制信息权离不开信息传输手段，离不开强有力的军事通信保障。只有将这些通信技术科学地综合应用，才能为未来高技术战争提供最可靠的支持。

2.3.7 通信在航空航天的应用

通信系统是保障航空航天正常运行的神经网络，起着至关重要的作用。远离地面的飞机、飞船、卫星等必须随时与地面控制中心保持联系，接受地面信息的控制和服务，否则飞机不能正常降落，飞船和卫星不能进入正确的轨道。

以神州六号载人飞船（如图 2.30 所示）为例。神州六号飞船系统共有七大系统：发射场系统、运载火箭系统、航天员系统、载人飞船系统、测控通信系统、飞船应用系统和着陆场系统。作为七大系统之一的测控通信系统，始终掌管着“神舟”飞船的“一举一动”，从它的发射“启程”开始，航天测控通信网就通过强大的捕捉机构和能力，始终对“神舟”号飞船的运动和工作状态进行着严密的测量和控制。

图 2.30 神州六号载人飞船

载人飞船采用无线电通信来保持与地面的紧密联系，测控网主要由轨道测量、遥控、遥测、火箭安全控制及航天逃逸控制、计算机系统及监控设备、船地通信和地面通信设备等组成。该通信网将测距、测角、测速、遥控、语音传输、图像传输、数据传输等功能综合为一体，可以减少船载和地面站的设备，极大地提高信息传输的效率和设备的利用率，还可通过国际联网、地缘优势互补提高地面站的使用率，降低费用。神舟六号测控网由 3 个中心、9 个测控站、4 艘测控船组成“高实时”、“高可靠”、“高覆盖”的信息网，实质就是卫星移动检测通信控制系统，其组成如图 2.31 所示。

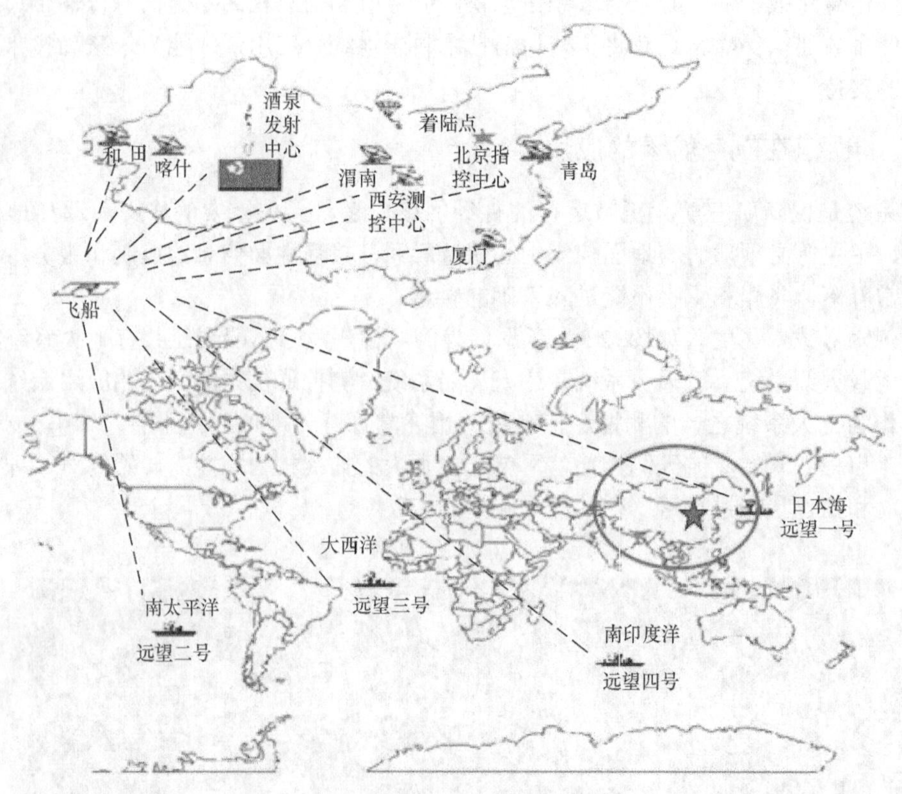

图 2.31　航天测控网的组成示意图

2.4　电子信息的发展

作为现代社会各行各业的基本支撑技术，电子信息技术的发展与现代社会的信息化发展紧密相关。进入 21 世纪以来，随着信息化程度的不断提高，各种信息系统不断出现，这些为电子信息技术的发展提供了充足的动力。

1. 信息融合

信息融合，也叫作数据融合，是电子信息技术应用的重要发展方向。根据信息融合的技术定义，信息融合技术的任务是利用网络计算技术对来自不同信息源的信息进行处理，以获得更高质量的信息（更多应用领域和最少数据冗余）。

在 20 世纪末，随着分布式计算、普适计算和云计算等巨大数据处理方法的提出，信息技术进入了更加智能化的时代。信息融合技术提出了多种信息源的综合数据采集和数据处理概念，从而使智能化信息处理技术得到了空前的发展，并进入更加广泛的应用领域。

信息融合技术对电子技术提出了新的要求，特别是对各种数据采集和数据处理的硬件提出了新的要求。这些要求包括支持并行数据处理、适合信息融合的数据采集和转换速度、最低的功率损耗、满足数据处理精度要求的数据结构等。此外，还提出了对数据处理算法的并行要求等。为了满足信息融合技术的要求，电子信息系统正在向着智能化、网络化和低功耗的方向发展。

2. 传感网络

传感网络是目前正在蓬勃发展的电子信息技术应用领域。传感网络提供了智能化、敏捷化的信息采集技术，为信息融合和智能化信息处理提供了最基本的数据支持。

经过近 10 年的发展，传感网络已经从原始的简单数据采集终端和数据传输技术，发展为现代化信息系统的基本支撑技术。

传感技术可以分为有线传感网络和无线传感网络两种。

有线传感网络起源于现代控制系统，是控制系统的基本数据源。有线传感网络通过能量转换和信号变换，把物理参数转换为数据，再通过有线网络传输给控制计算机系统。20 世纪 90 年代有线传感网络在电子信息技术发展的推动下，成为智能控制系统、智能机器人等领域的基本电子信息技术。

20 世纪 90 年代后期，在信息技术、控制技术和电子技术快速发展的支持下，开始出现无线传感网络。无线传感网络与有线传感网络的作用基本相同，但是其应用领域和技术要求远高于有线传感网络。无线传感网络通过无线信道技术与相应的信息网络和控制计算机相连接，为了提高数据传输的效率、信道利用率并降低误码率，必须使用与有线传感不同的通信协议技术。同时，无线传感网络的应用领域远远超过有线传感网络，可以用在无人区、沙漠地区以及各种恶劣环境中，因此，无线传感网络对所使用的电子器件有着极为严格的要求，要求电子技术提供低功耗、抗恶劣环境的技术性能。

近年来，随着无线传感网络技术的应用，传感网络理论与技术已经成为电子信息理论与技术的一个重要研究领域。电子信息技术在传感网络技术的激励下，有关信息处理方式、电子系统结构和功率损耗等方面的技术都在不断地发展中。

3. 物联网支撑技术

在信息融合技术的支持下，近年来又提出了“物联网”技术概念。物联网是在信息融合和物流网络的支持下，提供了自然界中物理对象间的互联网。如果说信息网络是人类社会实现了信息资源共享和智能化快速应用，物联网技术则提供了各种物理对象（物品、物体等）的网络连接，实现了人类通过网络共享物理资源、实现智能化物理实体快速的资源共享和快速传输。这是一个全新的技术概念，是对传统商品经济形式的挑战，也将会对传统的经济运行规律和人类生活方式产生重大影响。

如果把物联网比作一个智能仓库，则数据网络是整个智能仓库的管理、调度、指挥和控制的核心，而智能数据资源网络则是提供相关物理实体的管理、调度等信息的核心。在智能数据资源网络的支持下，数据网络能够控制智能仓库中所有物理实体的物理位置、移动以及相关的交换操作。

物联网技术向人类传统的商业模式和生活模式提出了新的挑战，同时，也对电子信息技术提出了新的要求，要求电子信息技术能够提供更为有效的信息采集、处理、管理等技术，同时，还要求电子信息系统直接与终端执行机构相连接。这种系统中，无论是数据网络还是数据资源网络，都必须具有“语意理解与处理”的能力，这无疑是对电子信息技术的一个巨大的促进。

2.5 电子信息的应用

在不同的工程领域中，电子信息技术提供了信号、信息采集、传输和处理的实现技术，随着各行各业信息化、智能化的发展，电子信息技术已经成为各工程应用领域的基本技术之一。

在工程实际和生产生活中，获得信号和信息是解决实际问题的第一步，信号和信息处理则是解决问题的重要手段。如何获取信号和信息，以及如何使用最便利的方法对信号和信息进行处理，是科学研究和工程技术研究的重要领域。电子技术和信息处理技术正是现代科学技术在信号和信息处理的研究中发展起来的应用性工程技术，也是在各行各业得到广泛应用的基本工程技术。利用电子技术完成信号和信息的获取与处理，是近 60 年以来发展起来的重要工程技术，这就是电子信息技术。

2.5.1 通信工程领域的应用

在现通信工程中，无一例外的都是用电子技术实现信号发送、接收和处理，作为现代信息工程技术的支撑，通信工程提供了信息传输的基本技术。因此，电子信息技术是通信工程的基本支撑技术之一。

通信工程是一个理论和技术体系庞大的工程领域，其对电子信息技术的要求也十分复杂。通信工程中包括各种不同的通信理论与技术，其中的电信（Telecommunication）技术专指利用电子设备及其网络实现的电报、电话、传真、无线传输的通信方式与技术，而电信网（Telecommunication Network）是指多终端互连的电子信号通信体系。电信网的主要功能是按用户的需要传递和交流信息。

电子信息技术在通信工程中的应用，就是要根据通信工程提出的技术要求，设计出满足工程要求的电子信息系统。因此，电子信息技术在通信工程领域的应用，就是围绕通信工程进行电子信息系统的分析、设计与测试。从电子信息技术的技术体系角度看，在通信工程中，电子信息技术按应用要求划分为通信电子技术和通信微处理器系统技术两个方面。

1. 通信电子技术

通信电子技术为通信工程提供了最基本的物理实现技术。在通信系统中，电子技术是设计相关通信电路的基本技术。

通信电子技术的基本内容如下。

（1）通信电子器件

通信电子器件的基本特点是工作在高频信号状态下，这是因为通信系统的信号频率一般都比较高。因此，要特别注意通信电子器件的频率特性。例如，通信系统中的模拟信号放大器一般都是高频放大器，其频率范围从 MHz 直到 GHz。再例如，通信系统中的 ADC 转换速度要求也很高，可以达到 10GHz 甚至更高。

图 2.32 是一款宽带大功率微波放大器，带有功率显示以及外稳幅等功能。在 18GHz～40GHz 频率之间，输出功率可以达到 20dBm 以上，它具有携带方便、操作简单、频带宽等优点。工作频带宽、输出功率大是它的最大特点，能广泛应用于测试和电子对抗领域。

目前，通信电子电路的基本器件是通信专用集成电路。

（2）通信电子电路

通信电子电路与一般工业电子电路的最大区别就是工作在比较高的频率下，就是说，通信电子电路要处理的信号是较高频率的信号。根据第 2 章的讨论可知，这使电子电路具有很强的电磁场分布特征，因此，通信电子电路的主要设计技术是建立正确的场分布模型。根据物理电学和电路理论，通信电子电路的主要分析技术是分布参数分析。

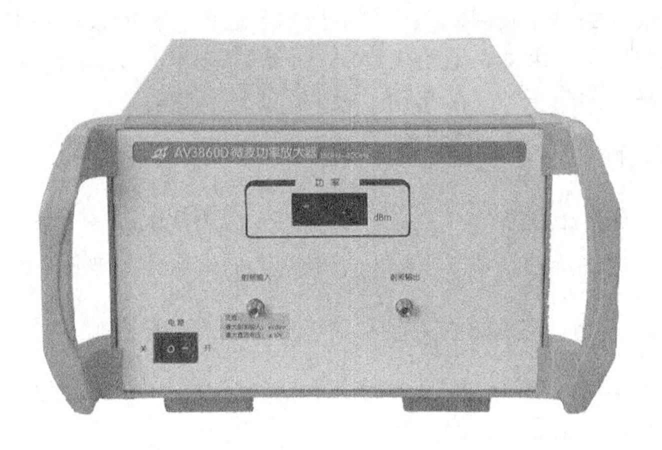

图 2.32 微波功率放大器

随着集成电路技术的发展，通信电子电路越来越多的采用专用集成电路，通信电子电路的设计技术也转变为以集成电路设计为主。这是通信电子技术的一个重要特点。

2. 通信微处理器系统技术

微处理器系统是各种通信电子设备的核心。通信工程的研究、设计和分析几乎涉及所有的微处理器系统，包括大型计算机设备、高性能专用微处理器系统、专用嵌入式系统等。在通信设备中，微处理器系统的基本功能是通信设备管理、信息处理等。由于现代通信系统涉及的技术十分广泛，工作环境差别巨大，因此，通信系统对微处理器的技术性能的要求也比较高。

图 2.33 是通信卫星的外观，其中使用了多种不同的微处理器系统。

图 2.33 通信卫星

随着信息工程技术的飞速发展，信息网络技术对通信工程的技术要求不断提高，促使通信工程不断地改进与发展。因此，通信工程对电子信息技术的要求也不断提高。可以说，通信工程对电子信息技术的起源和发展起到了极大的促进作用。

2.5.2 电子测量仪器领域的应用

电子测量仪器是电子电路研究、设计、调试和维护的基本设备。利用电子测量仪器可以测量电子电路的各种电气特性参数，观察电子电路中的电压信号波形，从而为电路的调整提供依据。

电子测量仪器的基本结构实际上就是一个电子信息系统。简单的电子测量仪器完全由电路器件构成，属于简单电子电路，而复杂的电子测量仪器则属于复杂电子信息系统，是以微处理器为核心的复杂电子信息系统。

本节主要介绍通用电子测量仪器。

1. 万用表

图 2.34 是一种万用表的外观。万用表的功能是测量基本电量，包括电压、电流以及器件电阻。电磁式万用表全部由简单的电子器件构成，使用电磁式指针表头，而数字式万用表则是以集成电路甚至是微处理器为核心的电子系统，可以完全包括基本电量、电容、电感和晶体管特性在内的测量工作。

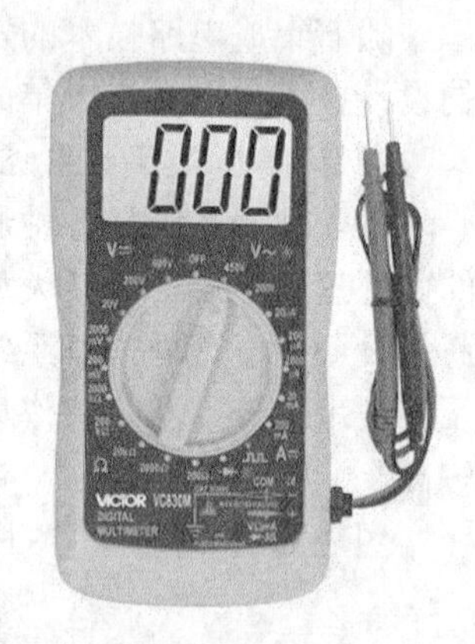

图 2.34 万用表

2. 示波器

图 2.35 是一种示波器的外观。示波器的基本功能是对模拟电压信号进行测量和显示，利用示波器，可以观察电子电路中的电压波形。示波器测量的是模拟电压信号随时间变化的过程，属于时域测量仪器。示波器可以分为模拟示波器和数字示波器，模拟示波器全部由模拟电子电路构成，数字示波器则是以微处理器系统为核心的电子信息系统。

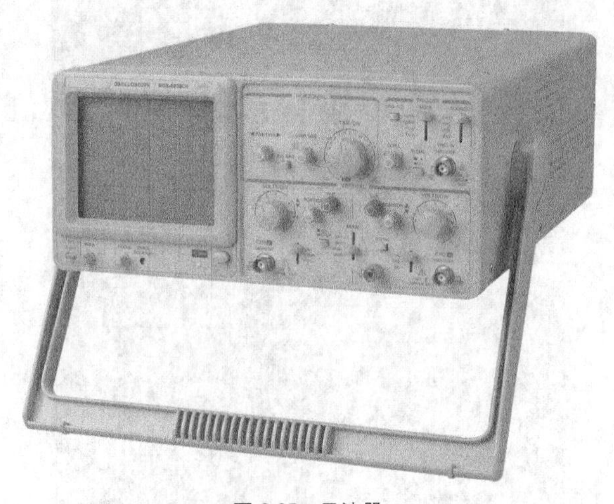
图 2.35 示波器

3. 逻辑分析仪

图 2.36 是一种逻辑分析仪的外观。逻辑分析仪的基本功能是测量数字逻辑电路信号，并以逻辑电平方式显示数字逻辑电路信号。逻辑分析仪测量的是数字逻辑电路系统中，数字逻辑电压信号随时间变化的过程，属于时域测量仪器。逻辑分析仪是设计和调试数字逻辑电路系统的重要工具，同时，它也是微处理器系统的主要测量工具。

4. 频谱分析仪

图 2.37 是一种频谱分析仪的外观。频谱分析仪的基本功能是通过对模拟电压信号的测量计算信号的频率成分，并通过波形的方式显示在屏幕上。频谱分析仪测量的是模拟电压信号，属于时域测量，但是显示的是模拟电压信号的频率成分，所以，频谱分析仪是一种频域测量工具。频谱分析仪是电子信息工程、通信工程等领域的重要工具。

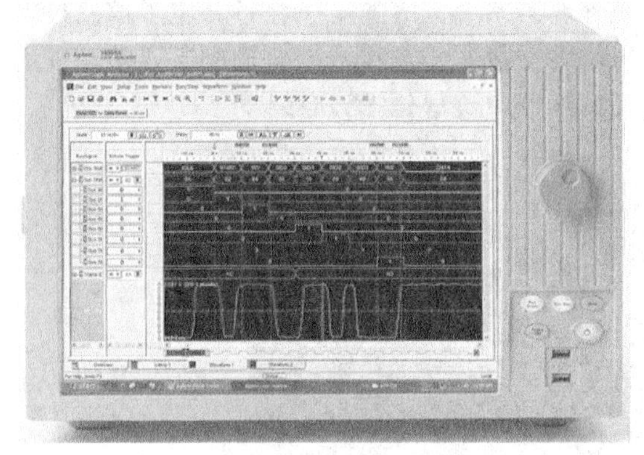

图 2.36 逻辑分析仪

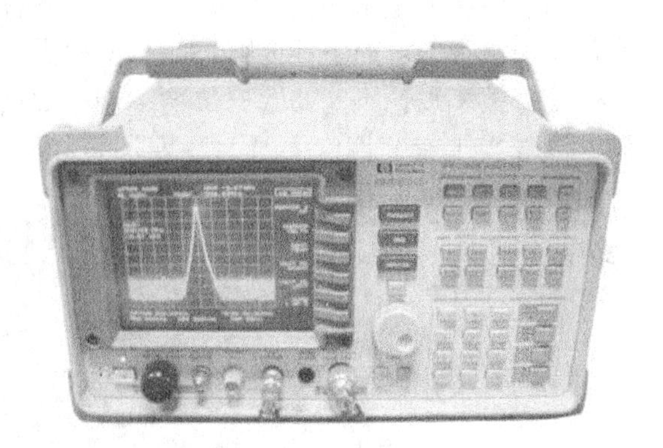

图 2.37 频谱分析仪

5. 网络分析仪

图 2.38 是一种网络分析仪的外观。网络分析仪的基本功能是测量电路的电网络参数，包括信号相位、零点和极点参数等。网络分析仪是对电路模拟电压信号的测量与处理，其显示输出的是电路频率特征，因此属于频域测量系统。

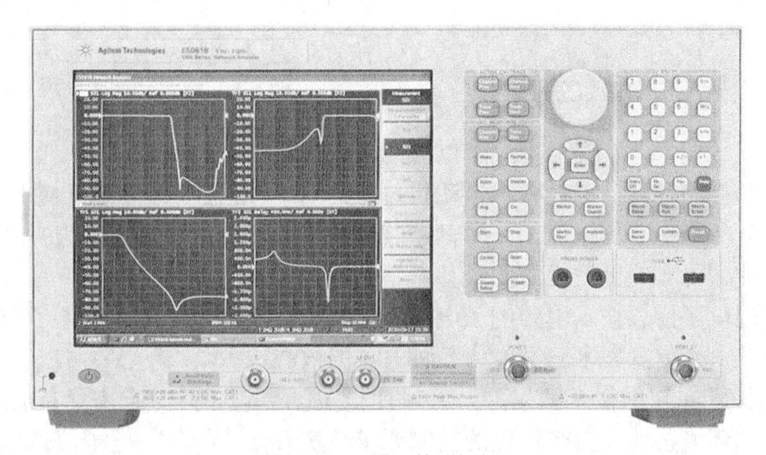

图 2.38 一种网络分析仪

2.5.3 信息网络领域的应用

信息网络的功能是信息终端的连接与信息传输，是现代社会的重要基础设施。与电信网络相比较，信息网络的核心是信息传输与传输过程的处理。实际上，信息处理的数据传输基本上是以通信网络为主。所以说，通信网络是信息网络的支撑，信息网络是在通信网络之上的信息传输和连接处理。

信息网络中，信息传输是以数据形式实现的，即信息网络要提供数据传输技术，而数据传输技术的基本实现方法就是利用电子信息系统；同时，信息网络的数据传输控制采用了各种协议。信息网络从信息处理的角度，对数据传输按不同层次进行传输，这样就可以保证数据传输的正确性，而要实现信息网络的数据传输协议，就必须利用电子信息技术中的微处理器系统。因此，电子信息技术是信息网络的基本支撑技术。

信息网络所使用的设备，几乎全部是各种微处理器系统构成的电子设备。电子信息技术在信息网络中应用的主要内容，就是要根据信息网络中数据传输和数据传输控制要求，利用电子信息技术设计不同的数据传输终端、数据采集终端和数据传输设备。

图 2.39 是信息网络中的大型数据交换设备。

图 2.39 数据交换设备

2.5.4 工业控制领域的应用

随着工业领域技术的发展，形成了以自动生产为目的的自动化技术。自动化技术就是用电子信息系统来控制各种机械设备。自动化技术的基本技术特点，是控制系统与工业行业直接相关，例如智能仓库、机械加工、车辆控制、金属冶炼、石油开采、煤炭采掘、石油化工药品生产等行业，对自动化技术的要求各有不同。为了满足各种工业生产过程的需要，自动化技术需要利用电子信息技术中的电子电路和位处理器技术来设计各种电子控制系统，在自动化技术领域，电子信息技术已经成为各种设备的核心技术。

随着信息技术和智能技术的发展，各种工业自动化设备正在向着智能化方向发展，同时，工业领域的环境条件和生产过程的控制要求千变万化，因此，电子信息技术已经成为自动化技术体系中的核心技术。

电子信息技术在工业自动化技术领域的应用特点，就是要求电子信息系统提供的信号要能够驱动机械设备工作。例如，在数控机床中，高性能的嵌入式系统对加工文件进行分析计算，生成机床中各个电动机的控制信号，这个信号驱动电动机完成产品的自动加工。再例如，在智能电动缝纫机中，嵌入式系统要通过对加工过程的计算生成驱动信号，控制电动缝纫机的驱动电机。

电子信息技术在自动化技术领域的另外一个应用特点就是要形成智能控制网络，这个网络提供了一个完整的信息系统，各种工业设备通过微处理器系统与这个信息网络连接在一起，从而形成一个完整的智能系统，这就是现代工业系统中的“现场总线技术”。现场总线技术以微处理器系统和数据传输为核心，提供了一个完整的信息处理系统，这个信息系统不仅能够对系统中的各种设备实行智能控制，同时还可以与信息网络直接连接，成为信息网络的一个组成部分。

2.5.5　物联网领域的应用

物联网是近年来兴起的崭新的工程技术领域，也是一个全新的技术概念。物联网利用信息网络技术、信息处理技术、电子技术、物流网络技术和智能交通技术，实现了物理对象的信息联通与交互、物理对象的空间移动控制，从信息上和空间上把全球的物理对象连接在一起。物联网中的物理对象包括世界上所有的物质实体，从石油矿藏、机械设备、电子仪器直到服装和碗筷等，都属于物联网中的物理对象。可以看出，物联网的兴起，必将对人类生活和生产活动产生重大影响。

物联网从其概念的诞生之日起，就与电子信息技术紧密相关。物理对象的识别、物理对象空间位置的确定、物理对象的传输都与电子信息技术紧密相关。电子信息技术是物联网的支撑技术之一。

图 2.40 是识别物理对象的电子标签的系统示意图。电子标签是一个带有感应线圈的专用集成电路，其中保存了物理对象的各种信息，包括名称、标识、重量、用途等等。通过专用微处理器系统可以对电子标签中的信息进行读写和更新，专用微处理器系统对电子标签操作的结果保存在网络设备中，由此，信息网络的任何终端设备都可以查找到这个物理对象。经过物联网的巨大信息处理系统，可以调动物流实现物理对象的空间移动。

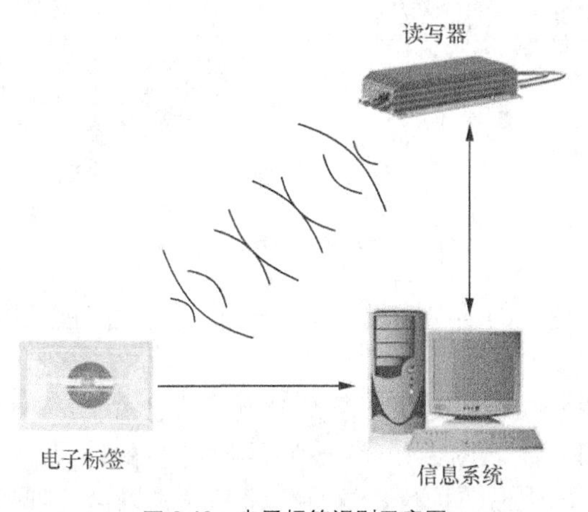

图 2.40　电子标签识别示意图

到目前为止，物联网还在研究和发展之中，这为研究和发展微电子信息技术开辟了一个新的应用天地。

2.5.6 汽车电子领域的应用

汽车电子系统是电子信息技术的一个重要研究和应用领域。

汽车电子系统实际上是一个包含信号采集、处理和控制输出的完整的电子信息系统。汽车电子系统以微处理器系统为核心，以传感器技术为支撑，形成了从发动机到车窗的完整智能控制系统。近年来，移动信息网络系统技术也成为了汽车电子系统的一个重要组成部分。

汽车电子系统的核心目标是对发动机进行智能控制，发动机电子控制系统有高性能嵌入式微处理器系统、高性能信号和数据传输系统以及传感器网络组成。汽车电子系统使用了包括温度传感器、压力传感器、位置和转速传感器、流量传感器、气体浓度传感器和爆震传感器在内的多种传感器构成的传感网络，这些传感器向发动机的电子控制单元（ECU）提供发动机的各种工作状况信息，ECU 利用相应的算法完成信息处理计算，再由 ECU 向中央喷射器等执行部件发出工作指令。

2.5.7 生物医学领域的应用

生物医学工程是在第二次世界大战后兴起的应用学科。电子信息技术是生物医学工程中信号与信息采集、信号与信息处理、信号与信息传输的基本技术。电子信息技术在生物医学工程中应用的直接结果，就是为生物医学研究和医学临床诊断提供了大量的电子信息系统。

图 2.41 是临床和家庭保健中大量使用的心电图机和电子血压计，这两种医学仪器都是以微处理器系统为核心的生物医学测量仪器。

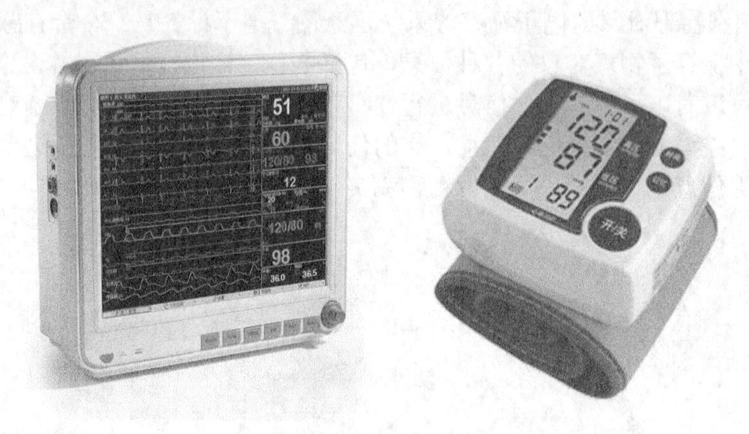

图 2.41 心电图机和电子血压计

图 2.42 是医学临床使用的脑电图机，这是一个把高性能模拟电路和高性能微处理器系统相结合的电子信息系统。

医用 CT 机和核磁共振机，都是十分复杂的电子信息系统，不仅硬件复杂，其中的软件也是相当复杂的图像处理系统。图 2.43 为一种医用 CT 机的外观。

图 2.44 是临床使用的生命监护仪，这种仪器是一种以微处理器为核心的重要医学临床电子仪器。

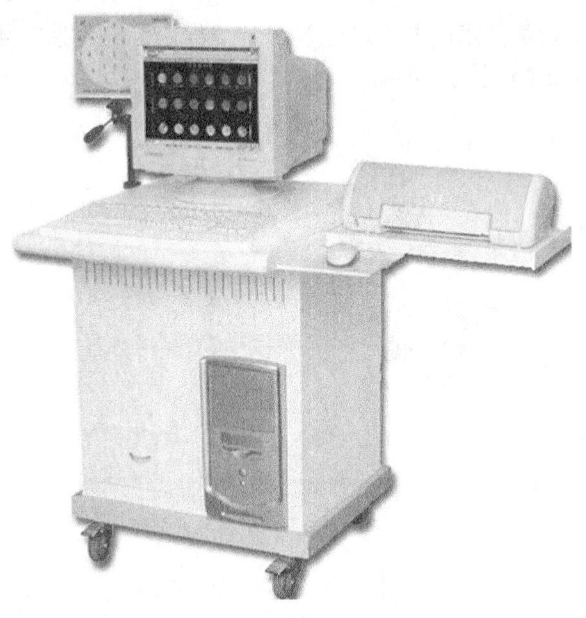

图 2.42 医学临床使用的脑电图机

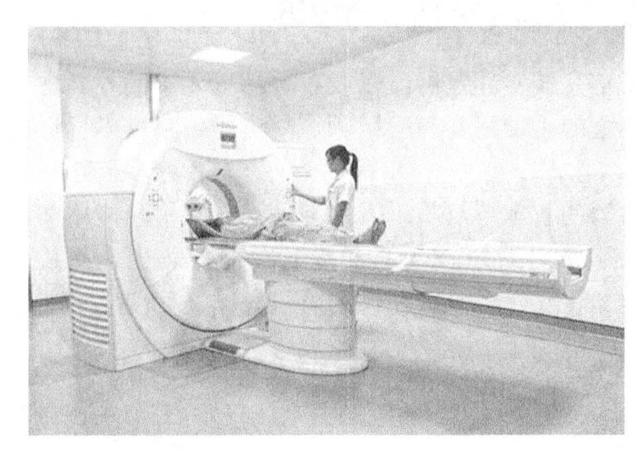

图 2.43 医用 CT 机

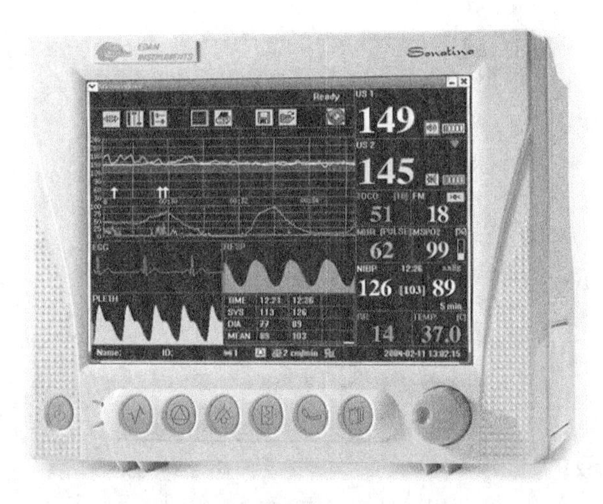

图 2.44 临床使用的生命监护仪

随着智能技术和生物学技术的发展，生物医学工程已经从早期的测试仪器发展到今天的功能辅助电子设备，图 2.45 是电子助听器的外观。

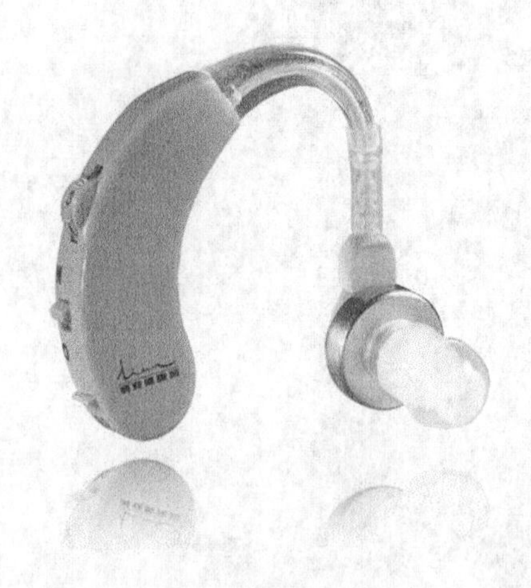

图 2.45　电子助听器

2.5.8　智能家居与家用电器领域的应用

近年来，随着电子信息技术的发展，以及各种环境要求的不断出现，民用住宅的智能技术已经成为电子信息工程的重要研究和应用领域，电子信息技术已经成为智能家居和家用电器的重要技术之一。

智能家居和家用电器的基本特点是以微处理器系统、信息网络和传感器为基础的智能管理和控制。在电子、信息和计算机技术的支持下，智能家居形成了一个完整的住宅信息网络，而近年来的家用电器也已经进入智能化的阶段。图 2.46 为智能家电控制示意图。

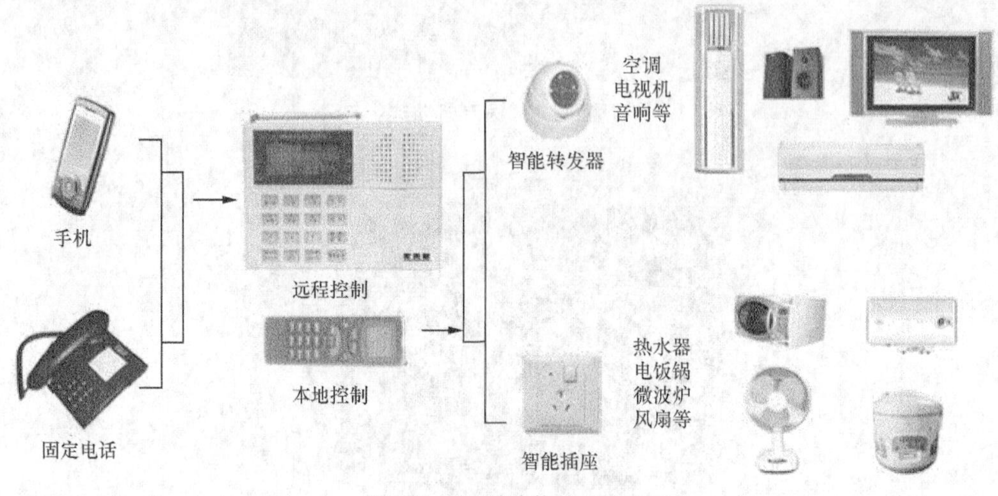

图 2.46　智能家电控制示意图

2.5.9　军事领域的应用

电子信息在军事中的应用日益广泛，如无人侦察机、无人战斗机、预警机等，如图 2.47

和图 2.28 所示。21 世纪的战争是信息战，也就是说从机械化战争向信息化战争转变。当受到威胁时，不会立即派舰队或大军压境，而是通过鼠标、监视器和键盘来实施一场精心策划的信息战。

图 2.47 “全球鹰”无人侦察机外观

图 2.48 “神经元”无人战斗机外观

2.6 广播电视的发展

2.6.1 广播的发展

广播是指通过无线电波或导线传送声音的新闻传播工具，广播诞生于 20 世纪 20 年代。

1906 年圣诞节前夜，美国的费森登和亚历山德逊在纽约附近设立了一个广播站，并进行了有史以来第一次广播。广播的内容是两段笑话、一支歌曲和一支小提琴独奏曲。这一广播节目被当时四处分散的持有接收机的人们清晰的收听到了。1908 年，美国的弗雷斯特又在巴黎埃菲尔铁塔上进行了一次广播，被那一地区所有的军事电台和马赛的一位工程师所收听到。1916 年，弗雷斯特又在布朗克斯新闻发布局的一个试验广播站播放了关于总统选举的消息，可是在当时只有极少数的人能够收听这些早期的广播。由于无线电的广泛使用以及人们对于大功率发射机和高灵敏度电子管接收机技能的熟练掌握，使广播逐渐变成了现实。

1919 年，苏联制造了一台大功率发射机，并于 1920 年在莫斯科开始试验性广播。1920 年 6 月 15 日，马可尼公司在英国举办了一次以梅尔芭太太主演的“无线电—电话”音乐会，远至巴黎、意大利、挪威，甚至在希腊都能清晰的收听到。这就是广播事业的开始。1920 年 11 月 2 日，美国在康拉德的指导下，威斯汀豪斯公司广播站 KDKA 开始广播，首次播送的节目是哈丁·科克斯总统选举，在当时，这事曾轰动一时，它被公认为世界上第一座广播电台。1922 年 11 月 14 日，伦敦 ZLO 广播站正式开始在英国广播每日节目，该站在 1927 年改为英国广播有限公司，即 BBC。1920 年 12 月 22 日，德国的柯尼武斯特豪森广播电台首次播送了器乐演奏音乐会。1922 年，法国埃菲尔铁塔也正式开始播音。到 1927 年为止，美国国内已拥有 737 个广播站。这一时期，广播站如雨后春笋在各国中相继涌现。当时，在欧洲广播已被视为一个庞大的通信工具。此后，全世界的广播事业不断发展，现已逐步形成全球性的广播网。

之后，广播技术迅速发展，调幅广播、调频广播、立体声广播并存；广播的种类也趋向于多样化，除了综合性电台以外，出现了各种专业电台，如新闻电台、经济电台、音乐电台、服务性电台、教育性电台等；广播节目的内容越来越丰富多彩，其影响日益深入到社会生活的各个领域。

如图 2.49 所示是我国 1958 年生产的收音机，是专为国庆 10 周年准备的，现在是无价之宝。

图 2.49　我国 1958 年生产的收音机

2.6.2　电视的发展

1925 年，苏格兰的贝尔德公开展示了他制造的一台机器，成功地传送了人的面部活动，分辨率为 30 线，重复频率为每秒 5 帧。从此，电视开始了它神奇的发展历程。1928 年，美国纽约 31 家广播电台进行了世界上第一次电视广播试验，由于显像管技术尚未完全过关，整个试验只持续了 30 分钟，收看的电视机也只有十多台，此举宣告了作为社会公共事业的电视技术的问世，是电视发展史上划时代的事件。1929 年美国科学家伊夫斯在纽约和华盛顿之间播送 50 行的彩色电视图像，发明了彩色电视机。1930～1940 年，是电视成型的时代。除了转播工程技术方面有显著改进外，电视已开始逐渐成为一种大众传播媒介。但由于第二次世界大战的爆发，各国对电视的研究发展受到极大影响，几乎中断。直到第二次世界大战结束以后，电视事业才开始在美国及其他国家蓬勃兴起。1933 年兹沃里金又研制成功可供电视摄像用的摄像管和显像管。完成了使电视摄像与显像完全电子化的过程，至此，现代电视系统基本成型。今天电视摄影和电视接收的成像原理与器具，就是根据他的发明改进而来。1935 年，贝尔德与德国公司合作，成立了第一家电视台，每周播放三次节目。1936 年英国播送当时全世界最清晰的公共电视节目。1939 年，美国播出固定的电视节目。人们的生活从此与电视产生了深刻而复杂的联系。1938 年，德国人弗莱彻西格提出三枪三束彩色显像管设想。1949 年，美国首次研制出世界上第一只三枪三束彩色显像管。1957 年研制出全玻璃壳彩显管。1964 年研制出全玻壳矩形显像管。1969 年研制出黑底显像管使亮度提高了一倍。1968 年，日本索尼公司研制成一枪三束彩显管。1972 年，美国研制成功自动校正会聚误差彩显管。至此，彩色电视的发展进入成熟期。

2.6.3　广播电视产业的兴起

广播电视的产生是人类社会发展，科技进步的结果，它是通过无线电波或导线向广大地区传送声音和图像的新闻媒介。广播电视可以视为通信技术事业的一部分，可以视为新闻事业的一部分，可以视为舆论宣传和社会教育事业的一部分，可以视为文化艺术事业的一部分，也可以视为信息产业的一部分。

1936 年 11 月 2 日，英国在伦敦市郊的亚历山大宫开办世界上第一座正规电视台，是世界电视史的重要里程碑。1930 年，英国 BBC 电视开始试验广播，播出多幕电视剧《花言巧语的人》，这是世界上第一部电视剧。1937 年，美国实验电视台增加到 17 座，苏联的莫斯科和列宁格勒电台开始试验电视广播。1939 年 11 月 26 日，德国转播德国和意大利足球比赛实况，这是世界电视史上第一次电视实况转播。1941 年 5 月 28 日，美国的 CBS 试播彩色电视节目。1942 年 8 月，世界著名的埃菲尔铁塔（法国巴黎）被作为临时发射塔播发电视节目。埃非尔铁塔是世界上第一座高度超百米的电视发射塔。第二次世界大战期间，许多国家的电视台遭空袭，被迫停播。这期间，美国有 6 家电视台照常播出。1945 年 5 月，英国一位年轻工程师克拉可提出利用卫星建立全球电视通讯网的大胆设想。1945 年 5 月 7 日，苏联电视台恢复了战后的播出，这以后几年中有法国、英国等近 10 个国家恢复电视的广播业务。1952 年 5 月 28 日，在瑞典首都斯德哥尔摩举行第一次超短波电视会议，决定采纳西北德电视公司所用 625 线标准为欧洲共同的电视标准。1953 年 4 月 20 日，英、法、德、荷、比五国第一次试办电视联播节目。1954 年，美国正式开办彩色电视节目，成为世界上第一个开办彩色电视节目的国家。1956 年，磁带录像机问世，从此电视节目制作的方式发生根本性变化。同年 5 月 29 日至 6 月 2 日，欧洲电视学会在意大利召开会议，讨论电视的审美学，这是电视问世后世界上第一次在学术范畴里研讨电视节目。

1957 年，我国派人员赴捷克斯洛伐克、苏联、民主德国考察电视传播事业。1958 年 4

月 30 日，我国自行研制成功第一套 3 个频道的黑白电视中心设备及黑白摄像机，并于当天在生产厂开路试播成功。1958 年 5 月 1 日，北京电视台（中央电视台前身）宣告诞生，开始试验广播。9 月 2 日正式开始广播。1958～1960 年，先后有上海、黑龙江、辽宁、天津、广东、吉林、山西、四川、江苏、陕西、福建、甘肃、安徽、浙江、云南、湖北 16 个省、市建台播出电视节目。

1960 年 8 月，美国第一颗通信卫星“回声号”上天。1962 年 7 月 10 日，美国太空总署发射卫星“电星一号”，进入环绕地球运行轨道运行。1973 年 5 月 1 日，我国彩色电视试验广播开始。10 月 1 日，北京电视台彩色电视转入正式播出。至此，我国彩色电视广播开始形成。1973 年，英国独立广播事业管理局的工程技术人员研制出“电视报纸”传送技术。1977 年，英国独立电视台公开播映电视报纸，这是世界上第一家供免费收看的商业电视报纸。电视报纸的问世，改变了电视节目“画面”的构成因素，电视观众“看”的概念开始发生变化。1978 年，美国洛杉矶市 KSCI 多语言电视台正式开播。1981 年，日本广播公司首次推出高清晰度电视。高清晰度电视由 1125 行扫描线组成，每秒钟 60 幅画面，其清晰度和逼真程度与电影相差无几，其缺陷是无法使用现行的电视机。1982 年 9 月 5 日，美苏两国首次利用卫星传送《电视桥》节目，两国音乐工作者通过电视屏幕对话，开创了世界电视史上电视节目即时双向传播的历史。1988 年 3 月 8 日，美国哥伦比业广播公司正式开拍高清晰度电视剧，成为美国第一家制作高清晰度电视节目的公司。1988 年 3 月，“欧广联”召开欧洲各成员国会议，研究欧洲跨国电视传播问题，协调电视节目的内容和时间配额，“以利于欧洲传统文化遗产的发扬光大”。

20 世纪 90 年代，电视传播在全球进一步普及，从技术应用到节目制作，发展中国家的水平已接近发达国家，全球联手推动电视传播质量进一步提高的趋势已日见明显。

随着时代的发展，广播电视的发展也呈现出新的趋势：传播范围国际化、传播对象个体化、传播方式多样、传播内容丰富；数字电视、卫星直播、光纤传送、网络电视、手机电视等传播技术的日臻完善，为电视节目的制作、传播注入了无穷活力。

思　考　题

2.1 通信的发展历史大致分为哪几个阶段？

2.2 结合实际，阐述通信在日常生活中的应用。

2.3 谈谈你对未来通信的认识。

2.4 什么是电子信息技术？

2.5 简述电子信息技术在物联网领域的应用。

2.6 简述我国广播电视的发展历程。

第3章 通信与信息的基本概念

3.1 通信与信息常用名词

要学好通信与信息的相关知识，首先要认识关于通信及信息的有关概念。

（1）通信：从一个地方向另一个地方进行消息的有效传递和交换——异地间人与人、人与机器、机器与机器进行信息的传递和交换。

通信的过程即为发出信息，传递信息，接收信息，获取信息，实现相互交流。

通信的根本任务：快速、可靠地传递信息。

（2）通信系统：实现信息传输所需一切设备和传输媒质所构成的总体。

（3）消息：用文字、符号、数据、语言、音符、图片、图像等能够被人们感觉器官所感知的形式，把客观物质运动和主观思维活动的状态表达出来就成为消息。

构成消息的两个条件：一是能够被通信双方所理解；二是可以传递。因此，人们从电话、电视等通信系统中得到的是一些描述各种主、客观事物运动状态或存在状态的具体消息。

（4）信息：对收信者来说，信息是消息中有意义的内容。

信息是事物运动状态或存在方式的不确定性的描述。按物理学的观念，信息只不过是被一定方式排列起来的信号序列。信息是物质存在的一种方式、形态或运动形态，也是事物的一种普遍属性，一般指数据、消息中所包含的意义。人们从接收到的E-mail、电话、广播和电视的消息中能获得各种信息，信息与消息有着密切的联系。

（5）信号：消息的表现形式，如电、光、声等，信号是信息的载荷者。

通信中信息的传送是通过信号来进行的，如电压、电流信号等。在各种各样的通信方式中，利用“电信号”来承载信息的通信方式称为**电通信**。

（6）噪声：通信中各种干扰的统称。

（7）媒质：是指能传输信号的物质。

（8）信源：能产生消息的源。信源可以是人、机器或其他事物。

（9）信道：信号传输的通道。

（10）信宿：即消息传送的对象。信宿可以是人、机器或其他事物。

（11）模拟信号：时间与幅度变化是连续的，可取无限个值。如电话信号波形。

（12）数字信号：时间与幅度变化是离散的，其幅度只有0和1两个数值。

（13）周期（*T*）：瞬时幅值随时间重复变化的信号称为周期信号。每次重复的时间间隔为周期，常用 *T* 表示，单位“秒（s）”。

（14）频率（*f*）：信号在 1 秒内波形周期性变化的次数叫作频率，常用 *f* 表示，单位“赫兹（Hz）”。

（15）比特（bit）：二进制数系统中，每个 0 或 1 就是一个位（bit）。在通信中，常常用来表示信息量的单位。

（16）比特率：bit/s，每秒传送二进制符号的个数。

（17）波特率：baud/s，单位时间内传输码元符号的个数（传符号率），即单位时间内载波参数变化的次数。

（18）误比特率（BER）：是指接收到的错误比特数和总的传输比特数之比，即在传输中出现错误信息量的概率。

（19）带宽（Band Width）：在模拟系统又叫频宽，是指信道中能传输的信号的频率范围，通常以每秒传送周期或赫兹（Hz）来表示。

在数字系统中，带宽指每秒可传输的数据量，通常以 bit/s 表示。

（20）信息技术（Information Technology，IT）：也常被称为信息和通信技术（Information and Communications Technology，ICT），指用于管理和处理信息所采用的各种技术的总称。它主要包括传感技术、计算机技术和通信技术。

（21）信息化：通常指现代信息技术的应用，如利用信息获取技术（传感技术、遥测技术）、信息传输技术（光纤技术、红外技术、激光技术）、信息处理技术（计算机技术、控制技术、自动化技术）等，以改进作业流程，提高作业质量。

3.2 通信系统分类及通信方式

3.2.1 通信系统分类

1. 按传输媒质分类

按传输媒质不同，通信系统可分为有线通信系统和无线通信系统两大类。如利用双绞线、架空明线、同轴电缆、光纤等作为传输媒质，对应通信就为有线通信；而利用无线介质，如短波、微波、卫星等，对应通信就为无线通信。

2. 按信号的特征分类

按照携带信息的信号是模拟信号还是数字信号，可以相应地把通信分为模拟通信和数字通信。

3. 按工作频段分类

按通信设备的工作波段不同，通信可分为长波通信、中波通信、短波通信、微波通信等。表 3.1 列出了通信中使用的波段、常用传输媒质及主要用途。

工作频率和工作波长可互换，其关系为

$$\lambda = \frac{c}{f} \tag{3.1}$$

式中，λ(m) 为工作波长；f(Hz) 为工作频率；$c = 3\times10^8$m/s 为电波在自由空间中的传播速度。

表 3.1　　通信波段、常用传输媒质及主要用途

频率范围	波 长	波段名称	常用传输媒质	用 途
3Hz～30kHz	108～104m	甚低频 VLF	有线线对超长波无线电	音频、电话、数据终端、长距离导航、时标
30～300kHz	104～103m	低频 LF	有线线对长波无线电	导航、信标、电力线通信
300kHz～3MHz	103～102m	中频 MF	同轴电缆中波无线电	调幅广播、移动陆地通信、业余无线电
3～30MHz	102～10m	高频 HF	同轴电缆短波无线电	移动无线电话、短波广播、定点军用通信、业余无线电
30～300MHz	10～1m	甚高频 VHF	同轴电缆超短波/米波无线电	电视、调频广播、空中管制、车辆通信、导航、集群通信、无线寻呼
300MHz～3GHz	100～10cm	特高频 UHF	波导微波/分米波无线电	电视、空间遥测、雷达导航、点对点通信、移动通信
3～30GHz	10～1cm	超高频 SHF	波导微波/厘米波无线电	微波接力、卫星和空间通信、雷达
30～300GHz	10～1mm	极高频 EHF	波导微波/毫米波无线电	雷达、微波接力、射电天文学
105～107GHz	3×10^{-4}～3×10^{-6}cm	红外、可见光、紫外	光纤激光空间传播	光通信

4. 按调制方式分类

根据信道中传输的信号是否经过调制，可将通信可分为基带传输和频带（调制）传输。

5. 按业务与内容分类

按业务与内容不同，可将通信分为语音通信（电话）、数据通信、图像通信、多媒体通信、无线寻呼、电报等。

6. 按移动和固定方式分类

分为固定方式通信和移动通信。固定方式通信是指利用普通电话机、IP 电话终端、传真机、无绳电话机、联网计算机等电话网和数据网终端设备的通信。移动通信是指通信双方至少有一方在运动中进行信息交换的通信。

3.2.2　通信方式

通信方式可以按以下两种不同方法来划分。

1. 按信息传输的方向与时间关系划分

对于点对点之间的通信，按信息传送的方向与时间关系，通信方式可分为单工通信、半双工通信及全双工通信三种，如图 3.1 所示。

单工通信是指消息在任意时刻只能单方向进行传输的一种通信方式。例如，我们常见的广播和遥控等就属于单工通信。

半双工通信是指通信双方都能进行收或发通信，但不能同时进行收和发的一种通信方式，如对讲机、有的电梯、微信……

全双工通信是指通信双方同时可进行双向传输消息的一种通信方式。也就是说，通信的双方可同时进行收和发信息。例如，普通电话、手机就是全双工方式。

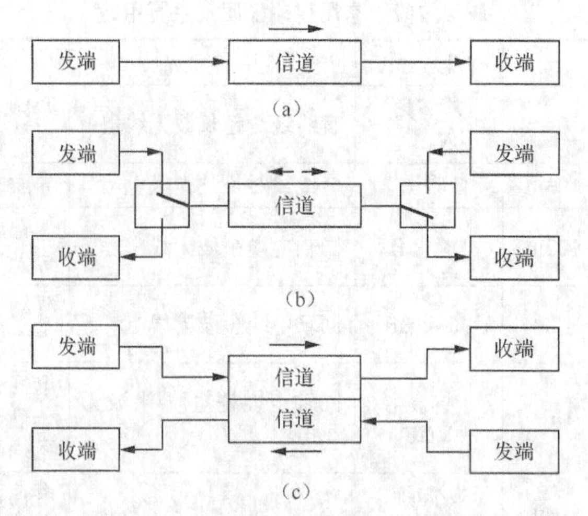

图 3.1　单工（a）、半双工（b）和全双工（c）通信示意图

2. 按数字信号码元排列方式划分

在数字通信中按照数字码元排列顺序的方式不同，可将通信方式分为串行传输和并行传输，如图 3.2 所示。

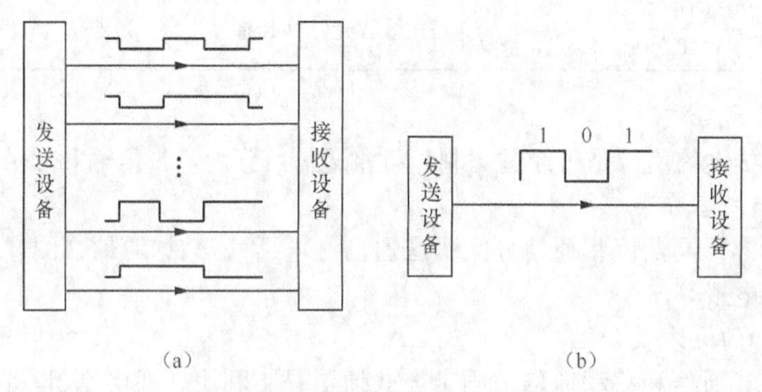

图 3.2　并行（a）和串行（b）通信方式

串行传输是指将代表信息的数字信号序列按时间顺序一个接一个地在信道中传输的方式。一般的数字通信方式大都采用串行传输，这种方式只需占用一条通路，可以节省大量的投资，缺点是传输时间相对于并行传输较长，在技术上更适合长距离通信。计算机网络普遍采用串行传输方式。

并行传输是指将代表信息的数字信号序列分割成两路或两路以上的数字信号序列同时在信道上传输的通信方式。并行传输方式在设备内使用，它需要占用多条通路，优点是传输时间较短。例如，微机与并行接口打印机、磁盘驱动器之间就采用并行传输方式。

3.3　通信系统的组成

实现信息传输所需一切设备和传输媒介所构成的总体称为通信系统，接下来介绍通信系统的组成和模型。

3.3.1　通信系统一般模型

在日常生活中有很多常见的通信过程可以被抽象化为通信系统，比如打电话需要把说话人的语音信息转换成电信号，然后送入传输介质中，即为信道，经过信道的传输，电信号被送到接收端的接收设备，经过接收设备处理后再转换成原来的语音信息传送给消息的接收者，也就是信宿，于是，电话线另一端的人就接收到了对方的信息，如图 3.3 所示。

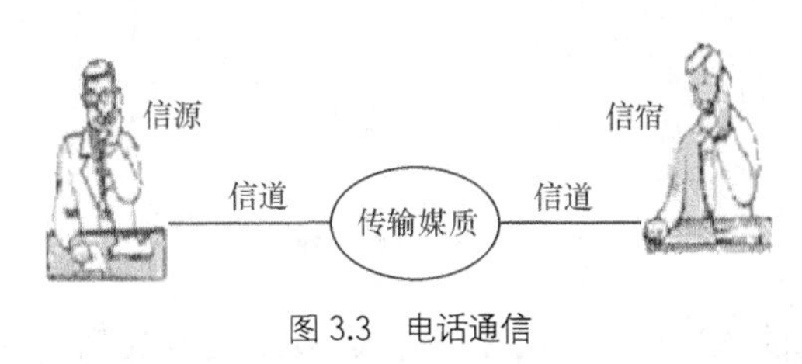

图 3.3　电话通信

通信系统的一般模型如图 3.4 所示，通信系统一般由信源、发送设备、信道、接收设备、信宿和噪声源组成。

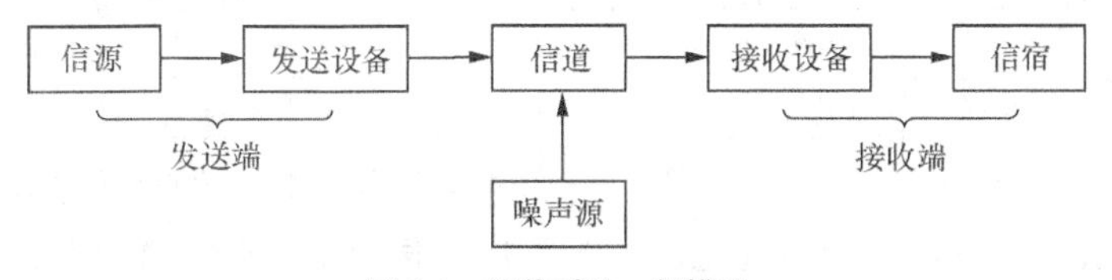

图 3.4　通信系统一般模型

信源是消息的发源地，把非电信号转换成原始电信号。

发送设备的作用是将原始电信号处理成适合在信道中传输的信号。它所要完成的功能很多，如调制、放大、滤波和发射等，在数字通信系统中发送设备又常常包含信源编码和信道编码等。

信道是指信号传输通道。

噪声源是信道中的所有噪声以及分散在通信系统中其他各处噪声的集合。

在接收端，接收设备的功能与发送设备相反，即进行解调、译码等。它的任务是从带有干扰的接收信号中恢复出相应的原始电信号，并将原始电信号转换成相应的信息，提供给信宿。

信宿即为消息的目的地。

3.3.2　模拟通信系统

在上述一般通信系统模型中，发送设备对来自信源的信号的处理可能有两种情况：一是直接对模拟信号进行放大和传输（如无线广播电台、第一代移动通信系统“大哥大”）；二是把模拟信号转换成数字信号（提高抗噪声性能且易于加密）后，再进行处理和传输，如数字电视、网络电台、2G/3G/4G 移动通信等。根据这两种不同情况，我们把通信系统分为：模拟通信系统和数字通信系统两大类。

传输模拟信号的系统称为模拟通信系统，如图 3.5 所示。

对于模拟通信系统，它主要包含两种重要变换。一是把连续消息变换成电信号（发端信源完成）和把电信号恢复成最初的连续消息（收端信宿完成）。由信源输出的电信号（基带信号）由于具有频率较低的频谱分量，一般不能直接作为传输信号而送到信道中去。因此，模拟通信系统里常有第二种变换，即将基带信号转换成其适合信道传输的信号，这一变换由调制器完成；在收端同样需经相反的变换，它由解调器完成。经过调制后的信号通常称为已调信号。已调信号有三个基本特性：一是携带有消息，二是适合在信道中传输，三是频谱具有带通形式，且中心频率远离零频。因而已调信号又常称为频带信号。

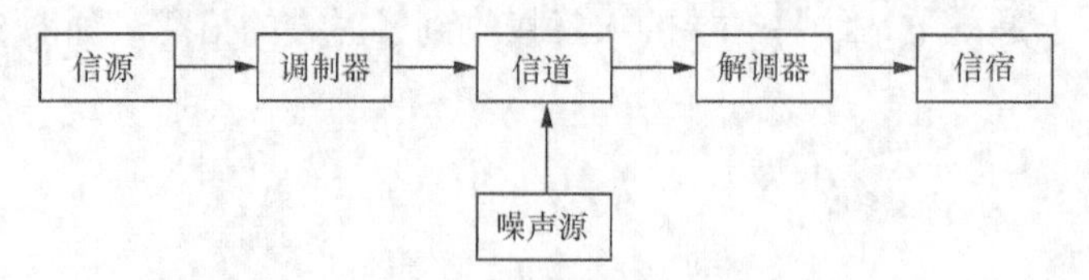

图 3.5 模拟通信系统模型

从消息的发送到消息的恢复，事实上并非仅有以上两种变换，通常在一个通信系统里可能还有滤波、放大、天线辐射与接收、控制等过程。对信号传输而言，由于上面两种变换对信号形式的变化起着决定性作用，它们是通信过程中的重要方面。而其他过程对信号变化来说，没有发生质的作用，只不过是对信号进行了放大和改善信号特性等。

3.3.3 数字通信系统

数字通信系统是利用数字信号来传递信息的通信系统，数字通信系统可进一步细分为数字频带传输通信系统、数字基带传输通信系统和模拟信号数字化传输通信系统。数字通信系统的模型如图 3.6 所示。

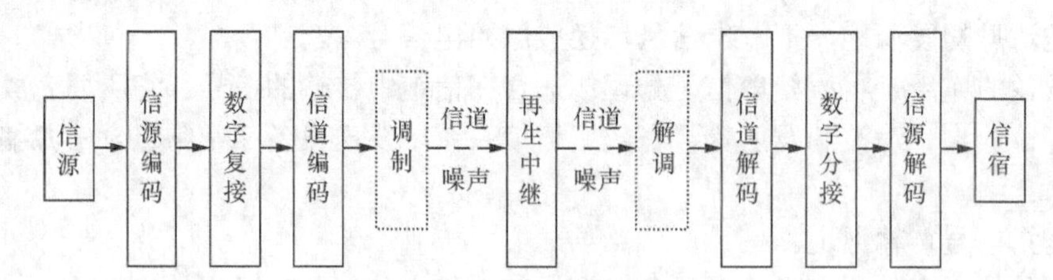

图 3.6 数字通信系统模型

与模拟通信系统相比较，数字通信系统增加了信源编码、译码器，信道编码、译码器和定时同步系统。

其中信源编码的作用是提高信号传输的有效性，即在保证一定传输质量的情况下，用尽可能少的数字脉冲来表示信源产生的信息。信源编码也称为频带压缩编码或数据压缩编码。如果此时的信源为模拟信源，那么信源编码还有另一个作用，就是实现模拟信号的数字化，称为模/数（A/D）转换。

信道编码的作用是为了提高信号传输的可靠性。数字信号在信道中传输的过程中，会遇到各种噪声，可能导致信号发生错误，信道编码对传输的信息码元按一定的规则加入一些冗余码（监督码），形成新的码字，接收端按照约定好的规律进行检错甚至纠错。信道编码也称为差错控制编码、抗干扰编码或纠错编码。

译码也称为解码，是编码的逆过程。

复用器的作用是将来自若干单独分信道的独立信号复合起来，是在一公共信道的同一方向上进行传输的设备。复用器是一种综合系统，通常包含一定数目的数据输入，n 个地址输入（以二进制形式选择一种数据输入）。复用器有一个单独的输出，与选择的数据输入值相同。复用技术可能遵循以下原则之一，如 TDM（时分复用）、FDM（频分复用）、CDM（码分复用） 或 WDM（波分复用）。复用技术也应用于软件操作上，如同时将多线程信息流传送到设备或程序中。

数字调制的作用是将数字基带信号变为频带信号，使其更适合信道的传输，提高信号在信道上传输的效率，同时也达到信号远距离传输的目的。

一个通信系统正常稳定地工作离不开定时同步系统。同步是指通信系统的收、发双方具有统一的时间标准，使它们的工作“步调一致”。同步对于数字通信是至关重要的，如果同步存在误差或失去同步，通信过程就会出现大量的误码，导致整个通信系统失效。定时系统的作用是产生一系列定时信号，使系统有序地工作。

目前，无论是模拟通信还是数字通信，在不同的通信业务中都得到了广泛的应用。但是，数字通信更能适应现代社会对通信技术越来越高的要求，数字通信技术已成为当代通信技术的主流。与模拟通信相比，它有如下优点。

（1）抗干扰、抗噪声性能好。在数字通信系统中，传输的信号是数字信号。以二进制为例，信号的取值只有两个，这样发端传输的和收端接收和判决的电平也只有两个值，若“1”码时取值为 A，“0”码时取值为 0，传输过程中由于信道噪声的影响，必然会使波形失真，在接收端恢复信号时，首先对其进行抽样判决，才能确定是“1”码还是“0”码，并再生“1”，“0”码的波形。因此只要不影响判决的正确性，即使波形有失真也不会影响再生后的信号波形。而在模拟通信中，如果模拟信号叠加上噪声后，即使噪声很小，也很难消除它。

（2）差错可控。数字信号在传输过程中出现的错误（差错），可通过纠错编码技术来控制。

（3）易加密。数字信号与模拟信号相比，容易加密和解密。因此，数字通信保密性好。

（4）数字通信设备和模拟通信设备相比，设计和制造更容易，体积更小，重量更轻。

（5）数字信号可以通过信源编码进行压缩，以减少冗余度，提高信道利用率。

（6）易于与现代技术相结合。

当然，也不是说数字通信系统是十分完美的，模拟通信系统一无是处。模拟通信系统最大的优点就是直观而且容易实现。而对于数字通信系统来说，它也有三个很突出的缺点。

（1）占用频带较宽。因为线路传输的是脉冲信号，传送一路数字化语音信息需占 20.64kHz 的带宽，而一个模拟话路只占用 4kHz 带宽，即一路 PCM 信号占了几个模拟话路。对某一话路而言，它的利用率降低了，或者说它对线路的要求提高了。

（2）技术要求复杂，尤其是同步技术要求精度很高。接收方要能正确地理解发送方的意思，就必须正确地把每个码元区分开来，并且找到每个信息组的开始，这就需要收发双方严格实现同步，如果组成一个数字网的话，同步问题的解决将更加困难。

（3）进行模/数转换时会带来量化误差。

3.4 通信网络概述

3.4.1 通信网的基本概念

前面讲到通信系统主要表述了两个用户的信息传输及交换的过程，当需要实现多用户间的通信时，就要将各种通信系统有机地组成一个整体，使它们能互联互通，协同工作。下面就来介绍一下通信网的基本概念。

（1）通信网（Communication Network）：将分布在全球各个地方的任意两个用户通过传输线连接起来，在这些纵横交错的传输线上加上交换节点，就形成了一个网状的结构，这种由多用户构成的通信系统体系就称为通信网。

（2）通信网的要素：从硬件结构看，通信网由终端节点、交换节点、业务节点、传输系统构成。其功能是完成接入交换网控制、管理、运营和维护。从软件结构看，它们有信令、协议、控制、管理、计费等。其功能是完成通信协议以及网络管理来实现相互间的协调通信。

（3）通信网的机制：通过保持帧同步和位同步，遵守相同的传输体制实现。

（4）现代通信网的主要特点：使用方便，安全可靠，灵活多样，覆盖范围广。

3.4.2 通信网的分类

现代通信网从各个不同的角度出发，可有各种不同的分类。常见的分类如下。

（1）按实现的功能分：业务网、传送网、支撑网。业务网负责向用户提供各种通信业务；其技术要素包括：网络拓扑结构、交换节点技术、编号计划、信令技术、路由选择、业务类型、计费方式、服务性能保证机制。传送网独立于具体业务网，负责按需要为交换节点/业务节点之间的互连分配电路，提供信息的透明传输通道，包含相应的管理功能；其技术要素包括：传输介质、复用体制、传送网节点技术等。支撑网提供业务网正常运行所必需的信令、同步、网络管理、业务管理、运营管理等功能，以提供用户满意的服务质量，包括同步网、信令网、管理网。

（2）按业务类型分：电话通信网、电报通信网、电视网、数据通信网、综合业务数字网、计算机通信网和多媒体通信网等。

（3）按传输手段分：光纤通信网、长波通信网、载波通信网、无线电通信网、卫星通信网、微波接力网和散射通信网等。

（4）按服务区域和空间距离分：农话通信网、市话通信网、长话通信网和国际长途通信网，或局域网、城域网和广域网等。

（5）按运营方式和服务对象分：公用通信网、专用通信网等。

（6）按处理信号的形式分：模拟通信网和数字通信网等。

（7）按活动方式分：固定通信网和移动通信网等。

3.4.3 通信网的组成

通信网实质上由用户终端设备、传输设备和交换设备三大部分构成，如图 3.7 所示。

通信系统的**软件**：是为了使全网协调合理地工作，包括各种规定，如信令方案、各种协议、网路结构、路由方案、编号方案、资费制度与质量标准等。

图 3.7 通信网的三大组成部分

（1）终端设备：用户与通信网之间的接口设备。其主要功能是把待传送信息和在信道上传送的信号进行相互转换，完成网络的接入功能。目前的终端设备有电话、手机、传真机、计算机、电视等。

（2）传输链路：信息的传输通道，是连接网路节点的媒介。传输设备把分布在各个地方的多种通信设备连接起来，最终形成一个互通的整体。

（3）交换设备：构成通信网的核心要素，它的基本功能是完成接入交换节点链路的汇集、转接接续和分配。交换设备又称信息的聚散地。

一些常见的通信网将在第 7 章中详细介绍。

3.5 通信系统中的基础理论

3.5.1 香农定理

克劳德·艾尔伍德·香农（Claude Elwood Shannon，1916 年 4 月 30 日～2001 年 2 月 26 日）是美国数学家、信息论的创始人。他是 20 世纪最伟大的科学家之一，是影响了整个数字通信时代的伟大人物。他在通信技术与工程方面的创造性工作，为计算机与远程通信奠定了坚实的理论基础，是信息论及数字通信时代的奠基人。

香农于 1940 年在普林斯顿高级研究所（The Institute for Advanced Study at Princeton）期间开始思考信息论与有效通信系统的问题。经过 8 年的努力，香农于 1948 年 6 月和 10 月在《贝尔系统技术杂志》（Bell System Technical Journal）上连载发表了具有深远影响的论文《通讯的数学原理》。1949 年，香农又在该杂志上发表了另一著名论文《噪声下的通信》。在两篇论文中，香农阐明了通信的基本问题，给出了通信系统的模型，提出了信息量的数学表达式，并解决了信道容量、信源统计特性、信源编码、信道编码等一系列基本技术问题。两篇论文成为了信息论的奠基性著作。

图 3.8　香农

香农理论的重要特征是熵（entropy）的概念，他证明熵与信息内容的不确定程度有等价关系。香农还首次引入了“比特（bit）”一词，定义了信道容量的概念，它表明当信号与作用在信道上噪声的平均功率给定时，在具有一定频带宽度的信道上，理论上单位时间内可能传输的信息量的极限数值。这就是香农公式：

$$C = B\log_2\left(1+\frac{S}{N}\right) \quad \text{(bit/s)} \tag{3.2}$$

香农公式给出了通信系统所能达到的极限信息传输速率，但对于如何达到或接近这一理论极限，并未给出具体的实现方案。这正是通信系统研究和设计者们所面临的任务。几十年来，人们围绕着这一目标，开展了大量的研究，得到了各种数字信号表示方法和调制手段。香农的贡献对现在的通信工业具有革命性的影响。

3.5.2 信息处理技术

1. 信源编码

信源编码（source coding）是一个做“减法”的过程。

它以信源输出符号序列的统计特性来寻找某种方法，把信源输出符号序列变换为最短的码字序列，使后者的各码元所载荷的平均信息量最大，即优化和压缩了信息。同时又能保证无失真地恢复原来的符号序列，并且打成符合标准的数据压缩编码。信源编码减小了数字信号的冗余度，提高了有效性、经济性和速度。

最原始的信源编码就是莫尔斯电码，另外还有 ASCⅡ码和电报码。现在常用的在数字电视通用编码 MPEG-2 和 H.264（MPEG-Part10 AVC）编码方式都是信源编码。

按编码效果，信源编码可分为：有损编码和无损编码。无损编码常见的有 Huffman 编码、算术编码、L-Z 编码。

按编码方式，信源编码又可分为：波形编码、参量编码和混合编码。

（1）波形编码：将时间域信号直接变换为数字代码（A/D 变换），力图使重建语音波形保持原语音信号的波形形状。

其基本原理是抽样、量化、编码。

优点：适应能力强，质量好等。

缺点：压缩比低，码率通常在 20kbit/s 以上。

适用场合：适合对信号带宽要求不太严格的通信，如高清高真音乐和语音通信。不适合对频率资源相对紧张的移动通信等场合。

包括：脉冲编码调制（PCM）和增量调制（ΔM），以及它们的各种改进型自适应增量调制（ADM），自适应差分编码（ADPCM）等。它们分别在 64kbit/s 以及 16kbit/s 的速率上，能给出高的编码质量，当速率进一步下降时，其性能会下降较快。

（2）参量编码：又称为声源编码，它将信源信号在频率域或其他正交变换域提取特征参量，并将其变换成数字代码进行传输。

优点：可实现低速率语音编码，比特率可压缩到 2～4.8kbit/s，甚至更低。

缺点：在解码时，需重建信号，重建的波形只能保持原语音的语意，而同原语音信号的波形可能会有相当大的差别。语音质量只能达到中等，特别是自然度较低，连熟人都不一定能听出讲话人是谁。

包括：线性预测编码（LPC）及其他各种改进型。

（3）混合编码：是前两种方法的综合应用。在一定的语音质量的前提下，实现较低码率的传输。混合编码技术在参量编码的基础上引入了一些波形编码的特性，在编码率增加不多的情况下，较大幅度地提高了语音传输质量。

优点：以较低的比特率获得较高的质量，时延适中。

缺点：方法较复杂。

包括：语音通常用的 G723.1、G728、G729 等编码标准。

2. 信道编码

信道编码（channel coding）是一个做“加法”的过程。

为了使信号与信道的统计特性相匹配，提高抗干扰和纠错能力，并区分通路，在信源编码的基础上，信道编码按一定规律，增加冗余开销，如校验码、监督码，以实现检错、纠错，提高信道的准确率和可靠性。

（1）信道编码定理：在香农以前，工程师们认为要减少误码，要么就得增加发射功率，要么就得反复发送同一段消息——就好像在人声嘈杂的啤酒馆里，人们得大声地反复呼叫要啤酒一样。1948 年，香农的标志性论文证明在使用正确的纠错码的条件下，数据可以以接近信道容量的速率几乎无误码地传输，而所需的功率却十分低。也就是说如果你有正确的编码方案，就没有必要浪费那么多能量和时间。这从理论上解决了理想编/译码器的存在性问题，也就是解决了信道能传送的最大信息率的可能性，和超过这个最大值时的传输问题。此后，编码理论就发展起来了，成为“信息论”的重要内容。编码定理证明，从离散信道发展到连续信道，从无记忆信道到有记忆信道，从单用户信道到多用户信道，从证明差错概率可接近于零到以指数规律逼近于零，正在不断完善。

（2）编码效率：有用比特数/总比特数。在带宽固定的信道中，总传送码率是固定的，增加冗余，就得降低有用信息的码率，也就是降低了编码效率。这是信道编码的缺点或者说代价。不同的编码方式，其编码效率有所不同。打个比方：在运送玻璃杯时，为防止打烂，人们常用泡沫、海棉等东西将玻璃杯包装起来，这种包装使玻璃杯所占的容积变大，原来一部车能装 5 千个玻璃杯的，包装后就只能装 4 千个了。

（3）编码方法：在离散信道中，一般用代数码形式，其类型有较大发展，各种界限也不断有人提出，但尚未达到编码定理所启示的限度，尤其是关于多用户信道 ，更显得不足。在连续信道中，常采用正交函数系来代表消息，在极限情况下可达到编码定理的限度。（但不是所有信道的编码定理都已被证明。只有无记忆单用户信道和多用户信道中的特殊情况的编码定理已有严格的证明；其他信道也有一些结果，但尚不完善。）

（4）常见的信道编码：奇偶校验码，循环码，线性分组码、BCH 码等。

（5）对信道编码的要求主要有以下几点：①编码效率高，抗干扰能力强；②对信号有良好的透明性，传输通道对于传输的信号内容不加限制；③传输信号的频谱特性与传输信道的通频带有最佳的匹配性；④编码信号包含有数据定时和帧同步信息，以便接收端准确地解码；⑤编码的数字信号具有适当的电平范围；⑥发生误码时，误码的扩散蔓延小。

3.5.3 调制与解调

通常由信源将信息直接转换得到原始电信号频率较低，不宜直接在信道中传输。因此，在通信系统的发送端需将基带信号的频谱搬移（调制）到适合信道传输的频率范围内，而在接收端，再将它们搬移（解调）到原来的频率范围，这就是调制和解调。

调制就是将信号频谱搬移到高频段的过程。

调制广泛用于广播、电视、雷达、测量仪等电子设备。它的实现是把消息置入消息载体，便于传输或处理。$C(t)$ 叫作载波（相当于运载工具）或受调信号，代表所欲传送消息的信号，$m(t)$ 叫作调制信号（也称为基带信号），调制后的信号 $s(t)$ 叫作已调信号（也称为频带信号）。用调制信号控制载波的某些参数（如幅度、频率、相位），使之随基带信号而变化，就可实现调制。载波可以是正弦波或脉冲波，欲传送的消息可以是语音、图像或其他物理量，也可以是数据、电报和编码等信号。

调制在通信系统中具有十分重要的作用。一方面，通过调制可以把基带信号的频谱搬移到所希望的位置上去，从而将调制信号转换成适合于信道传输或便于信道多路复用的已调信号。另一方面，通过调制可以提高信号通过信道传输时的抗干扰能力，同时，它还和传输效率有关。具体地讲，不同的调制方式产生的已调信号的带宽不同，因此调制影响传输带宽的利用率。可见，调制方式往往决定一个通信系统的性能。

调制的类型根据调制信号的形式可分为模拟调制和数字调制；根据载波的不同可分为以正弦波作为载波的连续载波调制和以脉冲串作为载波的脉冲调制；根据调制器频谱搬移特性

的不同可分为线性调制和非线性调制。

解调是将位于载频的信号频谱再搬回来，并且不失真地恢复出原始基带信号。解调是调制的逆过程，调制方式不同，解调方法也不一样。

思 考 题

3.1 什么是通信？通信的根本任务是什么？

3.2 什么是模拟通信？什么是数字通信？它们的区别是什么？举例说明人们日常生活中哪些是模拟通信系统，哪些是数字通信系统。

3.3 通信系统如何分类？

3.4 试画出数字通信系统的一般模型，说明各部分的作用。

3.5 数字通信系统有何优缺点？

3.6 什么是通信网？简述通信网的基本组成。

3.7 什么是信源编码，什么是信道编码？它们的作用分别是什么？

3.8 如何理解调制？

第4章 信息终端

在第 3 章中说到通信网中的三大要素之一——终端设备是用户与通信网之间的接口设备，起到完成与用户的接口、信号的转换等作用。没有终端设备，我们不能进行通信，当然，通信用户终端设备的一切业务也依赖于通信网络的支持，它不能离开通信网而独立存在。终端设备可以将要传送的信号（声音、图文和数据等）转换为电信号输出，也可以将收到的电信号转换为声音、图文和数据等。它是通信系统模型中的信源和信宿部分，是通信的起点和终点。下面介绍几种常见的信息终端。

4.1 电话终端

要打电话，需通过电话机终端才能接入电话网。贝尔于 1876 年在美国专利局申请了电话专利权，距今已有一百多年的历史了。随着技术的发展和新业务的不断出现，电话机的品种不断更新，功能越来越丰富。

4.1.1 电话机的分类

电话机的分类方式比较多，有按制式不同来划分的，有按选呼信号方式不同来划分的等。为了便于大家的理解，我们把现代常用话机分为**普通话机**和**特种话机**两类。

1. 普通话机

（1）脉冲话机（脉冲号盘话机）：全称为拨号盘脉冲式自动电话机，如图 4.1 所示。用户每拨动一次号盘就产生一串与被叫号码相对应的脉冲。脉冲按键话机：话机内装设有被称为脉冲芯片的集成电路，它先将用户所按下的号码一一存储起来，然后再发送相应的脉冲串，可以配合不具备音频收号器的交换机使用。

图 4.1　脉冲号盘话机

脉冲拨号盘有如下缺陷。

① 速度慢，电话号码越长，拨号所用时间越长，占用交换机的时间也长。不仅使程控交换机接续速度快的优点得不到发挥，也影响交换机的接通率。

② 易错号，脉冲信号在线路传输中易产生波形畸变。

③ 易干扰，脉冲信号幅度大，容易产生线间干扰。

因此，这类话机已经初步淘汰。

（2）双音频按键话机（Dual Tone Multi Frequency，DTMF）：双音频按键话机主要是配合程控交换机而产生的。它的发号方式与直流脉冲发号方式截然不同，是在按键号盘编码信号控制触发下，由双音多频发号集成电路产生双音频组合信号。用户每按下一个键，可以同时发出相应编号的两个单频组合波，如表 4.1 所示。双音频按键话机如图 4.2 所示，具有发号速度快、抗干扰能力强等优点，因而应用较为广泛。

表 4.1　　DTMF 的号码表示方法

高频组 / 低频组		H1	H2	H3	H4
		1209	1336	1477	1633（Hz）
L1	697	1	2	3	A
L2	770	4	5	6	B
L3	852	7	8	9	C
L4	941（Hz）	*	0	#	D

2. 特种话机

特种话机可分为以下七类。

（1）投币话机：投币话机多用于公用电话亭，在使用投币话机时，必须先投入一定量值的硬币才可以接通电话。这种电话机不需要专人看守，安装在公共场所或马路旁的电话亭内，是为用户提供的一种极其方便的电话终端设备，如图 4.3 所示。投币话机与普通话机之间的区别主要有两点：一是投币话机增加了收币、鉴币和退币等控制功能；另一点是结构上采用单挂式，不但比普通话机的体积要大，而且要坚固耐用。

图 4.2　双音频按键话机

图 4.3　投币话机

（2）磁卡话机：它是 20 世纪 70 年代后期开始出现的一种公用电话终端设备，如图 4.4 所示。这种话机使用卡片记录信息的方式，即将信息记录在卡片的磁介质上，记录的信息可以改写，信息容量大，成本低。在电话使用前，用户需先购买面额值确定的卡片。由于磁卡后来被 IC 卡技术取代，对应地磁卡话机也被 IC 卡话机取代。

（3）IC 卡话机：随着超大规模集成电路和大容量存储芯片技术的发展，产生了集成电路卡即 IC 卡。使用 IC 卡付费的电话机称为 IC 卡话机，如图 4.5 所示。IC 卡根据其是否具有 CPU，可将其分为存储卡（记忆卡）、逻辑加密卡和智能卡（具有 CPU 和存储器）。存储卡又分为可读写卡（RAM 卡）和只读卡（ROM 卡）。智能卡由一个或多个芯片组成，并封装成人们便于携带的卡片。智能卡具有暂时或永久的数据存储能力，有的还具有自己的键盘、液晶显示器和电源，实际上是一种卡式微型计算机。

图 4.4　磁卡话机

图 4.5　IC 卡公用电话

IC 卡话机的优势如下。

① 打电话方便，话费自由掌握。IC 卡电话对于没有手机的人来说增加了很大的便利性，话费便宜，一张 IC 卡可以打好久。而且在手机临时没电、附近没有其他公用电话的情况下提供了必要的应急设备。

② 与一卡通兼容，管理方便。IC 卡电话技术要求不高，特别是学校集体宿舍等场所增加 IC 卡电话，成本低廉，学生自主消费，不会出现电话欠费情况。

③ IC 卡电话体现人民群众的公共福利。公用 IC 卡电话不但提供通讯的便利，还提供了一些特殊服务，例如紧急报警，与其他功能一体化设计，如 200 电话、视频通信、一卡通等。

IC 卡电话对于移动电话还未普及的年代来说是一种重要的通信方式。

（4）无绳电话机：俗称“子母机”，如图 4.6 所示，1980 年问世后，首先在日本等国家投入使用，很受用户欢迎。无绳电话机实质上是全双工无线电台与有线市话系统及逻辑控制电路的有机组合，它能在有效的场强空间内通过无线电波媒介，实现副机与座机之间的“无绳”联系。简单地说，无绳电话机就是将电话机的机身与手柄分离成为主机（母机）与副机（子机）两部分，主机与市话网用户电话线连接，副机通过无线电信道与主机保持通信，不受传统电话机手柄话绳的限制。一般说来，在距主机 100～300 米方圆范围内可随时收听或拨打电话。由于主副机之间利用无线信道保持联系，不受传统电话机手柄弹簧绳的限制，赋予使用者极大自由度，方便灵活。这种话机带来的方便性使它在市场上应用很广。

（5）可视话机：是利用电话线路实时传送人的语音和图像（用户的半身像、照片、物品等）的一种通信方式。如果说普通电话是“顺风耳”的话，可视电话就既是“顺风耳”，又是“千里眼”了。使用这种话机进行通信，不但能听到对方的声音，而且还能通过荧光屏互相看清对方的面容及打电话的场景。可视电话机实际上是由普通电话机、电视摄像机和电视接收机三部分组成，如图 4.7 所示。

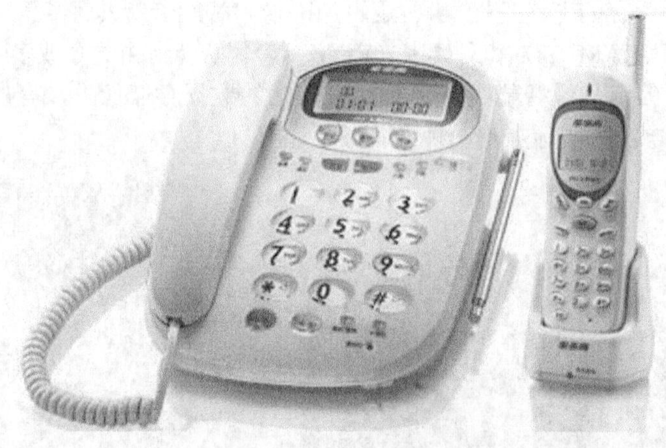

图 4.6　无绳电话机

图 4.7　可视电话

一部可视电话设备可以像一部普通电话机一样接入公用电话网使用。动态图像可视电话显示的图像是活动的，用户可以看到对方的微笑或说话的形象。可视电话的图像信号因包含的信息量大，所占的频带宽，不能直接在用户线上传输，需要把原有的图像信号数字化，变为数字图像信号，而后还必须采用频带压缩技术，对数字图像信号进行“压缩”，使之所占的频带变窄，这样才可以在用户线上传输。因可视电话的信号是数字信号，所以要在数字网中进行传输。可视电话还可以加入录像设备，就像录音电话一样，把图像录制下来，以便保留。

（6）录音话机：俗称“秘书电话机”或“留言话机”。当来电话时，若主人不在，录音话机先回答主人预先录制好的留言，并可录下对方讲话的内容，待主人回来后看到来话标记，操作相应的功能键即可听到对方的讲话内容。

录音话机技术经历了三次革新。

① 第一代：采用模拟技术的录音电话。最有代表性的产品便是**磁带录音电话**，如图 4.8 所示。以磁带的方式保存录音数据，价格便宜，实现了一些重要数据的记录和保存，但音质差、磁带容易受潮变质，不利于信息的长久保存。

图 4.8　磁带录音电话

② 第二代：采用数字技术的录音电话。**数字录音电话**是录音电话行业发展中质量上的一大突破，选用 FLASH 芯片作为存储介质，失真少、记录快、应用广、功能强，可以永久保存，即使话机突然断电也能够保证录音资料的完整。但必须实行人工数据备份和存储，数据存储不够精准，难以实现跨区域的数据备份和信息查询等。

③ 第三代：**智能录音电话**技术。智能录音电话的问世，在语音通信市场引起广泛关注。智能录音电话不仅电话录音文件音质清晰，查询方便，而且支持跨区域、网络上传录音文件，以及更安全的权限控制技术，为人们提供了更人性化的支持。在保证通话的安全上，智能录音电话系统特有的通话加密功能可以最大限度保证通话内容不被泄露。无论是两方通话还是多方电话会议，智能电话录音系统的上述功能都可以建立起一个封闭、保密的通话空间，如同通话方在一个保密的房间里面对面交谈一般，绝对无需担心交谈内容被外人获悉。

（7）数字话机：是把话音模拟信号通过 A/D 变换成双工数字编码信号传输的一种先进的电话机。数字电话可以同时传送控制信号和语音信号，声音和控制信息经过数字化编码后，可以通过两条导线传送到交换机，但一路数字电话的导线可以是两条也可以是 4 条或 8 条等。数字话机必须能调制解调这些数字语音和识别这些控制信号，这就是数字话机和模拟话机的主要区别。它不但具有很强的抗干扰能力，还具备低噪声、高音质等性能。目前许多国家正积极研制各种型号数字话机，以配合专用的数字话机、高速数据网和 ISDN 通信网，进行语音和非语音信号高质量传输。

4.1.2　电话终端的基本组成

电话机由通话设备、信令设备和转换设备三部分组成，如图 4.9 所示。

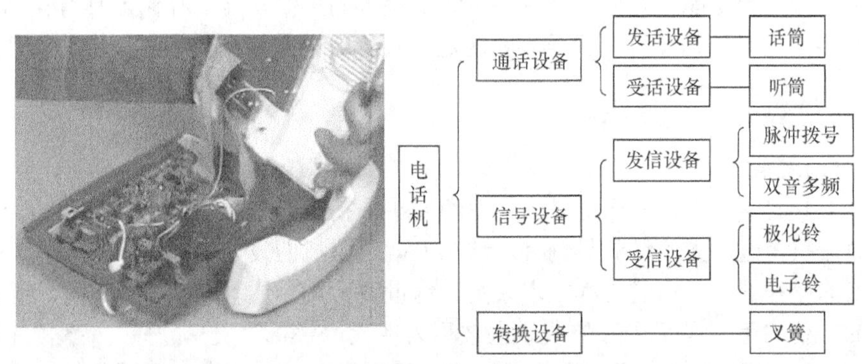

图 4.9　电话机的内部结构和硬件组成框图

（1）通话设备完成话音信号的接收和发送，主要包含送话器、受话器、消侧音电路、放大电路等。送话器和受话器即话筒和听筒。送话器把声音信号转换成了电信号，而受话器则是送话器的逆过程。

（2）信令设备主要完成信令信号的接收和发送，打电话时拨出的号码，接听电话时发出的振铃信号，都是信令信号。信令电路主要包含拨号键盘、双音频发送电路、铃流接收电路。

（3）转换设备就是摘机后自动弹起的叉簧，主要完成信令电路与通信电路之间的转换功能。

电话机的基本功能就是收信、发信、受话、发话，这四个功能缺一不可。现在的电话机除了最基本的接听和拨打电话外，还具一些其他的功能，如数码录音，语音报号，来电防火墙，电信特殊服务功能，重复来电指示，来电、去电号码存储，IP 速拨功能（且可设置自动 IP），单键重拨功能，电话传呼，分机号码编码，分机记忆拨号，分机密码锁，呼叫等待、呼叫转移，通话录音等。

4.1.3 电话终端的接入方式

接入方式是指通信终端连接到通信网络的方式和手段。电话机的接入方式从发明电话开始直到现在都没有改变，一直使用两根铜线进行接入。如图 4.10 所示。

图 4.10 电话终端的接入方式

4.2 移动终端

移动终端，或者叫移动通信终端，是指可以在移动中使用的计算机设备，广义的讲包括手机、笔记本、POS 机甚至包括车载电脑，但是大部分情况下是指手机或者具有多种应用功能的智能手机。随着网络和技术朝着越来越宽带化的方向的发展，移动通信产业将走向真正的移动信息时代。另一方面，随着集成电路技术的飞速发展，移动终端已经拥有了强大的处理能力，移动终端正在从简单的通话工具变为一个综合信息处理平台。这也给移动终端增加了更加宽广的发展空间。

移动通信终端主要由无线射频电路、无线基带处理电路、处理器、存储器、显示器、键盘等电路组成。无线射频电路主要完成无线信号的收发功能，通过它既要将手机中的信号发射出去，也要接收从空中来的无线信号。无线基带处理电路是移动终端的核心部件，它完成信号的分析、处理等功能。处理器完成整个终端设备的控制功能，存储器具有存储基本信息的作用，如存储电话号码等。显示器和键盘是提供给用户做信息显示和操作的部件。

4.2.1 手机

1. 手机的发展

1973 年 4 月的一天，一名男子站在纽约街头，掏出一个约有两块砖头大的无线电话，并打了一通，引得过路人纷纷驻足侧目。这个人就是手机的发明者马丁·库帕。当时，库帕是美国著名的摩托罗拉公司的工程技术人员。这世界上第一通移动电话，是打给他在贝尔实验室工作的一位对手，马丁·库帕从此也被称为现代“手机之父”。马丁·库帕在摩托罗拉工作了 29 年后，在硅谷创办了自己的通信技术研究公司。2013 年，他成为这个公司的董事长兼首席执行官。

其实，再往前追溯，我们会发现，手机这个概念，早在20世纪40年代就出现了。当时，美国最大的通讯公司贝尔实验室开始试制手机。1946年，贝尔实验室造出了第一部所谓的移动通信电话。但是，由于体积太大，研究人员只能把它放在实验室的架子上，慢慢人们就淡忘了。一直到了20世纪60年代末期，AT&T和摩托罗拉这两个公司才开始对这种技术感兴趣起来。当时，AT&T出租一种体积很大的移动无线电话，客户可以把这种电话安在大卡车上。AT&T的设想是，将来能研制一种移动电话，功率是10W，就利用卡车上的无线电设备来加以沟通。库帕认为，这种电话太大太重，根本无法移动或让人带着走。于是，摩托罗拉就向美国联邦通信委员会提出申请，要求规定移动通信设备的功率，只应该是1W，最大也不能超过3W。从1973年手机注册专利，一直到1985年，才诞生出第一台现代意义上的、真正可以移动的电话。它是将电源和天线放置在一个盒子中，重量达3千克，非常重而且不方便，使用者要像背包那样背着它行走，所以就被叫作“肩背电话”。

（1）1G手机

第一代手机（1G）是指模拟的移动电话，也就是在20世纪八九十年代中国香港、美国等影视作品中出现的大哥大。最先研制出大哥大的是美国摩托罗拉公司的库帕博士。由于受当时的电池容量限制和模拟调制技术需要硕大的天线和集成电路的发展状况等制约，这种手机外表四四方方，只能成为可移动电话，但算不上便携。很多人称呼这种手机为“砖头”或是“黑金刚”等，如图4.11所示。

这种手机有多种制式，如NMT，AMPS，TACS，但是基本上使用频分复用方式，只能进行语音通信，收讯效果不稳定，且保密性不足，无线带宽利用不充分。此种手机类似于简单的无线电双工电台，通话是锁定在一定频率，所以使用可调频电台就可以窃听通话。

（2）2G手机

第二代手机（2G）也是最常见的手机，如图4.12所示。通常这些手机使用PHS、GSM或者CDMA这些十分成熟的标准，具有稳定的通话质量和合适的待机时间。在第二代中为了适应数据通讯的需求，一些中间标准也在手机上得到支持，例如，支持彩信业务的GPRS和上网业务的WAP服务，以及各式各样的Java程序等。

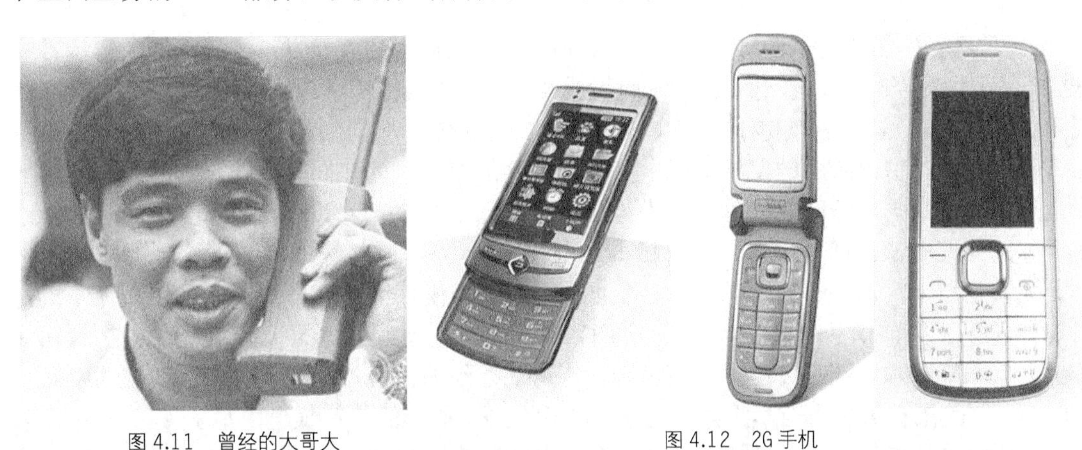

图4.11 曾经的大哥大

图4.12 2G手机

（3）3G手机

3G，是英文3rdGeneration的缩写，指第三代移动通信技术。相对第一代模拟制式手机

（1G）和第二代 GSM、CDMA 等数字手机（2G），一般地讲，第三代手机是指将无线通信与国际互联网等多媒体通信结合的新一代移动通信系统。它能够处理图像、音乐、视频流等多种媒体形式，提供包括网页浏览、电话会议、电子商务等多种信息服务。为了提供这种服务，无线网络必须能够支持不同的数据传输速度，也就是说在室内、室外和行车的环境中能够分别支持至少 2Mbit/s（兆比特/每秒）、384kbit/s（千比特/每秒）以及 144kbit/s 的传输速度。

（4）4G 手机

4G 手机就是支持 4G 网络传输的手机，移动 4G 手机最高下载速度超过 80Mbit/s，达到主流 3G 网络网速的 10 多倍。以下载一部 2G 大小的电影为例，只需要几分钟。此外，使用时用户延时小于 0.05 秒，仅为 3G 的 1/4。即便在每小时数百公里的高速行驶状态下，移动 4G 仍然能提供服务。从外观上看，4G 手机外观与常见的智能手机无异，它们的主要特点在于屏幕大、分辨率高、内存大、处理器运转快等。

2. 手机终端的接入方式

手机终端通过空中无线信道接入到本小区的基站，然后通过基站将信号传送到网络平台中。如图 4.14 所示。

图 4.13　3G 手机

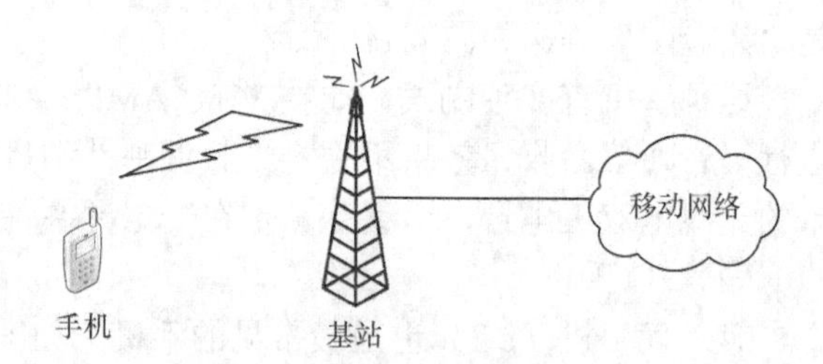

图 4.14　手机终端的接入方式

4.2.2　笔记本

20 世纪 80 年代初，IBM 开发出个人 PC 后，人们梦想着开发出一种能够随身携带的 PC 产品。1983 年，《国家电子》杂志首度提出了“手提电脑”的概念，后来这个概念又演变为“膝上型电脑”，当时包括苹果、IBM 和康柏等公司都推出了这种产品。在美国人看来，正是“膝上型电脑”的发展催促了笔记本电脑的诞生。而在同时期的日本，东芝、松下和索尼等厂商则热衷于开发一种被称为“移动 PC”的产品，“移动 PC”基于 IBM PS/2 系统，使用外接电源。严格来讲，当时日本人所开发的“移动 PC”更接近于今天的笔记本电脑。尤其是日本厂商在开发“移动 PC”的过程中强调便携性，这与美国人设计那种笨重得需要扛起来才能移动的“膝上型电脑”形成鲜明对比。更为关键的是，正是在东芝 T1000 推出之后，笔记本电脑相关的各种新技术、新产品才纷纷出现，市场开始全面快速的发展。2001 年，《美国计算机协会学报》在纪念 PC 诞生 20 周年的一篇报道中写了“1985 年，东芝推出 T1000，第一次给人们带来了‘笔记本电脑’的概念。”

在 Internet 无处不在的今天，使用笔记本电脑在任何可能的场所访问 Internet 成为了必然。一般笔记本电脑都具备无线上网功能，如果不具备这个功能可以购买一块无线网卡插入笔记本电脑实现无线上网。设置好无线路由器，便可以通过无线局域网访问 Internet。

4.2.3 平板电脑

平板电脑的概念由微软公司在 2002 年提出，但由于当时的硬件技术水平还未成熟，而且所使用的 WindowsXP 操作系统是为传统电脑设计，并不适合平板电脑的操作方式（Windows 7 操作系统不适合于平板电脑）。2010 年，平板电脑突然火爆起来。iPad 由首席执行官史蒂夫·乔布斯于 2010 年 1 月 27 日在美国旧金山欧巴布也那艺术中心发布 iPad，让各 IT 厂商将目光重新聚焦在了“平板电脑”上。iPad 重新定义了平板电脑的概念和设计思想，取得了巨大的成功，从而使平板电脑真正成为了一种带动巨大市场需求的产品。这个平板电脑（Pad）的概念和微软那时（Tablet）已不一样。iPad 让人们意识到，并不是只有装 Windows 的才是电脑，苹果的 iOS 系统也能做到。2011 年 Google 推出 Android 3.0 蜂巢（Honey Comb）操作系统。Android 是 Google 公司的一个基于 Linux 核心的软件平台和操作系统，目前 Android 成为了 iOS 最强劲的竞争对手之一。

2011 年 9 月，随着微软 Windows 8 系统的发布，平板阵营再次扩充，Windows 8 操作系统在电脑和平板上开发和运行的应用程序分为两个部分，一个是 Metro 风格的应用，这就是当下流行的场景化应用程序，方便用户进行触控，操作界面直观简洁。第二个部分叫作“桌面”应用，用户可以通过点击桌面图标来执行程序，跟传统的 Windows 应用类似。Metro 应用将成为 Windows 8 的主流。

不同型号的平板电脑，支持的连接网络方式也是不一样的。平板电脑连接网络的方式一般有四种：无线网络 Wi-Fi、3G 网络、有线网络 LAN 和 3G 上网卡上网。

平板电脑和笔记本电脑通过无线局域网访问 Internet 的方式相同，如图 4.15 所示。

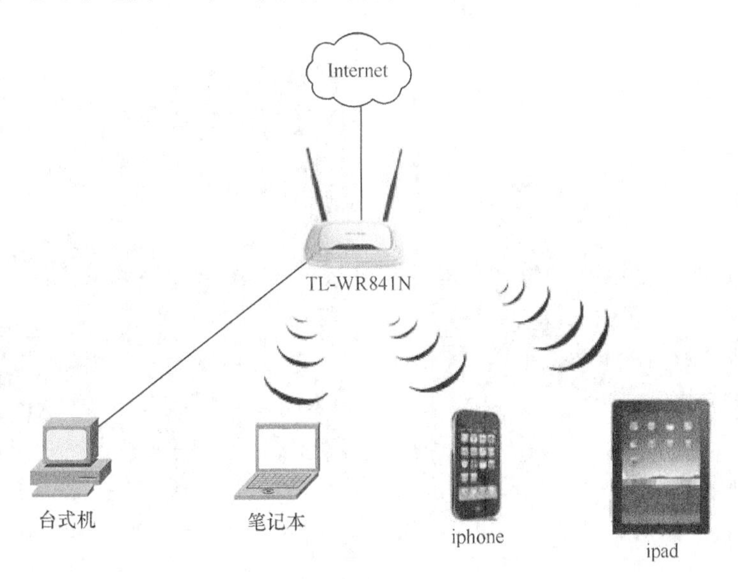

图 4.15 无线局域网连接

可以看到，今天的移动终端不仅可以通话、拍照、听音乐、玩游戏，而且可以实现包括定位、信息处理、指纹扫描、身份证扫描、条码扫描、RFID 扫描、IC 卡扫描以及酒精含量检测等丰富的功能，成为移动执法、移动办公和移动商务的重要工具。现代的移动终端已经拥有极为强大的处理能力（CPU 主频已经接近 2G）、内存、固化存储介质以及像电脑一样的操作系统，是一个完整的超小型计算机系统，可以完成复杂的处理任务。移动终端也拥有非常丰富的通信方式，即可以通过 GSM、CDMA、EDGE、3G、4G 等无线运营网通讯，也可以通过无线局域网、蓝牙和红外进行通信。移动终端已经深深地融入我们的经济和社会生活中，为提高人民的生活水平，提高执法效率，提高生产的管理效率，减少资源消耗和环境污染以及突发事件应急处理增添了新的手段。

4.3 计算机终端

如图 4.16 所示，计算机（computer）是一种用于高速计算的电子计算机器，可以进行数值计算，又可以进行逻辑计算，还具有存储记忆功能；是能够按照程序运行，自动、高速处理海量数据的现代化智能电子设备。

计算机中的各个物理实体称为计算机硬件，程序和数据则称为计算机软件。一个完整的计算机系统由计算机硬件系统及软件系统两大部分构成。计算机硬件是计算机系统中由电子、机械和光电元件组成的各种计算机部件和设备的总称，是计算机完成各项工作的物质基础。

1. 计算机终端的组成

微型计算机硬件系统由主机和常用外围设备两大部分组成。主机由中央处理器和内存储器组成，用来执行程序、处理数据，主机芯片都安装在一块电路板上，这块电路板称为主机板（主板）。为了与外围设备连接，在主机板上还安装有若干个接口插槽，可以在这些插槽上插入不同外围设备连接的接口卡，用来连接不同的外部设备，如图 4.17 所示。

图 4.16 计算机终端

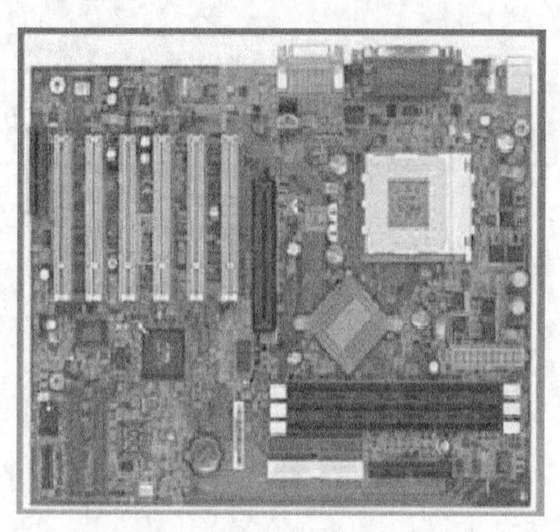

图 4.17 微型计算机主机板

微型计算机常用外围设备有显示器、键盘、鼠标及外存储器。外存中常用的有硬盘、软盘和光盘。为了联网，可以配置调制解调器、网卡等通信设备。

计算机基本组成部分如图 4.18 所示。

2. 接入方式

计算机作为一种通信终端，它与网络的接入主要有以下两种方式。

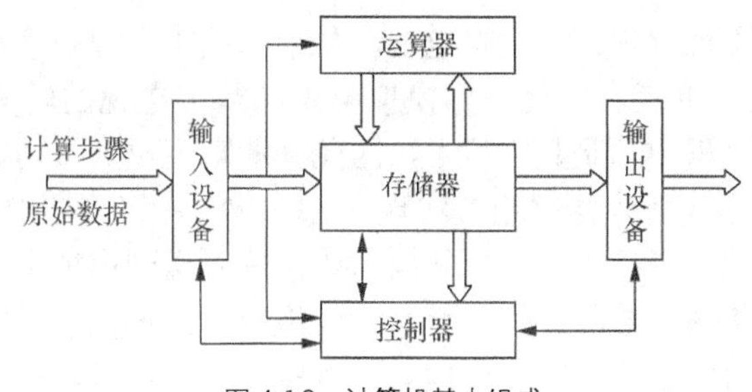

图 4.18 计算机基本组成

（1）通过公众电话网的模拟用户线接入网络。由于计算机处理和输出的是数字信号，模拟用户线传输的是模拟信号，因此需通过一对 MODEM 或者 ADSL 来进行转换，如图 4.19 所示。

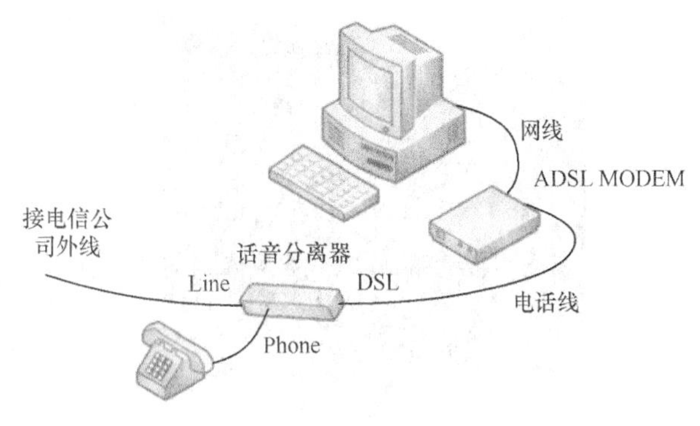

图 4.19 通过 MODEM 接入网络

（2）通过网卡和路由器直接连接到计算机网络，如图 4.16 所示。

4.4 电视终端

4.4.1 电视终端的组成

电视机（Television）指利用电子技术以及设备传送活动的图像画面和音频信号，即电视接收机，也是重要的广播和视频通信工具。电视用电的方法即时传送活动的视觉图像。同电影相似，电视利用人眼的视觉残留效应显现一帧帧渐变的静止图像，形成视觉上的活动图像。电视系统发送端把景物的各个微细部分按亮度和色度转换为电信号后，顺序传送。在接收端按相应几何位置显现各微细部分的亮度和色度来重现整幅原始图像。各国电视信号扫描制式与频道宽带不完全相同， 国际无线电咨询委员会（CCIR）建议用拉丁字母来区别。

彩色电视机主要由电源电路、高频调谐器、节目预选器、选台控制电路、遥控接收电路、中放通道、解码电路、伴音通道、同步分离电路、场扫描电路、进行扫描电路、显像管电路、末级视放电路组成。

4.4.2 电视的分类

从最早的黑白电视到彩色电视，再到现在的数字电视等，已经出现了各种各样的电视终端。早期的黑白电视和彩色电视都是模拟电视，传输和接收的都是模拟信号。现在我国正在进行模拟到数字的转换，将逐步实现全部模拟电视到数字电视的转变。数字电视在信号发送、传输、接收的整个过程中都是数字信号，因此其清晰度更好，功能更多。目前电视机还是模拟电视，实现数字电视接收是采用可实现 D/A（数/模）转换的电视机顶盒方式，通过机顶盒将数字信号的电视节目接收后，再转换为模拟信号送到模拟电视机中。今后将实现数字电视一体机，也就是将数字接收、解码与显示融为一体，把机顶盒内置到电视机中，人们在观看数字电视时，不再需要另外购买机顶盒，直接打开电视机就能收看到数字电视节目。

随着通信与电子技术的发展，电视终端的种类不再单一，从电视的使用效果和外形来看，还可以粗分为以下六类。

（1）平板电视（等离子、液晶和一部分超薄壁挂式 DLP 背投），如图 4.20 所示。

图 4.20 平板电视

（2）CRT 显像管电视（纯平 CRT、超平 CRT、超薄 CRT 等），如图 4.21 所示。

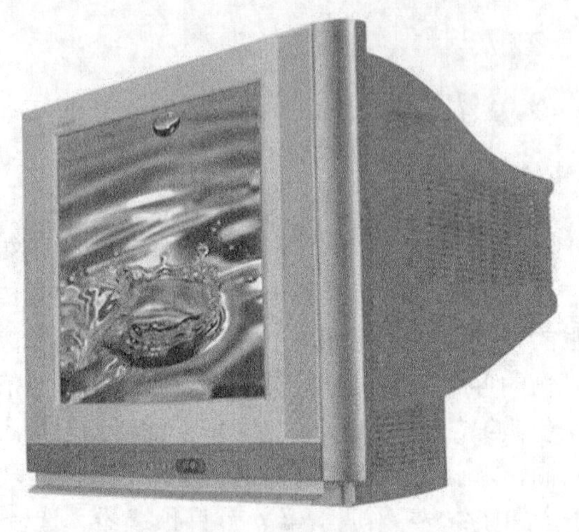

图 4.21 CRT 显像管电视

（3）背投电视（CRT 背投、DLP 背投、LCOS 背投、液晶背投），如图 4.22 所示。

（4）投影电视，如图 4.23 所示。

（5）3D 电视，如图 4.24 所示。

图 4.22 背投电视

图 4.23 投影电视

图 4.24 3D 电视

（6）手机电视，如图 4.25 所示。

图 4.25　手机电视

4.4.3　电视终端的接入

1. 无线接入方式

早期的电视机大多采用这种接入方式，电视机用接收天线通过无线电波接收电视节目。卫星电视、移动电视和手机电视都属于无线接入方式。

2. 有线接入方式

有线接入方式是目前应用最广的一种接入方式，通过同轴电缆进行电视节目的接收，这也就是目前我们称的闭路电视或者有线电视。

4.5　物联网终端

物联网的概念是在 1999 年提出的，但它发展迅速，已经成为继计算机、互联网与移动通信网之后的世界信息产业第三次浪潮。世界各国的未来信息化发展战略，均从不同概念向物联网演进。在中国，物联网技术已从实验室阶段走向实际应用，国家电网、机场安保、物流等领域已出现物联网身影。物联网是以计算机科学为基础，包括网络、电子、射频、感应、无线、人工智能、条码、云计算、自动化、嵌入式等技术为一体的综合性技术及应用，它要让孤立的物品（冰箱、汽车、设备、家具、货品等）接入网络世界，让它们之间能相互交流，让我们可以通过软件系统操纵它们，让它们鲜活起来。物联网是由传感设备、终端、信息处理中心和用户组成网络。

4.5.1　物联网终端功能和组成

物联网终端是物联网中连接传感网络层和传输网络层，实现采集数据及向网络层发送数据的设备。它担负着数据采集、初步处理、加密、传输等多种功能。如果没有它的存在，传感数据将无法送到指定位置，“物”的联网将不复存在。物联网各类终端设备总体上可以分为情景感知层、网络接入层、网络控制层以及应用/业务层。每一层都与网络侧的控制设备有着对应关系。物联网终端常常处于各种异构网络环境中，为了向用户提供最佳的使用体验，终端应当具有感知场景变化的能力，并以此为基础，通过优化判决，为用户选择最佳的服务通道。终端设备通过前端的 RF 模块或传感器模块等感知环境的变化，经过计算，决择需要采取的应对措施。

物联网终端基本由外围感知（传感）接口、中央处理模块和外部通信接口三个部分组成，通过外围感知接口与传感设备连接，如 RFID 读卡器、红外感应器、环境传感器等，将这些传感设备的数据进行读取并通过中央处理模块处理后，按照网络协议，通过外部通信接口，如 GPRS 模块、以太网接口、Wi-Fi 等方式发送到以太网的指定中心处理平台。

4.5.2 物联网终端分类

物联网终端有很多种分类方法。

（1）按行业应用分类：主要包括工业设备检测终端，设施农业检测终端，物流 RFID 识别终端，电力系统检测终端，安防视频监测终端等。

（2）按使用场合分类：主要包括固定终端，移动终端和手持终端。

（3）按传输方式分类：主要包括以太网终端、Wi-Fi 终端、2G 终端、3G 终端等。

（4）按使用扩展性分类：主要包括单一功能终端和通用智能终端两种。

（5）按传输通路分类：主要包括数据透传终端和非数据透传终端。

图 4.26 所示为一款手持物联网终端。

图 4.26 手持物联网终端

目前，物联网终端的规模推广主要局限在国家重点工程的安保、物流领域，“感知中国”中心和一些示范区工程等。在其他领域没有大规模使用的主要原因：一是物联网的概念及其带来的效益还不完全为人所知，二是系统的成本和运行的费用较高。

思 考 题

4.1 信息终端的主要功能是什么？

4.2 简述电话终端的组成和接入方式。

4.3 简述移动终端的组成。

4.4 简述 iPad 的接入方式。

4.5 简述电视终端的组成和分类。

4.6 什么是物联网终端？

第 5 章 信息传输与接入系统

5.1 传输系统的基本任务和作用

传输就是将携带信息的信号通过媒体传送到目的地的过程。信源提供的语音、数据、图像等需要传递的信息由用户终端设备变换成需要的信号形式，经传输终端设备进行调制，将其频谱搬移到对应传输媒质的传输频段内，通过传输媒质传输到对方后，再经解调等逆变换，恢复成信宿适合的信息形式。

传输系统的任务就是利用通信介质传输信息。其实质问题就是采用什么技术来实现信息传输。我们用一个简单的交通工具的比喻来说明。如果你要从重庆到广州去参加一个聚会，采用什么方式旅行可以保证你安全、准时到达呢？你可以选择乘坐小汽车、出租车、公共汽车、飞机、火车、骑自行车或步行。显然，选择的旅行方式不同，在旅途中所花费的时间、费用、舒适程度、快慢程度等诸方面都有所不同，甚至有很大的差别。

5.2 传输方式的种类

信息传输是从一端将信息经信道传送到另一端，并被对方所接收。传输媒质是用于承载传输信息的物理媒体，是传递信号的通道，提供两地之间的传输通路。传输媒质从大的分类上来区分有两种：一种是电磁信号在自由空间中传输，这种传输方式叫作无线传输；另一种是电磁信号在某种传输线上传输，这种传输方式叫作有线传输。信息传输过程中不能改变信息。

5.3 电缆传输系统

不同的通信媒体具有不同的属性，应针对不同的用途应用在不同的场合，发挥不同通信媒体的最佳效能。通信电缆根据其特性不同有架空明线、对称电缆、同轴电缆等种类。

1. 架空明线

明线是指平行架设在电线杆上的架空线路，这是一种有线电通信线路，如图 5.1 所示，用于传送电报、电话、传真等。它本身是导电裸线或带绝缘层的导线。其传输损耗低，但是易受天气和环境的影响，对外界噪声干扰较敏感，并且很难沿一条路径架设大量的（成百对）线路，故目前已经逐渐被电缆所代替。

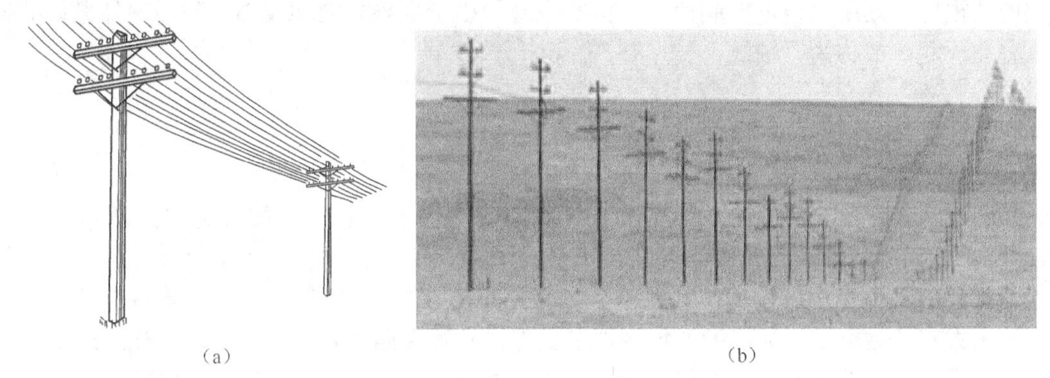

（a）　　（b）

图 5.1　架空明线（a）和被 CCTV 称之为“横贯世界屋脊的架空明线”的“唐古拉山一号线”（b）

2. 对称电缆

对称电缆是由若干对叫作芯线的双导线放在一根保护套内制成的。保护套则是由几层金属屏蔽层和绝缘层组成的，它还有增大电缆机械强度的作用。对称电缆的芯线比明线细，直径在 0.4～1.4mm，故其损耗较明线大，但是性能较稳定。目前对称电缆主要用于市话用户的电话线。

在计算机网络中应用最多的是双绞线电缆（简称双绞线），如图 5.2 所示。它是将一对或一对以上的双绞线封装在一个绝缘外套中而形成的一种传输介质，是目前局域网最常用到的一种电缆。为了降低信号的干扰程度（使电磁辐射和外部电磁干扰减到最小），电缆中的每一对双绞线一般是由两根绝缘铜导线相互扭绕而成，每一根导线在传输中辐射的电波会被另一根线上发出的电波抵消，每根线加绝缘层并有色标来标记，双绞线因此得名。

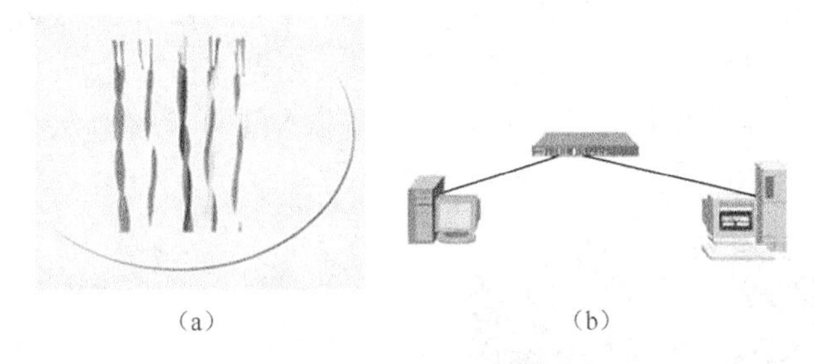

（a）　　（b）

图 5.2　双绞线电缆（a）和双绞线传输（b）

3. 同轴电缆

同轴电缆是由内外两根互相绝缘的同心圆柱形导体构成的，在这两根导体间用绝缘体隔离开。内导体为铜线，外导体为铜管或网，如图 5.3 所示。在内外导体间可以填充满塑料作为电介质，或者用空气作介质，但同时有塑料支架用于连接和固定内外导体。由于外导体通常接地，所以它同时能够起到很好的屏蔽作用。同轴电缆常用于传送多路电话和电视，同时也是局域网中最常见的传输介质之

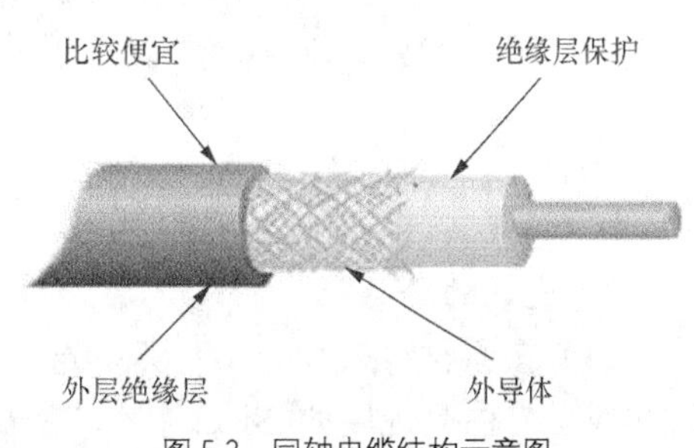

图 5.3　同轴电缆结构示意图

一。在实际应用中，多将几根同轴电缆和几根电线放入同一根保护套内，以增强传输能力；其中的几根电线则用来传输控制信号或供给电源。由于内导体的轴线必须与管状外导体的轴线重叠在一起，故称为同轴线。

5.4 光纤传输系统

1966 年，英籍华人高锟博士提出光纤通信的概念，他也因此被称为光纤通信之父。1970 年，美国康宁玻璃公司的三名科研人员马瑞尔、卡普隆、凯克成功地制成了世界上第一根低损耗的石英光纤，传输损耗每千米只有 20dB，开创了光纤通信的新篇章，是光通信研究的重大实质性突破。从 1970 年到现在虽然只有短短四十几年的时间，但光纤通信技术却取得了极其惊人的进展，光纤的传输速率已经达到了每秒 T 比特级（T 数量级为 10^{12}）。用带宽极宽的光波作为传送信息的载体以实现通信，这个几百年来人们梦寐以求的幻想在今天已成为活生生的现实。

1. 光纤通信的概念

所谓光纤通信，就是利用光导纤维（简称为光纤）传输光波信号的通信方式，即以光波为载波，把电话、电视、数据等电信号调制到光载波上，再通过光纤传输信息的一种通信方式。光波波长为微米级，紫外线、可见光、红外线均属光波范围。目前光纤传输使用波长为近红外区内，即 0.8～1.8μm 的波长区，对应的频率为 167～375THz。目前光纤的工作波长主要有 3 个窗口，即 780～855nm，1310nm 和 1550nm，780nm 主要用于家电中，光通信主要使用后两个窗口。

2. 光导纤维

光导纤维本身是一种介质，截面很小，它是由折射较高的纤芯和折射率较低的包层组成的细长的圆柱形玻璃丝，能在长距离内起到束缚和传输光的作用。未经涂覆和套塑时称为裸光纤，通常为了保护光纤、提高抗拉强度以及便于实用，需在裸光纤外面进行两次涂覆。涂覆材料为硅酮树脂或聚氨基甲酸乙脂，涂覆层的外面套塑（或称二次涂覆），套塑的原料大都采用尼龙、聚乙烯或聚丙烯等塑料，如图 5.4 所示。

（a）　　（b）

图 5.4　裸光纤（a）和成品光纤（b）

3. 光纤的分类

（1）按原材料来划分：石英系光纤、塑料包层光纤和全塑光纤。石英系光纤，光纤的纤芯和包层是由高纯度的 SiO2 掺适当杂质制成。塑料包层光纤，这种光纤的芯子是用石英制成，包层是硅树脂。全塑光纤，这种光纤的芯子和包层都是由塑料制成。

（2）按传输模式数量来划分：单模（Single-mode）光纤和多模（Multi-mode）光纤。单模光纤只传输主模，由于完全避免了模式色散，使得单模光纤的传输频带很宽，因而适用于大容量、长距离的传输系统。多模光纤有多个模式在光纤中传输，由于色散和相差，其传输性能较差、频带较窄、容量小、距离也较短。

（3）按折射率分布来划分：跃变式光纤和渐变式光纤。跃变式光纤纤芯的折射率和保护层的折射率都是一个常数。在纤芯和保护层的交界面，折射率呈阶梯型变化。渐变式光纤纤芯的折射率随着半径的增加按一定规律减小，在纤芯与保护层交界处减小为保护层的折射率。

4. 光纤的性质

光纤的传输性质包括光纤的损耗和色散。

光波在光纤中传输，随着传输距离的增加而光功率逐渐下降，这就是光纤的传输损耗。光纤的损耗是光纤最重要的特性之一，常用 dB/km 作单位。光纤的损耗与光的传输波长有关，还与光纤使用的介质材料和制造技术有关。造成损耗的原因是光纤材料存在吸收损耗、散射损耗和幅射三种。

光纤的色散是光纤的另一个重要特性，也可称为频率特性。色散是指输入信号中包含的不同频率或不同模式的光在光纤中传输的速度不同，不能同时到达输出端，从而使输出波展宽变形，形成失真的一种物理现象。

5. 光纤通信的特点

（1）传输频带宽。通信传输容量大。通信传输容量和载波频率呈正比，通过提高载波频率可以达到扩大通信传输容量的目的。光纤通信的工作频率为$10^{12}\sim10^{14}$ Hz，一般一个话路占用 4kHz 的带宽，在一对光纤上可以传送 10 亿路电话。由于光波的频率比一般无线通信的频率高很多，通信传输容量相对也要高很多。

（2）损耗低。目前商用光纤在 1550nm 窗口的衰耗为 0.19～0.25dB/km，传输距离在 200km 左右。损耗低就意味着中继站的数量少，可以降低工程投资和提高通信的可靠性。

（3）不受外界电磁波干扰。由于光纤通信采用介质波导来传输信号，光信号是在纤芯中传输，因此光纤具有很强的抗干扰能力。

（4）线径细、重量轻，光纤的材料资源非常丰富。

6. 光纤通信系统

光纤通信系统主要由光发射机、光纤、光接收机以及长途干线上必须设置的光中继器组成，如图 5.5 所示。

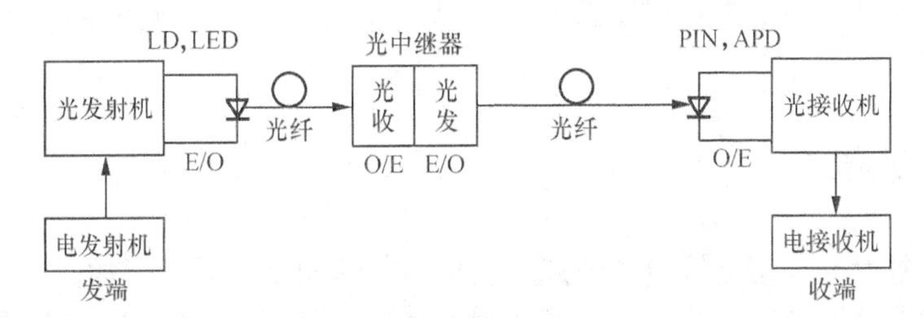

图 5.5 光纤通信系统的组成

（1）光发射机的主要作用

由电发射机输出的脉码调制信号送入光发射机，光发射机的主要作用是将电信号转换成光信号耦合进光纤进行传输。光发射机中的重要器件是能够完成电-光转换的半导体光源，目前主要采用半导体激光器（LD）或半导体发光二极管（LED）。图 5.6 给出了半导体发光二极管（LED）和半导体激光器（LD）的实例。

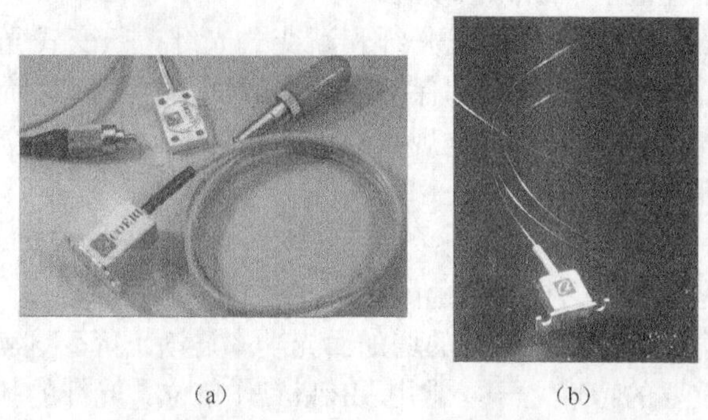

（a）（b）

图 5.6　半导体发光二极管（LED）（a）和半导体激光器（LD）（b）

（2）光脉冲信号的传输

光脉冲信号被按照一定的角度送入光纤线路中，经过多次折射和反射仍然在其中传输，而且损耗很少。

（3）光接收机的主要作用

光接收机的主要作用是将光纤送过来的微弱光信号转换成电信号，然后经过对电信号的放大等处理以后，使其恢复为原来的脉码调制信号送入电接收机。光接收机中的重要部件是能够完成光/电转换任务的光电检测器，目前主要采用光电二极管（PIN）和雪崩光电二极管（APD）。图 5.7 为各种光电检测器实例图。

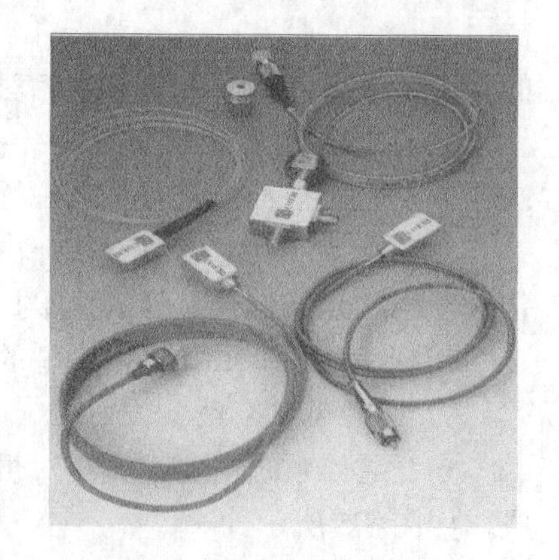

图 5.7　各种光电检测器实例图

（4）光中继器

为了保证通信质量，在收发端机之间适当距离上必须设有光中继器。光纤通信中光中继器的形式主要有两种，一种是光-电-光转换式的中继器，另一种是在光信号上直接放大的光放大器。

光纤通信虽然有如此多的优点，但目前其实际应用仅是其潜在能力的 2%左右，尚有巨大的潜力等待人们去开发利用。因此，光纤通信技术正向更高水平、更高阶段方向发展。

5.5　无线传输系统

无线传输系统就是利用无线电磁波来解决信息传输问题的系统，如微波传输系统、卫星传输系统。无线媒体不使用电缆或光学导体，大多数情况下，地球的大气就是数据的物理通路。无线传输最适合用于难以布线的场合或远程通信中，同时，采用无线传输便于终端的移动，如给我们带来极大方便的移动电话就是采用无线传输方式。无线通信有三种主要类型：无线电通信、微波通信和卫星通信。

从理论上讲，无线电波可以穿透墙壁，可以到达普通网络线缆无法到达的地方。但使用无线电时，需考虑的一个重要问题便是电磁波频率的范围是相当有限的，其中的大部分已被电视、广播以及重要的政府和军队通信系统占用。因此，只有一部分留给民用通信系统使用。中国无线电频率应用划分如表 5.1 所示。

表 5.1　　中国无线电频率划分

中国无线电频率划分								
名称	甚低频	低频	中频	高频	甚高频	超高频	特高频	极高频
符号	VIF	LF	MF	HF	VHF	UHF	SHF	EHF
频率	3～30kHz	30～300kHz	0.3～3MHz	3～30MHz	30～300MHz	0.3～3GHz	3～30GHz	30～300GHz
波段	超长波	长波	中波	短波	米波	分米波	厘米波	毫米波
波长	10～1000km	1～10km	100～1000m	10～100m	1～10m	0.1～1m	1～10cm	1～10mm
传播特性	空间波为主	地波为主	地波与天波	天波与地波	空间波	空间波	空间波	空间波
主要用途	海岸潜艇通信，远距离，超远距离导航	越洋通信，中距离，地下岩层通信，远距离导航	船用通信，业余无线电通信。移动通信，中距离导航	远距离短波通信，国际定点通信	电离层散射（30～60MHz），流星余通信，人造电离层通信，30～144MHz），对空间飞行体通信，移动通信	小容量微波中继通信，（352～420MHz），对流层散射通信，（700～10000MHz）中容量微波通信（1700～2400MHz）	大容量微波中继通信，（3600～4200MHz）、（5850～8500MHz），数字通信、卫星通信，国际海事卫星通信（1500～1600MHz）	再入大气层的通信，波导通信

5.6　微波传输系统

微波是无线电波的一种形式，频率为 300MHz～3000GHz，微波波长在 0.1mm 至 1m 之间。纵观“左邻右舍”，它处于超短波和红外波之间。当电磁波频率达到 0.3～300GHz 时，可采用集中定向发射天线将电磁波集中，这就是微波通信。无线电波可以按照频率或波长来分类和命名。由于各波段的传播特性各异，因此，可以用于不同的通信系统。

1. 基本概念

把 30～300kHz 的波称长波，用于通信称长波通信；把 300～3000kHz 的波称为中波，用于广播，称中波广播；把 3～30MHz 的波称短波，用于通信称短波通信。如果电磁波频率再高，高于 300MHz 就称为微波，使用特有设备，并利用这个频段的频率作载波携带信息，通过无线电波空间进行中继（接力）通信的通信方式就叫微波通信。一般将微波分为四个波段，如表 5.2 所示。

表 5.2 微波的四个波段

波段名称	波长范围	频率范围	频段名称
分米波	10～100cm	0.3～3GHz	超高频（UHF）
厘米波	1～10cm	3～30GHz	特高频（SHF）
毫米波	1～10mm	30～300GHz	极高频（EHF）
亚毫米波	0.1～1mm	300～3000GHz	超极高频

2. 组成及过程

数字微波通信系统由两个终端站和若干个中间站构成。

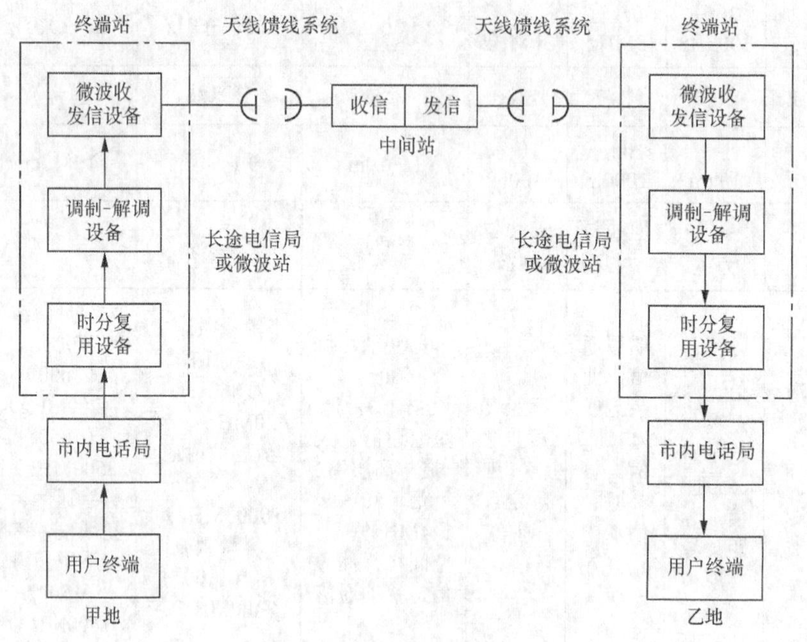

图 5.8 数字微波通信系统的组成

3. 特点

在大建筑物顶端和铁塔上面，我们常常看到有锅状设备，如图 5.9 所示，那就是微波发射或接收天线。微波天线为什么要架设在较高的地方呢？因为微波波长短，接近于光波，是直线传播，微波站之间属视距通信，两站间应无障碍才能进行很好的通信。微波通信一般使用面式天线，当面式天线的口径面积给定时，其增益与波长的平方成反比，故微波通信很容易制成高增益天线。

微波通信的特点有以下两点

（1）频带宽，传输信息容量大。

信息理论表明，作为载体的无线电波，频率越高，相同时间内输送信息量就越大。微波的频率在 300MHz～3000GHz 之间，波长在 1～10cm 之间，包含了分米波、厘米波和毫米波（1～10mm）三个波段。相比之下，微波比中波和短波的频率更高，相同时间内传递的信息就越多。微波通信的优点是一条微波线路可以同时开通几千、几万路电话。

图 5.9 微波天线

（2）接力通信

由于微波大致沿直线传播，不能沿地球表面绕射。所以微波通信的缺点是每隔 50km 要设一个微波中继站。微波通信靠几个甚至几十个微波中继站进行无线电波的发射和接收，进行接力传送，达到远距离通信的目的。微波中继站可以把上一站传来的微波信号经过处理后再发射到下一站去，这就像接力赛跑一样，一站传一站，经过很多中继站可以把信息传递到远方，如图 5.10 所示。

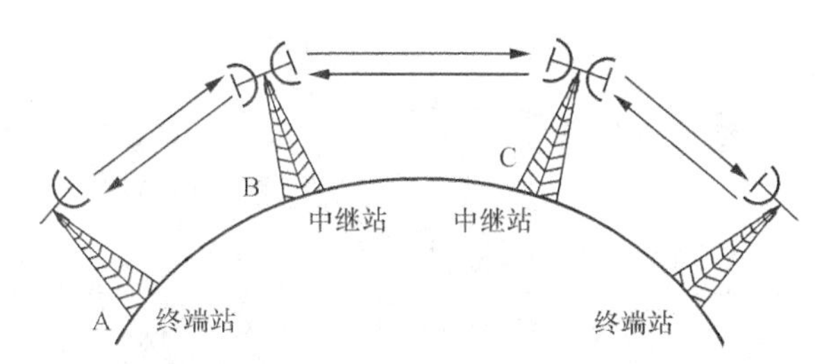

图 5.10 远距离地面微波中继通信系统的中继示意图

4. 发展

20 世纪 70 年代初期，随着微波通信相关技术的进步，人们研制出了中小容量的数字微波通信系统，这是通信技术由模拟向数字发展的必然结果。80 年代后期，出现了大容量数字微波通信系统。数字微波的优点是受环境影响小，支持中继，可以远距离传输但调试麻烦，受网络带宽影响。总的来说，模拟微波的图象质量要好于数字微波，但是模拟微波很容易受环境和气候影响，数字微波虽然受环境影响要小，但是无线传输带宽有限，要想传输大路数图像还是比较困难。现在，数字微波通信、光纤通信和卫星通信一起被称为现代通信传输的三大支柱。

5.7 卫星传输系统

卫星通信系统实际上也是一种微波通信，卫星通信的主要目的是实现对地面的“无缝隙”覆盖，由于卫星工作于几百、几千、甚至上万公里的轨道上，因此覆盖范围远大于一般的移动通信系统。但卫星通信要求地面设备具有较大的发射功率，因此不易普及使用。

1. 概念

卫星通信是利用人造地球卫星作为中继站转发无线电信号，在两个或多个地面站之间进行的通信过程或方式，工作在微波频段。这里地面站是指设在地球表面（包括地面、海洋和低层大气中）上的无线电通信站。其中，用于实现通信目的的这种人造地球卫星称为通信卫星，通信卫星的作用相当于离地面很高的中继站。

设 A、B、C、D、E 等分别表示进行通信的各地球站，若这几个地球站都在一颗卫星覆盖的通信范围之内，那么这几个地球站就可以通过卫星作中继器转发信号，实现相互通信。若只有 A、B 两个地球站能被这颗卫星覆盖，那么就只有 A、B 两地球站能经卫星转发信号进行实时通信，而 A、B 两地球站都不能和其他地球站进行通信，就是说只有在覆盖区域内才能完成通信，如图 5.11 所示。

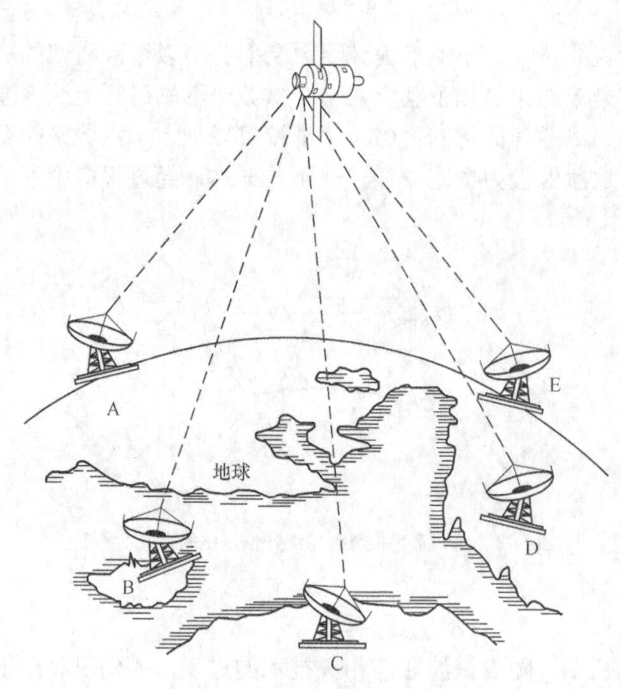

图 5.11　卫星通信示意图

2. 通信卫星的组成

通信卫星由七大系统组成：①位置与姿态控制系统；②天线系统；③转发器系统；④遥测指令系统；⑤电源系统；⑥温控系统；⑦入轨和推进系统，如图 5.12 所示。

3. 种类

按服务区域划分，有国内、区域和全球通信卫星。区域卫星仅仅为某一个区域的通信服务，而国内卫星范围则更窄，仅限于国内使用。全球通信卫星，顾名思义，是指服务区域遍布全球的通信卫星，这常常需要很多卫星组网形成。按卫星的运行轨道可分为静止卫星和运动卫星。按卫星运行轨道的高度分为同步卫星（静止卫星）、中轨道卫星和低轨道卫星（非静止卫星）。

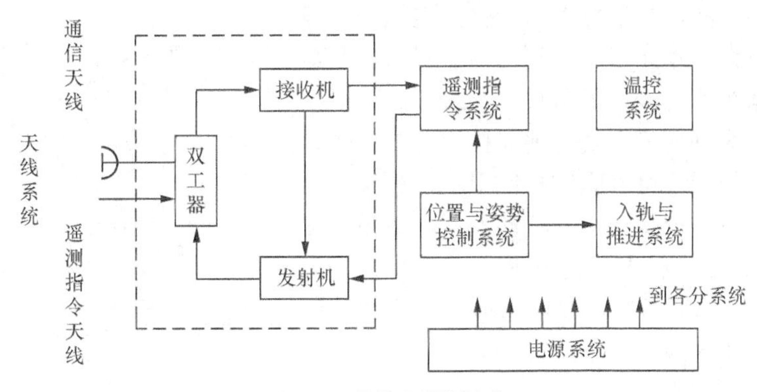

图 5.12 通信卫星的组成

4. 原理

从地面站 1 发出无线电信号，这个微弱的信号被卫星通信天线接收后，首先在通信转发器中进行放大，变频和功率放大，最后再由卫星的通信天线把放大后的无线电波重新发向地面站 2，从而实现两个地面站或多个地面站的远距离通信，如图 5.13 所示。

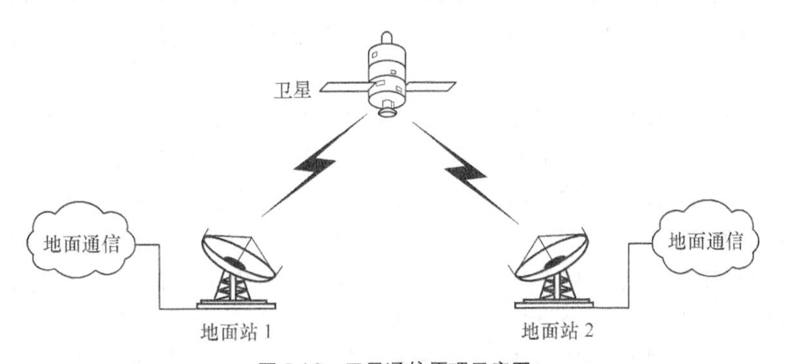

图 5.13 卫星通信原理示意图

5. 特点

（1）通信距离远：可以看到地球最大跨度达一万八千余千米。

（2）通信路数多、容量大：一颗现代通信卫星，可携带几个到几十个转发器，可提供几路电视和成千上万路电话。

（3）通信质量好、可靠性高：卫星通信的传输环节少，不受地理条件和气象的影响，可获得高质量的通信信号。

（4）通信灵活、适应性强：它不仅可以实现陆地上任意两点间的通信，而且能实现船与船，船与岸上、空中与陆地之间的通信，它可以结成一个多方向、多点的立体通信网。

（5）通信成本低：在同样的容量、同样的距离下，卫星通信和其他的通信设备相比较，所耗的资金少，卫星通信系统的造价并不随通信距离的增加而提高，随着设计和工艺的成熟，成本还在降低。

6. 同步卫星

当卫星的运行轨道在赤道平面内，其高度大约为35 800km，运行方向与地球自转方向相同时，此时围绕地球一周的公转周期约为 24 小时，恰好与地球自转一周的时间相同，从地球上看上去，卫星如同静止的一样，所以称为静止卫星。利用静止卫星作中继站组成的通信系统称为静止卫星通信系统，或称同步卫星通信系统。这种通信方式使地面接收站的工作方便多了。接收站的天线可以固定对准卫星，昼夜不间断地进行通信，不必像跟踪那些移动不定的卫星一样而四处“晃动”，使通信时间时断时续。三颗同步卫星可把地球表面除极地以外的地区覆盖，实现全球通信。覆盖区域如图 5.14 所示。

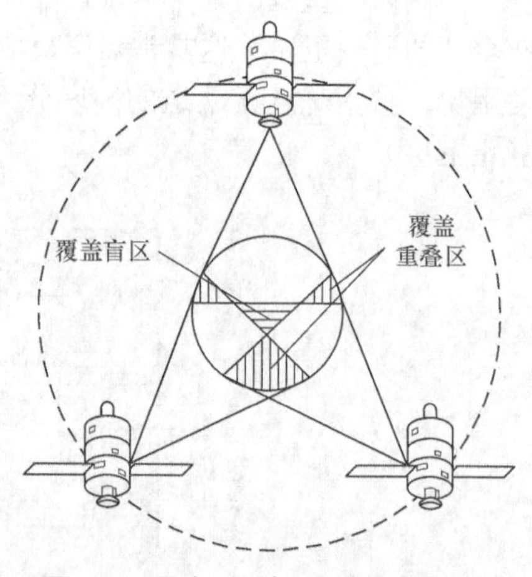

图 5.14　同步卫星建立全球通信示意图

5.8 移动通信系统

随着社会的发展，人们对通信的需求越来越迫切，对通信的要求也越来越高，人们希望能在任何时候、任何地方、与任何人都能及时沟通、及时联系、及时交流信息，而移动通信正是朝着这样的目标发展。移动通信几乎集中了有线和无线通信的最新技术成果，因此它所处理的信息范围很广，不仅限于语音，还包括非话音服务，如传真、数据、图像等。

1. 概念

通信按收信者是否在运动中完成可以分为移动通信和固定通信。移动通信是指通信双方至少有一方在运动中进行信息传输和交换。例如，固定点与移动体（汽车、轮船、飞机等）之间，或移动体之间以及活动的人与人和人与移动体之间的通信，都属于移动通信的范畴。

2. 移动通信频段

按照无线电频率的划分它属于 VHF（甚高频）和 UHF（特高频）直至到微波频段。一般分配为 150MHz，450MHz，800MHz，900MHz 以及 1800MHz 等，这些频段为公用移动通信的使用频段。从电波传播特点来看，一个频点的传播范围，在视距内大约几十千米，即几十千米半径的范围。这些频段是宝贵的空间资源，无线电广播、电视、飞机导航、部队等各种移动通信，都要利用这一资源。

3. 分类

若以服务的对象分，可以分为公用网和专用网，专用网只适合于专门的部分网络（如校园电话网），专用网一定可以接入公用网，公用网却不一定能接入专用网。若以提供的服务类型分，可以分为移动电话系统、无线寻呼系统、集群调度系统、无绳电话系统、卫星移动通信系统等。若按覆盖范围划分，可分为宽域网和局域网。若按业务类型划分，可分为电话网、数据网和综合业务网。若按信号形式划分，可分为模拟网和数字网。

4. 陆地移动通信系统组成

陆地移动通信系统是指通信双方或至少有一方是在运动中通过陆地通信网进行信息交换的。例如，固定点与移动体（汽车、轮船、飞机等）之间，或移动体之间以及活动的人与人和人与移动体之间的通信，都属于陆地移动通信的范畴，如图 5.15 所示。

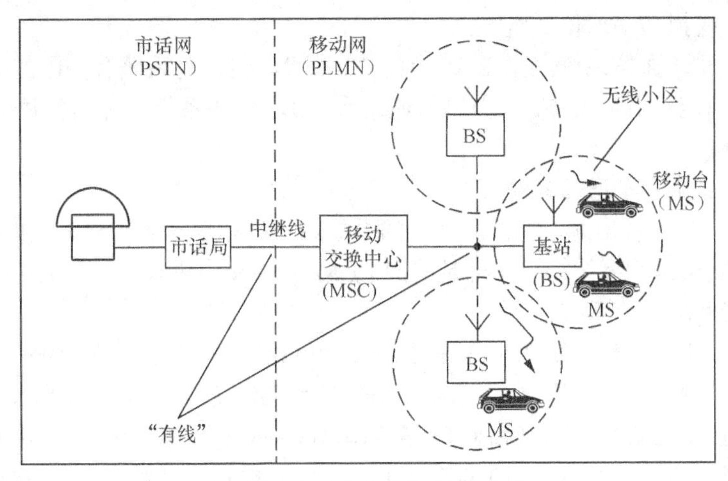

图 5.15 陆地移动通信系统的组成

（1）基站天线

移动通信系统中，基站（BS）天线是很重要的一个组成部分，图 5.16 为生活中见到的 GSM 和 CDMA 基站天线图。

图 5.16 基站天线

（2）蜂窝小区

蜂窝的概念对处理覆盖区域问题极其有用。把通信网络服务的整个区域划分为若干个较小的六边形小区，用正六边形的图形来模拟实际中的小区要比用圆形、正方形等其他图形效果更好，衔接也更紧密，然后在各个小区域均用小功率的发射机进行覆盖，这些小区一个个鳞次栉比，看上去就像是蜂窝，形成蜂窝状结构，所以通常称为“蜂窝移动通信”，如图 5.17 所示。

5．移动通信的发展历程

（1）第 1 代模拟移动通信系统 1G

第 1 代模拟移动通信系统产生于 20 世纪 70 年代，代表的系统有美国的 AMPS（先进的移动电话业务）和英国的 TACS（全接入通信系统）。这些系统只能传播语音业务，属于模拟移动通信系统。

（2）第 2 代数字移动通信系统 2G

在 20 世纪 90 年代出现，有两种典型的系统：一种是欧洲的 GSM（Global Systems for Mobile communications）系统，另一种是美国 CDMA（Code Division Multiple Access）系统。

（3）第 3 代移动通信系统 3G

1988 年开始研究，最初称为“未来公众移动电话通信系统”，在 1996 年更名为 IMT-2000。2000 有三种含义，如图 5.18 所示。第 3 代移动通信主要有三种标准：WCDMA，CDMA2000：TD-SCDMA。这三种标准都采用码分多址技术。2009 年 01 月 7 日宣布，批准中国移动通信集团公司增加基于 TD-SCDMA 技术制式的第三代移动通信（3G）业务经营许可（即 3G 牌照），中国电信集团公司增加基于 CDMA2000 技术制式的牌照，中国联合网络通信集团公司增加基于 WCDMA 技术制式的牌照。

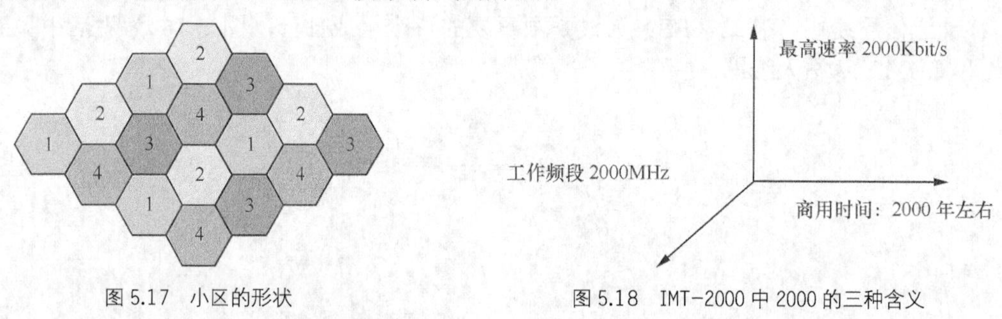

图 5.17　小区的形状

图 5.18　IMT-2000 中 2000 的三种含义

（4）第 4 代移动通信系统 4G

第 4 代移动通信系统（4G）也称为 beyond 3G（超 3G），它集 3G 与 WLAN 于一体，并能够传输高质量视频图像，它的图像传输质量与高清晰度电视不相上下。4G 系统能够以 100Mbps 的速度下载，比目前的拨号上网快 2000 倍，上传的速度也能达到 20Mbps，并能够满足几乎所有用户对于无线服务的要求。2013 年 12 月 4 日工信部正式向三大运营商发布 4G 牌照，中国移动、中国电信和中国联通均获得 TD-LTE 牌照。

5.9　接入系统

决定我们访问 Internet 的实际速度的主要因素有三个：传输主干网、城域网和接入网。

传输主干网是连接各个城域网的信息高速公路，是网络技术的关键，它提供远距离、高带宽、大容量的数据传输业务。传输主干网一般指省与省，国家与国家之间的网络，一般带宽 10Gbit/s 左右，而普通的就是城市内部的网，一般 1Gbit/s 以下。

城域网将各个社区（包括单位）的局域网相连接，实现数据的高速传输和信息资源共享。

接入网解决的是从市区 Internet 节点到单位、小区直至到每个家庭用户的接入问题，即最后一公里（last kilometer）问题。在这个被称之为“最艰难的最后一公里”的地方，也正是用户感受最直接的地方。

1. 接入网的概念

整个电信网分为三部分：传送网、交换网、接入网。接入网是整个电信网的一部分，如图 5.19 所示。

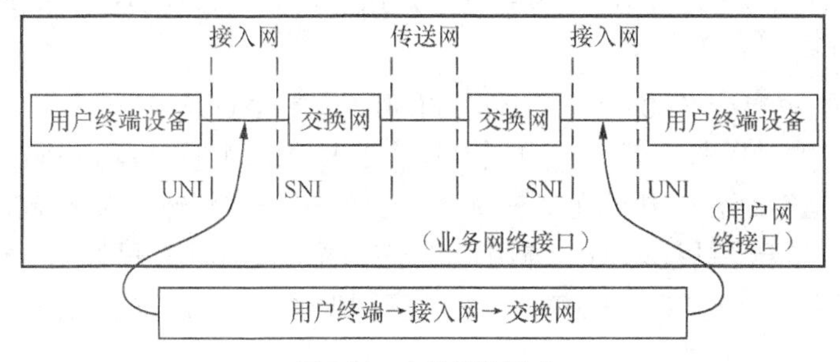

图 5.19 电信网的组成

根据国际电联关于接入网框架建议（G.902），接入网是在业务节点接口（Service Node Interface，SNI）和用户网络接口（User Network Interface，UNI）之间的一系列为传送实体提供所需传送能力的实施系统，可经由管理接口（Q3）配置和管理。

接入网包含用户线传输系统、复用设备、数字交叉连接设备和用户网络接口设备。主要功能包括交叉连接、复用、传输，独立于交换机，一般不包括交换功能，不做信令解释和处理。

2. 接入网的种类

在现在的用户接入网中，可采用的接入技术五花八门，但归纳起来主要的接入技术可分为有线接入网和无线接入网。以上两种接入网还可细分，如图 5.20 所示。

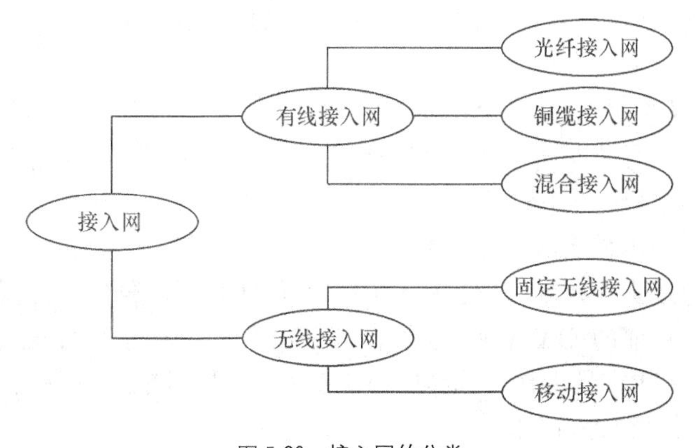

图 5.20 接入网的分类

3. 有线接入

有线接入主要采取如下措施：（1）在原有铜质导线的基础上通过采用先进的数字信号处理技术来提高双绞铜线对的传输容量，提供多色业务的接入。（2）以光纤为主，实现光纤到路边、光纤到大楼和光纤到家庭等多种形式的接入。（3）在原有 CATV（指 75 欧姆的同轴电缆，有时也称作 CATV 电缆，主要用作传输电视信号）的基础上，以光纤为主干传输，经同轴电缆分配给用户的光纤/同轴混合接入。

（1）铜线接入

① 非对称数字用户线（ADSL）技术：ADSL 是一种非对称的宽带接入方式，其已经为

电信运营商所采用，成为宽带用户接入的主流技术。由于其上下行速率是非对称的，即提供用户较高的下行速率，下行速率最高可达 68Mbit/s；较低的上行速率，上行速率最高可达 640kbit/s，传输距离为 3～6km，因此非常适合用作家庭和个人用户的互联网接入。这种宽带接入技术与 LAN 接入方式相比，由于充分利用了现有的铜线资源，运营商不需要进行线缆铺设而被广泛采用。

② 甚高速数字用户线（VDSL）技术：VDSL 是在 ADSL 基础上发展起来的，它也是一种非对称的数字用户环路，能够实现更高速率的接入。上行速率最高可达 6.4Mbit/s，下行速率最高可达 55Mbit/s，但传输距离较短，一般为 0.3～1.5km。由于 VDSL 的传输距离比较短，因此特别适合于光纤接入网中与用户相连接的“最后一公里”。VDSL 可同时传送多种宽带业务，如高清晰度电视（HDTV）、清晰度图像通信以及可视化计算等。

（2）光纤接入

光纤接入是指局端与用户之间完全以光纤作为传输媒质来实现用户信息传送的应用形式。近年来，随着“光进铜退”的进程，光纤已经距用户端越来越近了，在现在提出的“智能化小区”的概念中，光缆到户成了评选的“标配”，甚至提出了“光缆到桌面（Fiber To The Desk，FTTD）”。

根据光网络单元（ONU）放置的位置不同，光纤接入方式可分为光纤到路边（FTTC）、光纤到大楼（FTTB）、光纤到用户（FTTH）或光纤到办公室（FTTO）等形式。

① **FTTC**：主要是为住宅用户提供服务的，光网络单元（ONU）设置在路边，即用户住宅附近，从 ONU 出来的电信号再传送到各个用户，一般用同轴电缆传送视频业务，用双绞线传送电话业务。

② **FTTB**：它的 ONU 设置在大楼内的配线箱处，主要用于综合大楼、远程医疗、远程教育及大型娱乐场所，为大中型企事业单位及商业用户服务，提供高速数据、电子商务、可视图文等宽带业务。

③ **FTTH**：这是将 ONU 放置在用户住宅内，为家庭用户提供各种综合宽带业务，FTTH 是光纤接入网的最终目标，但是每一用户都需一对光纤和专用的 ONU，因而成本昂贵，实现起来非常困难。

（3）混合光纤同轴电缆接入（HFC）

混合光纤同轴电缆也是传输带宽比较大的一种传输介质，传输介质采用光纤和同轴电缆混合组成的接入网。目前的 CATV 网就是一种 HFC 网络，主干部分采用光纤，用同轴电缆经分支器接入各家各户。混合光纤/铜轴（HFC）接入技术的一大优点是可以利用现有的 CATV 网，从而降低网络接入成本。

4. 无线接入

随着通信市场日益开放，电信业务正向数据化、宽带化、综合化、个性化飞速发展，各运营商之间的竞争日趋激烈。而竞争的基本点就在于接入资源的竞争，如何快速、有效、灵活、低成本提供客户所需要的各种业务成为运营商首要考虑的问题。而无线接入方式在一定程度上满足了运营商的需要。

无线接入技术是指从业务节点接口到用户终端全部或部分采用无线方式，即利用卫星、微波等传输手段向用户提供各种业务的一种接入技术。无线接入技术的发展经历了从模拟到数字，从低频到高频，从窄带到宽带的历程，其种类很多，应用形式五花八门，定义和称谓也各种各样。但总的来说，主要有以下几种无线接入技术。

（1）固定宽带无线接入（MMDS/LMDS）技术

宽带无线接入系统可以按使用频段的不同划分为 MMDS（Multi-channel Multi-point Distribution Service，多信道多点分配系统）和 LMDS（Local Multi-point Distribution Service，本地多点分配系统）两大系列。它可在较近的距离实现双向传输话音、数据图像、视频、会议电视等宽带业务，并支持 ATM、TCP/IP 和 MPEG2 等标准。采用一种类似蜂窝的服务区结构，将一个需要提供业务的地区划分为若干服务区，每个服务区内设基站，基站设备经点对多点无线链路与服务区内的用户端通信。每个服务区覆盖范围为几千米至十几千米，并可相互重叠。

由于 NMDS/LMDS 具有更高带宽和双向数据传输的特点，可提供多种宽带交互式数据及多媒体业务，克服了传统的本地环路的瓶颈，满足用户对高速数据和图像通信日益增长的需求，因此它是解决通信网接入问题的利器。

（2）DBS 卫星接入技术

DBS 技术也叫数字直播卫星接入技术，该技术利用位于地球同步轨道的通信卫星将高速广播数据送到用户的接收天线，所以它一般也称为高轨卫星通信。其特点是通信距离远，费用与距离无关，覆盖面积大且不受地理条件限制，频带宽，容量大，适用于多业务传输，可为全球用户提供大跨度、大范围、远距离的漫游和机动灵活的移动通信服务等。在 DBS 系统中，大量的数据通过频分或时分等调制后，利用卫星主站的高速上行通道和卫星转发器进行广播，用户通过卫星天线和卫星接收 Modem 接收数据，接收天线直径一般为 0.45m 或 0.53m。

（3）蓝牙技术

蓝牙实际上是一种实现多种设备之间无线连接的协议。通过这种协议能使包括蜂窝电话、掌上电脑、笔记本电脑、相关外设等众多设备之间进行信息交换。利用“蓝牙”技术，能够有效地简化移动通信终端设备之间的通信，也能够成功地简化设备与因特网（Internet）之间的通信，从而使数据传输变得更加迅速高效，为无线通信拓宽道路。蓝牙采用分散式网络结构以及快跳频和短包技术，支持点对点及点对多点通信，工作在全球通用的 2.4GHz ISM（即工业、科学、医学）频段。其数据速率为 1Mbit/s。采用时分双工传输方案实现全双工传输。图 5.21 为具有蓝牙功能的鼠标和耳塞。

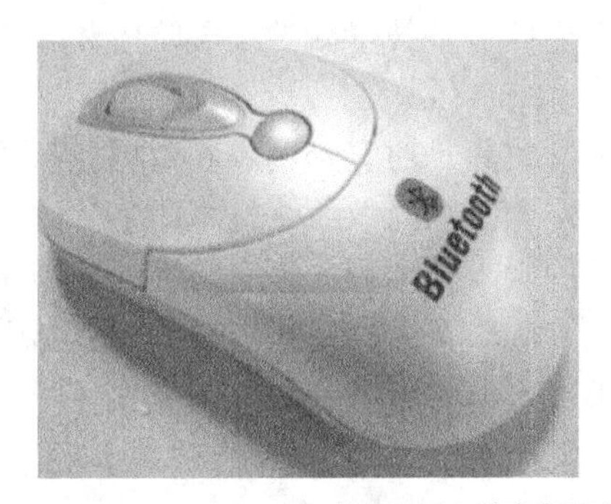

图 5.21　印有蓝牙标志的蓝牙鼠标和苹果蓝牙耳塞

（4）HomeRF 技术

HomeRF（Home Radio Frequency）无线标准是由 HomeRF 工作组开发的开放性行业标准，在家庭范围内使用 2.4GHz 频段，采用 IEEE 802.11 和 TCP/IP 协议，传输交互式语音数据采用 TDMA 技术，传输高速数据分组则采用 CSMA/CA 技术，速率达到 100Mbit/s。HomeRF 的特点是无线电干扰影响小，安全可靠，成本低廉，简单易行，不受墙壁和楼层的影响，支持流媒体。

5.10 传输新技术及发展方向

多样化对传输提出了更高的要求，传输将向大容量、长距离、移动化和智能化方向发展。在主干传输网上，主要向大容量、智能化方向发展；在接入段，目前最吸引人的是有线方式下的 DSL 技术以及层出不穷的各个无线接入技术。

1. 主干传输网的发展趋势

现在各个业务网络都在考虑转型，包括 PSTN 网络、移动网络。在目前的通信转型中最大的特点就是 IP 化，电信业务的 IP 化已经成为未来的业务发展趋势。具有 100 年历史的电路交换技术尽管有其不可磨灭的历史功勋和内在的高质量、严管理优势，但其基本设计思想是以恒定对称的话务量为中心，采用了复杂的分等级时分复用方法，语音编码和交换速率为 64kbit/s。而分组化通信网具有传统电路交换通信网所无法具备的优势，尤其是其中的 IP 技术，以其无与伦比的兼容性，成为了人们的最终选择。原来电信传输网的基础网是 SDH、ATM，而如今 IP 网成为基础网。话音、视频等实时业务转移到了 IP 网上，出现了 Everything On IP 的局面。

此外，传输网络的光纤化也是一个主要特点。鉴于光纤的巨大带宽、小重量、低成本和易维护等一系列优点，从 20 世纪 80 年代中期以来，“光进铜退”一直是包括中国在内的世界各国通信网发展的主要趋势之一。最初，光纤化的重点是长途网，然后转向中继网和接入网馈线段、配线段。现在，随着铜期货的价格上涨，光纤的优势越来越明显。光纤正沿着光纤到路边、到小区、到大楼的趋势，最终开始进军 FTTH，即光纤入户了。

光传输网络的规模已非常庞大和复杂，因此，下一代光传输网络的发展方向主要体现在：具有独立的控制平面，智能特性越来越强；更加适合分组业务的传送，同时兼容 TDM 业务。光传输网络发展的主要方向就是 ASON。ASON（Automatically Switched Optical Network）即自动交换光网络，它直接在光纤网络上引入了以 IP 为核心的智能控制技术，被誉为是传送网概念的重大突破，代表了光通信网络技术新的发展阶段和未来的演进方向。

2. 接入传输网的发展趋势

通信技术的发展，以及用户对新业务，尤其是对宽带图象和数据业务的需求增加，给整个网络的结构带来了深刻的影响，使用户接入网仍为双绞线技术所主宰的局面发生了变化，特别是光纤技术的出现。归纳起来，主要的接入技术可分为有线接入网和无线接入网。有线接入网包括铜线接入网、光纤接入网、光纤同轴混合网；无线接入网包括固定无线接入网和移动接入网。由于光纤具有损耗低、频带宽、原材料成本低等诸多优点，光纤技术将更多的应用于接入网。

思　考　题

5.1 填空题

1. 在卫星通信中，通信卫星的作用相当于离地面很高的（　　）。

2．传输方式有无线传输和（　　）两种。

3．光纤按照传输模式不同，可分为（　　）和（　　）两种。

4．IMT-2000 中 2000 的含义是系统工作在（　　）频段、最高业务速率可达（　　）和在2000年投入商用。

5．整个电信网分为三部分：传送网、交换网和（　　）。

6．蜂窝小区的形状是（　　）。

7．卫星通信是利用（　　）作为中继站转发无线电信号，在两个或多个地面站之间进行的通信过程或方式，工作在（　　）频段。

8．光纤的传输特性有损耗和（　　）。

5.2　选择题

1．光纤传输分为单模光纤和多模光纤两类。从传输性能上看，以下正确的是（　　）。

A．多模光纤优于单模光纤　　B．单模光纤优于多模光纤

C．两者无差别　　D．没有可比性

2．目前主要用于电话网市话用户电话线的传输媒质是（　　）。

A．架空明线　　B．对称电缆

C．同轴电缆　　D．光纤

3．非对称数字用户线（ADSL）中，“非对称”的含义是（　　）。

A．上行数据传输速率和下行数据传输速率不相等

B．上行数据传输速率大于下行数据传输速率

C．上行数据线和下行数据线粗细不相等

D．上行数据传输速率和下行数据传输速率相等，但占用频带不同

4．HFC 是利用以下哪个网络为最终接入部分的宽带网络系统（　　）。

A．现有电话网络　　B．有线电视网络

C．计算机局域网　　D．光纤网

5．光纤到户的实现方式有（　　）。

A．FTTC　　B．FTTB

C．FTTO　　D．FTTG

6．第3代移动通信系统与第2代移动通信系统的主要区别是（　　）。

A．传播的开放性　　B．信道的时变性

C．业务的多媒性　　D．多个用户之间的干扰

5.3　简答题

1．请描述铜线接入网的概念。

2．常用的数字用户环路技术有哪几种？

3．无线接入网的定义是什么？

4．卫星通信有什么特点？

5．什么是移动通信？移动通信的发展经历了哪几个阶段？

6．简述光纤通信系统的组成及各部分的作用。

7．什么是光纤通信？光纤通信有什么优点？

第6章 信息交换

6.1 交换的基本作用和目的

通信的目的是实现信息的传递。一个能传递信息的通信系统至少应该由终端和传输媒介组成，如图 6.1 所示。

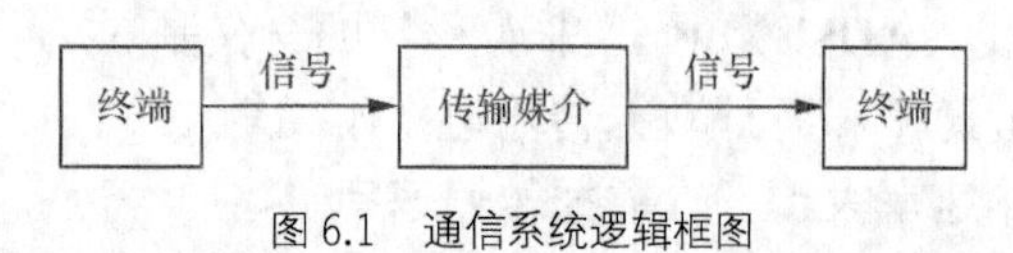

图 6.1 通信系统逻辑框图

根据组网方式的不同，通信网络可分为点对点、全互连和交换网络三种。

1. 点对点通信

终端将含有信息的消息，如话音、图像、计算机数据等转换成可被传输媒介接受的信号形式，电信系统就要转换成电信号形式，光纤系统就要转换成光信号形式，同时在接收端把来自传输媒介的信号还原成原始信息；传输媒介则把信号从一个地点送至另一个地点。这样一种仅涉及两个终端的单向或交互通信称为点对点通信。

例如，两部电话机之间的通信和两台电脑之间的数据传送就属于点对点通信，如图 6.2 所示。

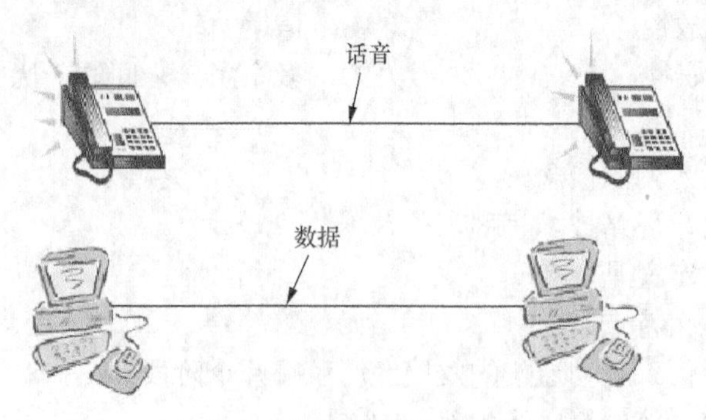

图 6.2 最简单的点对点通信系统

2. 全互连式通信

当存在多个终端，而且希望它们中的任何两个都可以进行点对点的通信时，最直接的方法是把所有终端两两相连，这样的连接方式称为全互连式。我们以五部电话机的连接为例，五个用户要两两都能通话，则需要总电路数为 10 条，如图 6.3 所示。

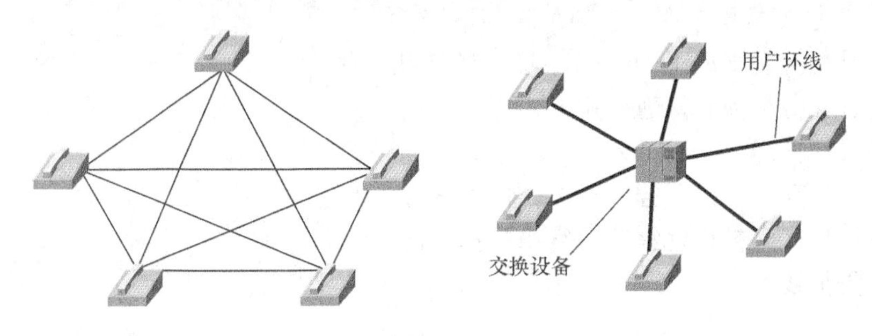

（a）（终端 =5、线对数 =10）全互连图　　（b）用户间通过交换设备连接

图 6.3　全互连式通信

3. 电话交换网

最简单的通信网仅由一台交换设备组成。每一台电话或通信终端通过一条专门的用户线与交换设备中的相应接口连接。当电话用户分布的区域较广时，就设置多个交换设备，这些交换设备之间再通过中继线相连，从而构成更大的电话交换网。如图 6.4 所示，在不用交换机时，需要 4×4＝16 个开关，用了交换机只需要 12 个。

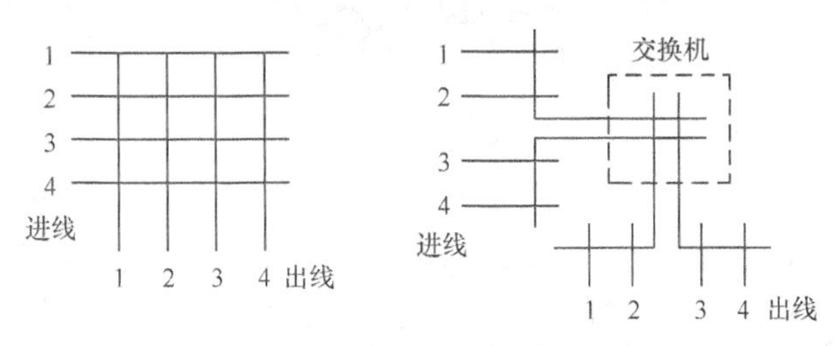

图 6.4　多个交换节点组成的电话交换网

这种电话交换网络，就是以增加转接次数、公用信道，来换取开关点和线路的减少。当线路数量很大时，通过增加级数，来进一步压缩。

6.2　交换的发展过程

基于以上对交换设备需求分析的思路，在电话发明了两年之后的 1878 年，第一个电话交换局就在美国康涅狄格州的 New Heaven 开通，这就是现代电信交换的开始。从最早的人工交换、机电式自动交换、电子式自动交换和信息包交换，共经历了 4 个具有标志性的重要阶段，最终发展到现在的数据交换、综合业务数字交换、IP 交换等。

1. 人工交换

第 1 个阶段是人工交换阶段。最早的电话交换机就是根据对交换设备需求分析的思路设计出来的人工交换机，它由号牌、塞孔、扳键、塞绳等设备组成，由话务员控制。该人工电话交换机每个塞孔都与一个电话用户话机相连，借助于塞孔、塞绳构成用户通话的回路，话务员是控制话路接续的关键。相应地，当时使用的终端是磁石电话机。

图 6.5 所示为典型的人工电话交换机示意图，它的操作过程如下。

① 用户 A 摇动手柄发电机。
② 送出呼叫信号。
③ 交换机上 A 号用户塞孔上的吊牌掉下来。
④ 话务员用空闲塞绳上的一端插入 A 的塞孔。
⑤ A 告诉话务员他想接通用户 B。
⑥ 话务员把塞绳另一端插入 B 的塞孔。
⑦ 话务员扳动振铃，手摇发动机，向 B 发出呼叫信号。
⑧ 一方挂机，交换机塞绳的话终吊牌掉下。
⑨ 话务员拆线。

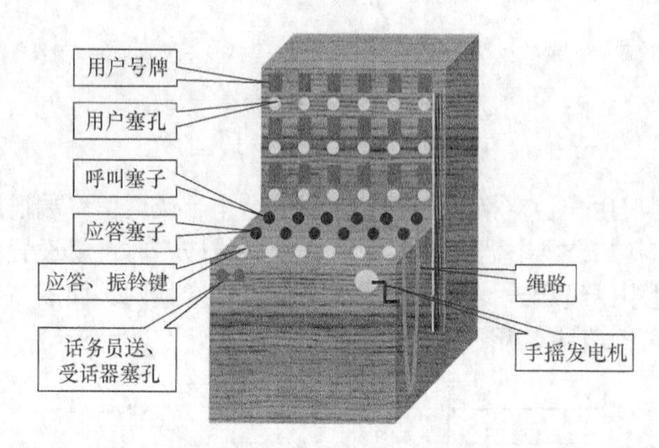

图 6.5 人工电话转接（总机）

2. 机电式自动交换

第 2 个阶段是机电式自动交换阶段。1889 年，美国人史端乔发明自动电话交换机获得专利，1909 年，德国西门子公司对史端乔式交换机进行重大改进，制成西门子式交换机，到 1927 年基本完善，成为步进制交换机的基型，此后各种型号的步进交换机基本只是在电路方面做较小改进。其中的纵横制机型（见图 6.6），在电话交换设备的舞台上雄霸 80 年，直到 1993 年，英国、日本等国的电话网络里还有 1/3 的交换机是纵横制的。

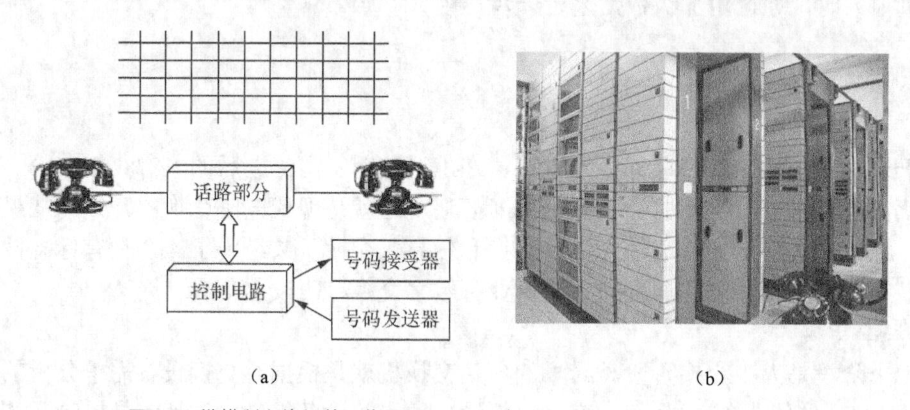

图 6.6 纵横制交换机的工作原理（a）及外形（（b）以 HJ-921 型为例）

3. 电子式自动交换

第 3 个阶段是电子式自动交换（程控交换）阶段。随着电子计算机和大规模集成电路的迅速发展，计算机技术迅速地被应用于交换机的控制系统中，出现了程控交换机，也就是存储程序控制式交换机。

程控交换是用计算机控制的交换方式（见图 6.7）。采用的是电子计算机中常用的“存储程序控制”方式。它把各种控制功能、步骤、方法编成程序，放入存储器，通过运行存储器内所存储的程序来控制整个交换工作。用预编程序控制交换接续的市内和长途电话交换机。利用了计算机技术，接续快，体积、功耗、噪声小，维护方便，且灵活性强，只要变换或增加相应程序，就可实现交换性能的变更，如呼叫转移、自动回叫、三方会议等。

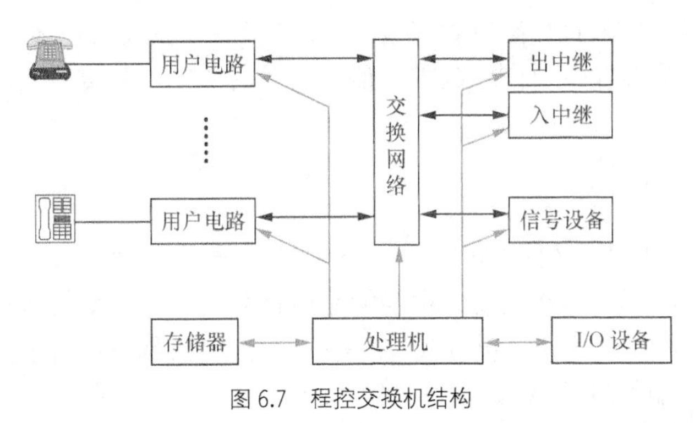

图 6.7 程控交换机结构

程控交换机（见图 6.8）分为局内电话、局外电话。同一个区号的就叫局内电话，其他区号的就叫局外电话。局内电话是不需要拨中继号的（比如区号）。等你拨 0 的时候程控交换机就自动识别这个号码为中继号，然后将号码分析转到中继线上。如果你是拨其他一些比如局内电话，交换机就会内部解决，不需要占到中继线路。

这里所说的中继线，是个泛指的概念：交换局间的，叫局间中继线；到用户的，叫用户中继线。只要是单位用的、接小交换机用的外线，在电信营业上都简称为中继线。例如，单位小总机内部有几十门（至几百门）电话机，但外线只要几条（至几十条），外线拨入时，只要拨一个“引示号”，其他号码用不着对外公布。除少量的中继线是双向的（可拨入、拨出）外，其余分为单入和单出，即只供拨入、拨出用，由业务量决定数量。中继线的月租费是一般电话的 3 倍，因为它是高负荷工作的。

图 6.8 程控交换机

1965 年，美国研制了第一部存储程序控制的空分交换机。由小型纵横继电器和电子元件组成，后来又出现了时分模拟程控交换机，在话路部分采用脉冲幅度调制 PAM 方式。

1970年，出现了时分数字程控交换机。它是计算机与PCM技术相结合的产物。以时隙交换取代了金属开接续。话路部分采用脉冲编码调制PCM。

4. 信息包交换

第四个阶段是信息包交换发展阶段。各类非话业务的发展，对交换提出了新的要求，不仅要求有以程控交换为代表的电路交换，还需要更适合非话业务的信息包交换，如分组交换、ATM交换和IP交换等。与电路交换采用固定分配资源复用方式不同，信息包交换方式采用了动态统计分配资源复用方式，大大提高网络资源的利用率、传输效率和服务质量。信息包交换技术的发展，标志着交换技术有了进一步的革命性的发展，使交换技术能够适应各种信息交换的要求，为多媒体通信和宽带通信网的发展奠定了坚实基础。

6.3 电路交换

Switch，译为“交换”，又称“转接”。一个通信网的有效性、可靠性和经济性直接受网中所采用的交换方式的影响。在当前最主要的是电路交换和分组交换两种方式。

电路交换，又名线路交换。根据ITU定义：“电路交换是根据请求，从一套入口和出口中，建立起一条为传输信息而从指定入口到指定出口的连接”。它只是以接通电路为目的的交换方式，电话网中就是采用电路交换方式。

1. 电路交换的基本理解

例如，我们以打一次电话来体验这种交换方式：打电话时，首先是摘起话机，交换机送来拨号音，听到拨号音后开始拨号。拨号完毕，交换机就知道了要和谁通话，并为双方建立一个连接，于是双方进行通话。等一方挂机后，交换机就把双方的线路断开，为双方各自开始一次新的通话做好准备。

可以说，电路交换就是当终端之间通信时，一方发起呼叫，独占一条物理线路，在整个通信过程中双方一直占用该电路，通信完毕时断开电路的过程，如图6.9所示。

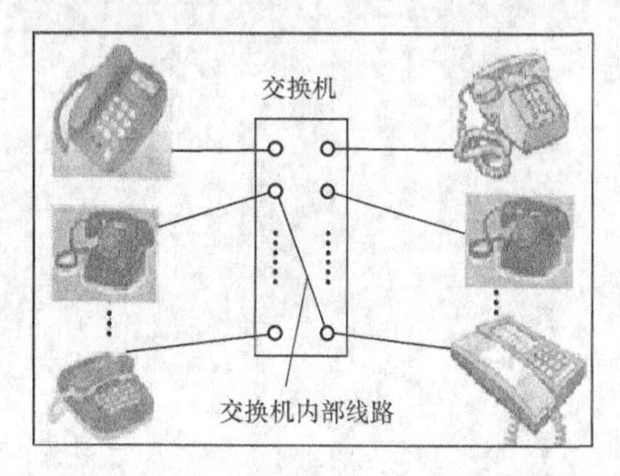

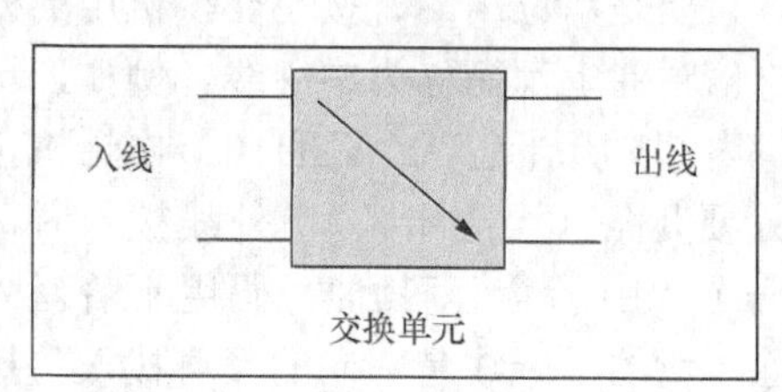

图6.9 电路交换的简化原理图

2. 电路交换的过程

整个电路交换的过程包括建立线路、占用线路并进行数据传输、释放线路3个阶段。

① 建立线路：发起方站点向某个终端站点（响应方站点）发送一个请求，该请求通过中间节点传输至终点；如果中间节点有空闲的物理线路可以使用，则接收请求，分配线路，并将请求传输给下一中间节点；整个过程持续进行，直至终点。

② 数据传输：在已经建立物理线路的基础上，站点之间进行数据传输。数据既可以从

发起方站点传往响应方站点，也允许相反方向的数据传输。

③ 释放线路：当站点之间的数据传输完毕，执行释放线路的动作。该动作可以由任一站点发起，释放线路请求通过途经的中间节点送往对方，释放线路资源。

3. 数字程控交换

交换网络采用同步时分交换方式，它的基本原理是把时间划分为等长的基本时间单元，称之为“帧”，每个帧再细分成更小的等长时间小段，称为“时隙”。实质的时隙交换，每时隙中安排一路语音数字化信号，又称“电路交换”，如图 6.10 所示。

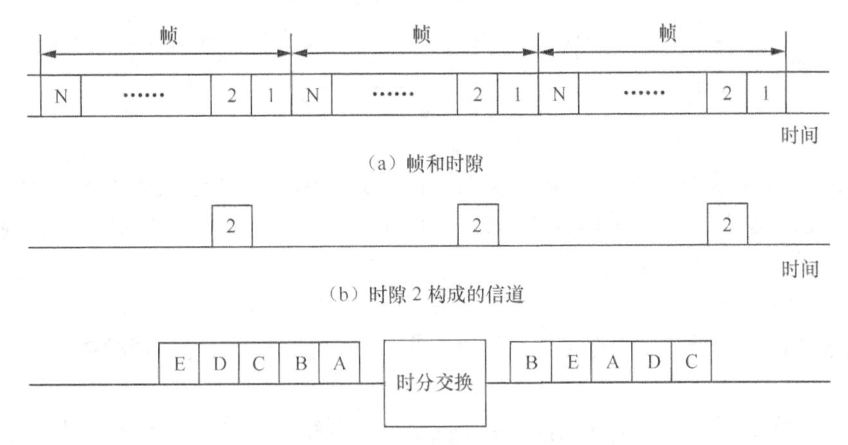

图 6.10 程控交换中的同步时分交换示意图

4. 电路交换的特点

① 独占性：建立线路之后，释放线路之前，即使站点之间无任何数据可以传输，整个线路仍不允许其他站点共享，因此线路的利用率较低，并且容易引起接续时的拥塞。

② 实时性好：一旦线路建立，通信双方的所有资源（包括线路资源）均用于本次通信，除了少量的传输延迟之外，不再有其他延迟，具有较好的实时性。

③ 线路交换设备简单，不提供任何缓存装置。

④ 用户数据透明传输，要求收发双方自动进行速率匹配。

这里说的“透明传输”，是相对于路由来说的。路由就是要查路由表转发数据包；而透明传输，就是不改变数据帧的任何属性，可以把透明传输的设备当作普通连线对待。透明传输，指的是不管传的是什么，所采用的设备只是起一个通道作用，把要传输的内容完好的传到对方，你发的是什么数据，中心接到的就是什么数据，数据不需要进行多余的操作。非透明传输需要对传输的数据进行重新编码，然后进行发送，接收端必须知道数据编码的算法才能打开正确的数据，这样的数据传输需要在接收端软件加载对应的驱动才能得到正确数据。

但电路交换也有缺点，它最大的缺点就是电路利用率低，带宽固定不灵活。

6.4 分组交换

1961 年，在美国空军 RAND 计划的研究报告中，保罗·布朗等人提出了一个想法。当时的想法是为了对通话双方的对话内容保密，将对话的内容分成一个一个很短的小块，即把它们分组，在每一个交换站将这一呼叫的分组与其他呼叫的分组混合起来，并以分组为单位发送，通话的内容通过不同的路径到达终端，终点站收集所有到达的分组，然后将它们按顺序重新组合恢复成可懂的语言，如图 6.11 所示。（RAND，即美国兰德公司，同时也是 C 语言的一个函数名，此外，在 GSM 通信中它也是一个随机数。美国兰德公司是美国最重要的以军事为主的综合性战略研究机构。）

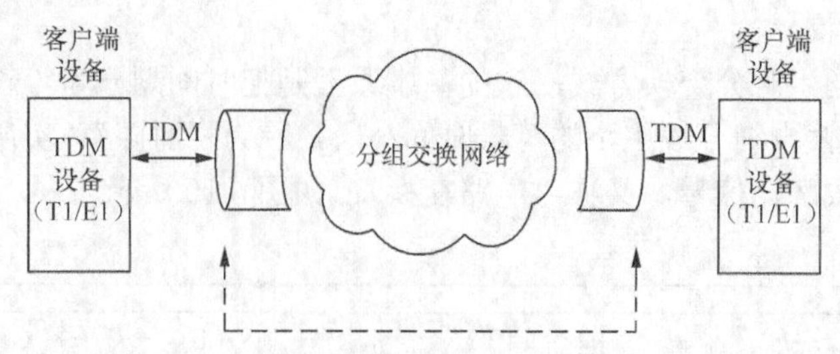

图 6.11　基于分组的电路仿真业务（CESoP）

分组交换也称包交换，是以信息分发为目的，把从输入端进来的数据按一定长度分割成若干个数据段，这些数据段叫作分组（或包），并且在每个信息分组中增加信息头及信息尾，表示该段信息的开始及结束。

1. 复用传输方式

分组交换的基本思想是实现通信资源的共享。但从如何分配传输资源的角度，可以分成两类。

① **固定分配资源法**：在一对用户要求通信时，网络根据申请将传输资源（如频带、时隙等）在正式通信前预先固定地分配给该对用户专用，无论该对用户在通信开始后的某时刻是否使用这些资源，空闲与否，系统都不能再分配给其他用户使用。

② **动态分配资源法**：固定分配资源法的主要缺点是在通信进行中即使用户传输空闲时，通路也只能闲置，使得线路的传输能力得不到充分的利用。为了克服这个缺点，提出了动态分配传输资源的概念，如图 6.12 所示。

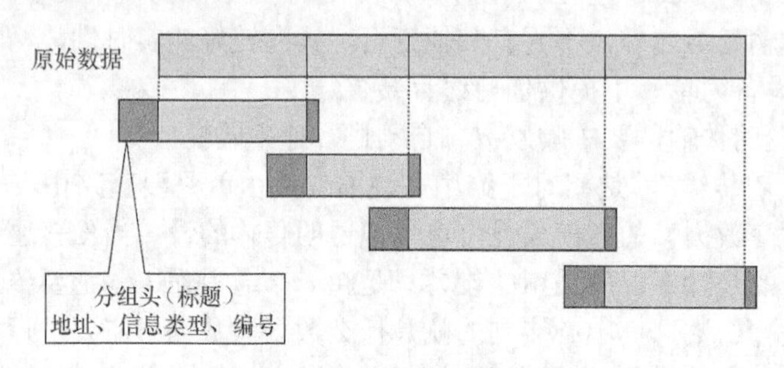

图 6.12　动态分配资源法

在固定分配资源复用方式（时分或频分）中，每个用户的数据都是在预先固定的子通路（时隙或子频带）中传输，接收端也很容易由定时关系或频率关系将它们区分开来，分接成各用户的数据流。而在统计时分复用方式中，各用户终端的数据是按照一定单元长度随机交织传输的。

分组交换就是把数据信号分组，即“分组数据”进行交换。

2. 分组交换的优点

① 线路利用率高。

② 不同种类的终端可以相互通信。

③ 信息传输可靠性高。

④ 分组多路通信。

⑤ 计费与传输距离无关。

3. 分组交换的缺点

① 信息传输效率较低。

② 实现技术复杂。

③ 信息传输时延大。

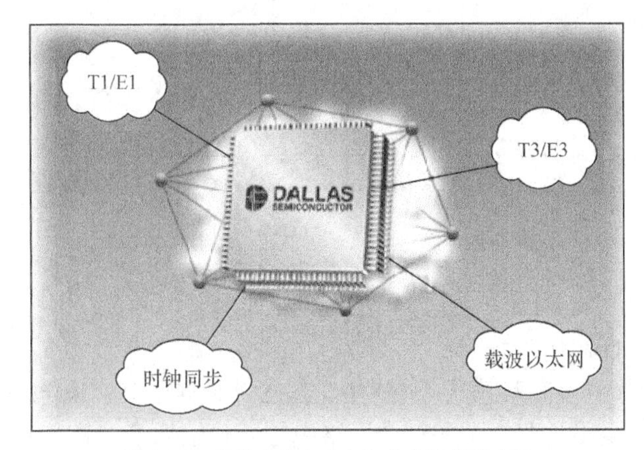

图 6.13 分组交换方式在如今应用相当广泛

6.5 ATM 交换

异步传输模式（Asynchronous Transfer Mode，ATM）的开发始于 20 世纪 70 年代后期，是实现 B-ISDN 业务的核心技术之一。ATM 是以信元为基础的一种分组交换和复用技术。它是一种为了多种业务设计的通用的面向连接的传输模式。它适用于局域网和广域网，同以太网、令牌环网、FDDI 网络等使用可变长度包技术不同，ATM 使用 53 字节固定长度的单元进行交换。它是一种交换技术，它没有共享介质或包传递带来的延时，非常适合音频和视频数据的传输。

ATM 是一种较新型的单元交换技术，它具有高速数据传输率和支持许多种类型如声音、数据、传真、实时视频、CD 质量音频和图像的通信。ATM 采用面向连接的传输方式，将数据分割成固定长度的信元，通过虚连接进行交换。ATM 集交换、复用、传输为一体，在复用上采用的是异步时分复用方式，通过信息的首部或标头来区分不同信道，如图 6.14 所示。

ATM 是在分组交换技术上发展起来的快速分组交换技术，是以分组交换传送模式为基础，并融合了电路交换传送模式高速化的优点发展而成的。ATM 方式对线路进行单元复用，其本质上是一种高速分组传送模式。用户信息（话音、数据、图像等数字信息）被分割成固定长度的信息块，在信息块前装配上相关控制信息后构成信元——Cell。ATM 交换的实质是信元中信头进行交换。

（Cell 是“细胞”的意思。早在 2001 年，索尼就对外透露将与 IBM 合作，由 IBM 来设计 PS3 游戏主机的处理器，双方宣称，Cell 的运算能力将达到史无前例的 1TeraFLOPS——

Floating Operations per Second，也就是每秒执行万亿次浮点运算能力。这样的性能绝对可达到超级计算机的标准。在当时，世界上最快的计算机是NEC的“地球模拟器”，它的运算能力为每秒36万亿浮点运算。换句话说，36部PS3游戏机的运算力总和就达到同样的水平。再者，Cell可支持一项特殊的分布式运算技术，多台PS3连接在一起可以分享运算力，由此获得更高的效能。在当时，这样的设计理念让人们不敢相信。）

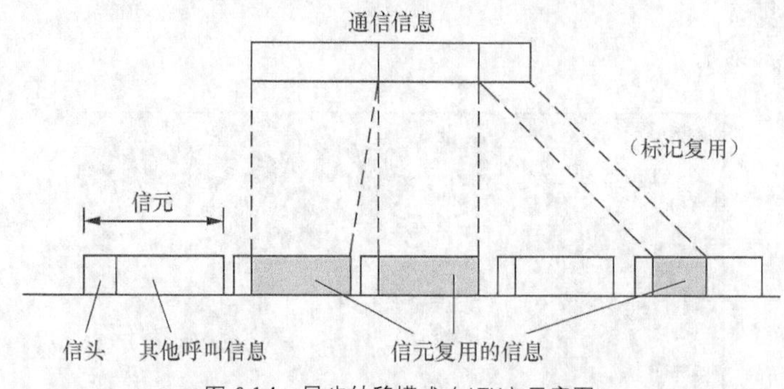

图6.14 异步转移模式（ATM）示意图

1. ATM的信元组成

ATM是与STM（同步转移模式）相对应的，STM实际上就是电路交换方式，而ATM是从ATD（异步时分复用，即为了在一个网络中综合传输话音、数据和图像业务而由TDM（时分多路复用）进化而来）和FPS（快速分组交换）演化而来。ATM综合了分组交换方式统计占用频带、使用灵活和电路交换方式传输时延小的优点。ATM将信息组织成信元，信元（Cell）是固定长度的分组，共有53个字节，分为2个部分：前面5个字节为信头，主要完成寻址的功能；后面的48个字节为信息段，用来装载来自不同用户，不同业务的信息。话音、数据、图像等各种类型的信息流均被适配成固定长度的（53字节）“信元”在网中传递，并在接收端恢复成所需格式。信元是同步定时发送的，但信元所包含的信息之间却是异步的。

同步转移模式与异步转移模式的区别如图6.15所示。

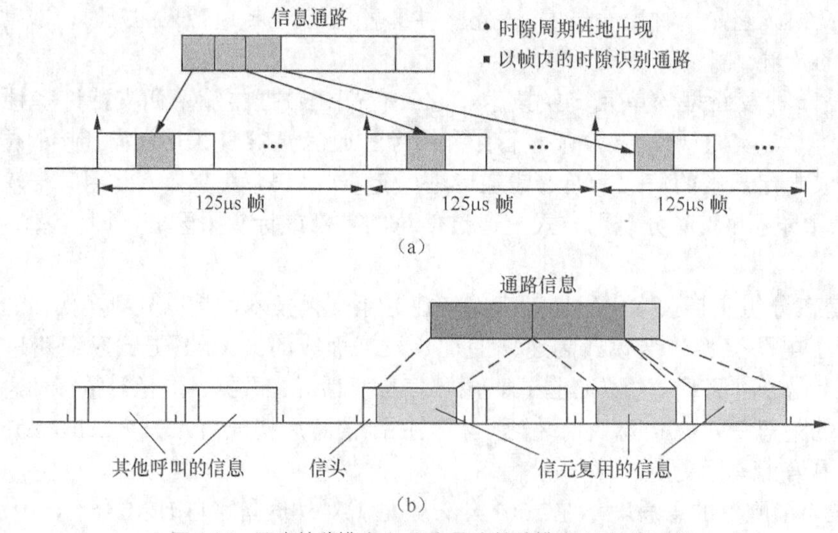

图6.15 同步转移模式（a）和异步转移模式（b）的区别

2. 用户信息

由于 ATM 是一种面向连接的交换技术，用户进行通信前必须先申请虚路径，提出业务要求，如峰值比特率、平均比特率、突发性、质量要求、优先级等，网络根据用户要求和资源的占用情况来决定是否可以为用户提供虚路径，从而且实现按需动态分配带宽，而且带宽不是固定的，也不被某用户所独占，通过统计复用技术达到网络资源的充分利用。

3. ATM 的特点

ATM 的应用可以归纳为以下几点。

① 可同时传送包括语音、数据、视频等多种话音和非话音业务。

②可提供各种可能的服务质量选择，包括不变速率传输、可变速率传输。可变速率传输根据传输业务类型选择信息速率，在每次连接发起时临时协商确定一个所需的速率（并且可变），通常称为未定速率。

③ 可提供 Mbit/s 到 Gbit/s 的各种速率。

④ 可用于同轴电缆、光纤和普通双绞线缆介质。ATM 具有光纤的速率，误码率低，既支持局域网、城域网和广域网等固定网，又支持移动网、卫星网等无线网；既支持核心网，又支持接入网。尽管有如此多的优点，但 ATM 的开销大，协议复杂，使得 ATM 设备的成本高，维护复杂。

4. ATM 的应用

ATM 曾经盛极一时，凭借其高 QoS 保证和弹性扩容的优势，在企业、银行等各个行业中大面积应用。2000 年左右，江苏省、山东省，以及各县级的电力系统主干通信网，纷纷采用 ATM 技术作为组网方案。2002 年，上海贝尔凭借 ATM 解决方案，赢得了上海莘庄至闵行轻轨交通线传输子系统项目。2004 年，中国民航以 ATM 技术为核心，以高速数字电路和数据卫星网络为传输干线，对原有数据网进行改造，建成了一个具有以民航现有体制为基础的层次化网状结构。实现了覆盖民航所有机场、具有电信级可靠性和可用性的基础网络平台，能同时提供包括 ATM 业务、IP 业务、电路仿真、局域网互连、程控电话交换机互连等多种业务接入。ATM 在民航通信中的作用，一直发挥到现在。2005 年，无线 ATM（WATM）接入技术被应用在军事通信网中。同时，在 3G 移动通信网络传输上，ATM 多有应用。

但近年来，随着 IP 网的发展和成本的降低，IP 技术成了的大势所趋，ATM 逐渐被 IP 替换了。

6.6 IP 交换

IP 就是 Internet Protocol（Internet 协议），它是一个为计算机网络相互连接进行通信而设计的协议。

Internet 是一个全球性的计算机通讯网络，它是通过 TCP/IP 协议和其他协议将所有计算机及其各级网络连接起来的统称。Internet 可以从全世界不同的地方获得数据，但它是怎样获得数据的呢？Internet 的各个网络是通过一套称为“路由器”（router 使网络相互连接）的计算机装置连接起来的。这些网络可能是以太网，也可能是令牌网，还可能是电话线。这就需要有一套具有极强兼容性的方案将这些林林总总的网络互连起来，这个协议就是 IP。

而将 ATM 的高速交换技术与已广泛应用的路由技术（IP 技术）结合起来，就形成了 IP

交换技术，如图 6.16 所示。

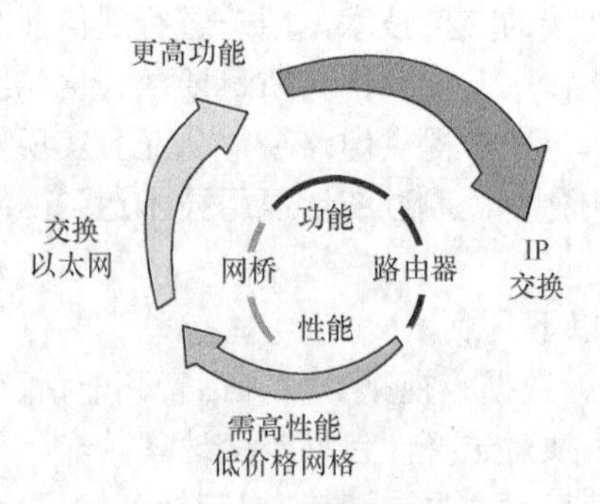

图 6.16　IP 交换的特点

IP 交换的最大特点是对用户输入的业务数据流进行了分类，有针对性地提供不同的交换机制。

IP 交换的缺点是只支持 IP，同时它的效率依赖于具体用户业务环境，对于持续时间短、业务量小、呈突发分布的用户业务数据流，其效率并没有得到明显提高。

IP 交换其实质为“IP 包”的交换。

6.7 软交换

软交换也称为呼叫代理、呼叫服务器或媒体网关控制器，是一种基于软件实现传统程控交换机的呼叫控制功能实体。就是把“呼叫控制”功能从媒体网关中分离出来，通过服务器或网络上的软件来实现呼叫选路、连接控制（建立、拆除会话）、管理控制和信令互通（从 7 号信令到 IP）。

软交换是一种功能实体，为下一代网络 NGN 提供具有实时性要求的业务的呼叫控制和连接控制功能，是下一代网络呼叫与控制的核心。简单地看，软交换是实现传统程控交换机的“呼叫控制”功能的实体，但传统的“呼叫控制”功能是和业务结合在一起的，不同的业务所需要的呼叫控制功能不同，而软交换是与业务无关的，这要求软交换提供的呼叫控制功能是各种业务的基本呼叫控制，如图 6.17 所示。

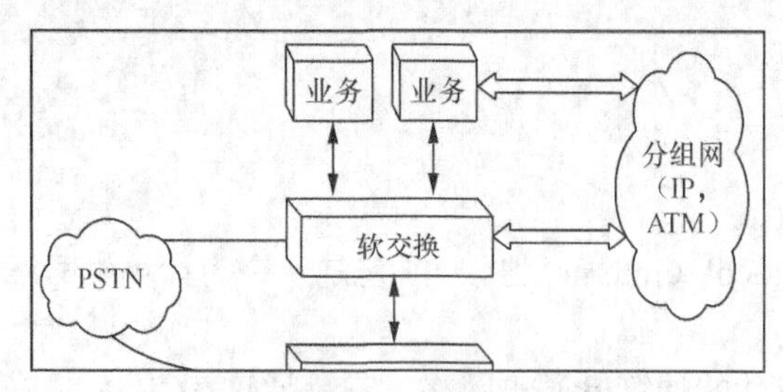

图 6.17　软交换在网络中的位置

1. 软交换的分层

以软交换为中心的 NGN 网络，在功能上可分为四层：接入层、传送层、呼叫控制层、业务层。

① 接入层：利用各种接入设备实现不同用户的接入，并实现不同信息格式之间的转

换。其主要设备包括：中继网关、信令网关、综合接入媒体网关、网络边界点 NBP、用户接入边界点 ABP、媒体服务器。

接入层的设备没有呼叫控制的功能，它必须和控制层设备相配合，才能完成所需要的操作。

② 传送层：作用为完成数据流（媒体流和信令流）的传送。一般为 IP 网络或 ATM 网络。

③ 控制层：作用为完成呼叫控制，是下一代网络的核心控制层面。

主要设备包括：软交换机（呼叫代理）或媒体网关控制器（MGC）。

④ 业务层：作用为利用各种设备为整个下一代网络体系提供业务能力上的支持。其主要设备包括：应用服务器、用户数据库、SCP、应用网关。

2. 软交换的优点

① 与电路交换机相比，软交换成本低。

② 可以灵活选择软交换的配置模式，功能块可以分布在整个网络中，也可集中起来，以适合不同的网络需求。

③ 软交换采用开放式标准接口，易于和不同网关、交换机、网络节点通信，具有很好的兼容性、互操作性和互通性。

④ 利用软交换进行建网，不仅成本低，而且能够很方便地用软交换转移，灵活地处理各种业务。

6.8 光交换

光交换技术作为全光网络系统中的一个重要支撑技术，它实现了数据的光-光传输，因而在全光通信系统中发挥着重要的作用，这是当前发展中的宽带交换技术。

1. 光交换技术的概念

光交换技术是指不经过任何光/电转换，在光域直接将输入的光信号交换到不同的输出端。光交换技术可分为光路交换技术和分组交换技术两种类型。前者可利用 OADM（光分插复用设备）、OXC（光交叉连接设备）等设备来实现，而后者对光部件的性能要求更高。

2. 光交换技术的特点

① 可以克服纯电子交换的容量瓶颈问题。

② 可以大量节省建网和网络升级成本。如果采用全光网技术，将使网络的运行费用节省 70%，设备费用节省 90%。

③ 可以提高网络的重构灵活性和生存性，以及加快网络恢复时间。

3. 光交换技术的发展

目前市场上出现的光交换机大多数是基于光电和光机械的，随着光交换技术的不断发展和成熟，基于热学、液晶、声学、微机电技术的光交换机将会逐步被研究和开发出来。

4. 光交换技术的应用

随着 10G/40G 光传输网络完成部署，部署更大容量正成为一股浪潮，光交换技术将开始在光网络领域崭露头角。阿尔卡特朗讯、Ciena 和华为等领先供应商纷纷宣布，为迎接未来的网络容量挑战，将通过创新实现 400G 及更高速的传输。

图 6.18 所示为一个针对未来大容量光传送要求而设计的全光交换解决方案。它在边缘

节点实现 O/E 转换，核心节点在光层实现子波长的动态线路交换，IP bypass 到光层，降低核心路由器的容量和功耗，同时，OB（Optical Burst）通道可以实现和 ODUk /VC 通道相同的配置灵活度。由光突发子波长交换和超大端口 OXC 构建超大容量的核心交换节点，可实现 10P 级别的超大容量交换，既支持未来全光交换网络，也兼容现有的 DWDM 传送网。

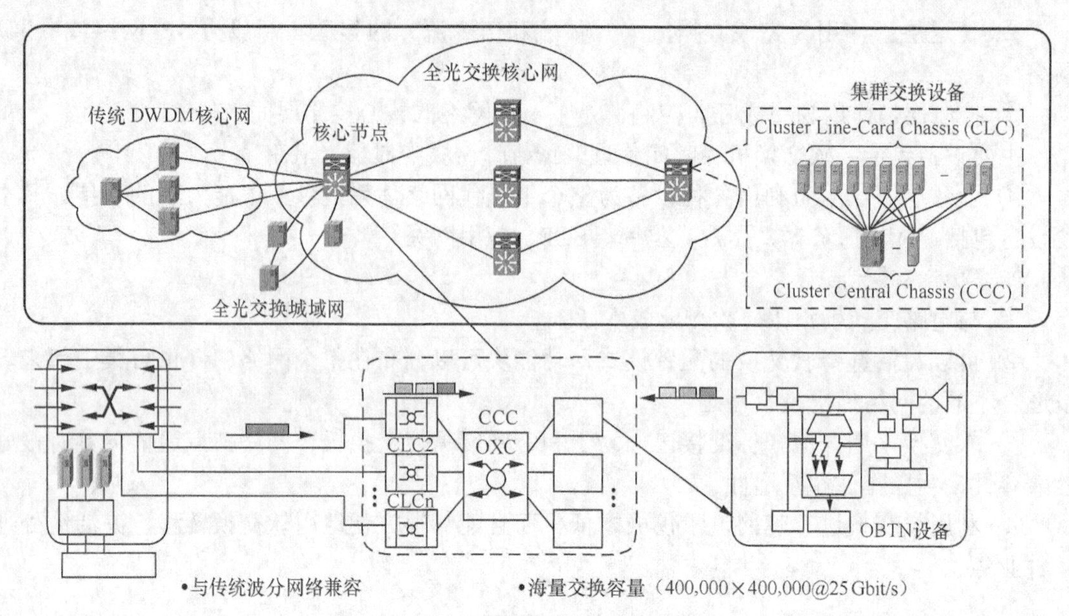

图 6.18 超大容量核心光交换节点

思 考 题

6.1 简述分组交换的传输过程有哪些优点。

6.2 简述 ATM 交换基本特点。

6.3 光交换具有哪些优点？

第7章 信息网络

7.1 网络基本概念

通信系统的各种传输设备与传输线路纵横交错地分布在大地上，犹如一张渔网，故称为通信网。我们把这个由一定数量的节点（包括终端设备和交换设备）和连接节点的传输链路相互有机地结合在一起，以实现两个或多个点之间信息传输的通信体系称为通信网，如图 7.1 所示。

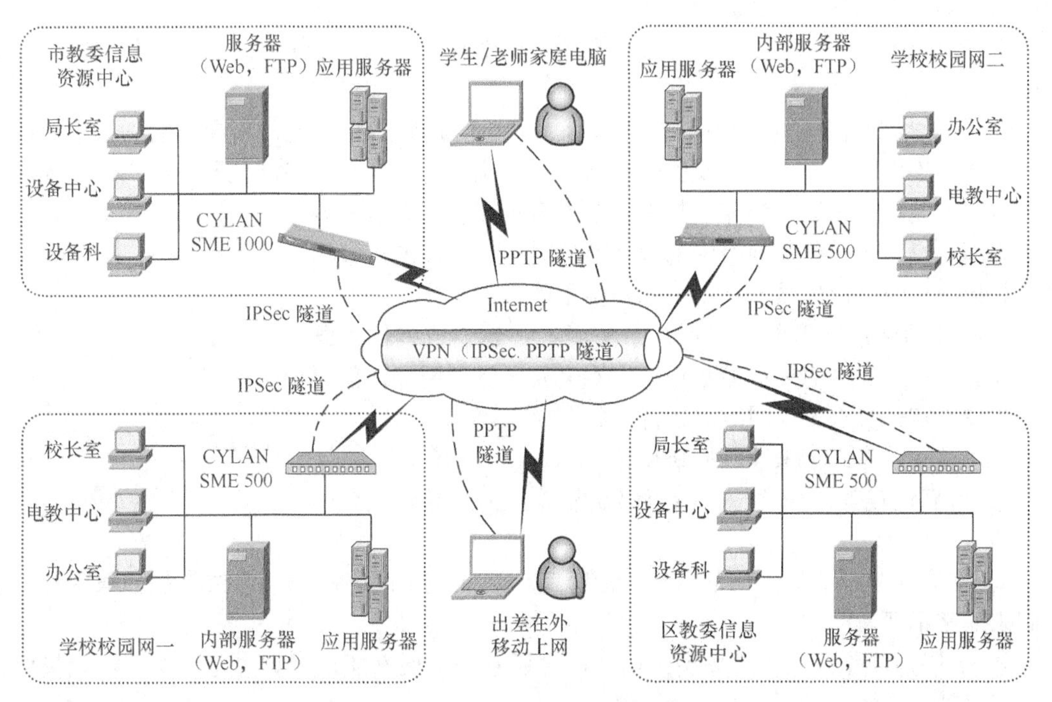

图 7.1 以因特网为核心的现代通信网

1. 信息网络拓扑结构

由点、线构成的网络虽有不同形状和不同结构，但都有其内部规律性。从物理结构层面，对通信中经常用到的几种网络进行拓扑分析。网络拓扑是指网络形状，或者是它在物理上的连通性。网络的拓扑结构主要有五种基本结构：网型网，星型网，环型网，总线型网和树型网。

（1）网型网：网状型网络的主要特点是任意两个节点之间都有连接线相连，如图 7.2 所示。其明显的优点是可靠性高，不会因为某个连接失效而导致网络不通，因为每个节点都有多条路径达到其他节点。网状型网络的缺点就是结构较复杂，建设成本高。它主要用在少数核心节点上。

（2）星型网：星型网的每个节点都由一条单独的通信线路与“中心节点”连接，如图 7.3 所示，它具有诸多优点。

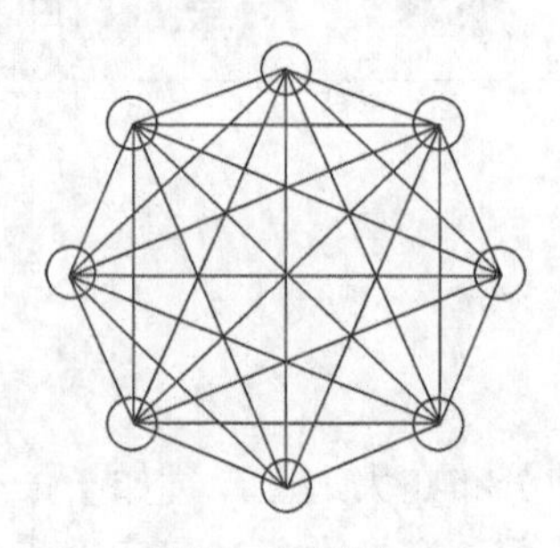

图 7.2　网型网

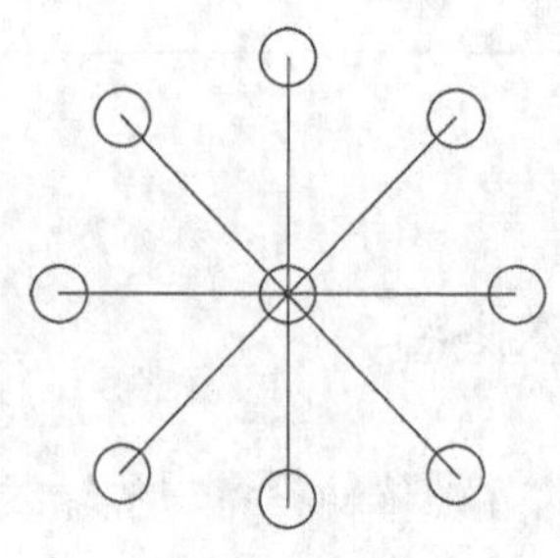

图 7.3　星型网

① 可靠性高。在星型拓扑的结构中，每个连接只与一个设备相连，因此，单个连接的故障只影响一个设备，不会影响全网。

② 方便服务。中央节点和中间接线都有一批集中点，可方便地提供服务和进行网络重新配置。

③ 故障诊断容易。如果网络中的节点或者通信介质出现问题，只会影响到该节点或者通信介质相连的节点，不会涉及整个网络，从而比较容易判断故障的位置。缺点：增加网络新节点时，无论有多远，都需要与中央节点直接连接，布线困难且费用高；星型拓扑结构网络中的外围节点对中央节点的依赖性强，如果中央节点出现故障，则全部网络不能正常工作。

（3）环型网：环型网的优点是结构简单，建设成本低，既不需要像网状网那样需要很多链路，也不需要像星型网那样需要一个中央节点来负责整个网络的运行，如图 7.4 所示。

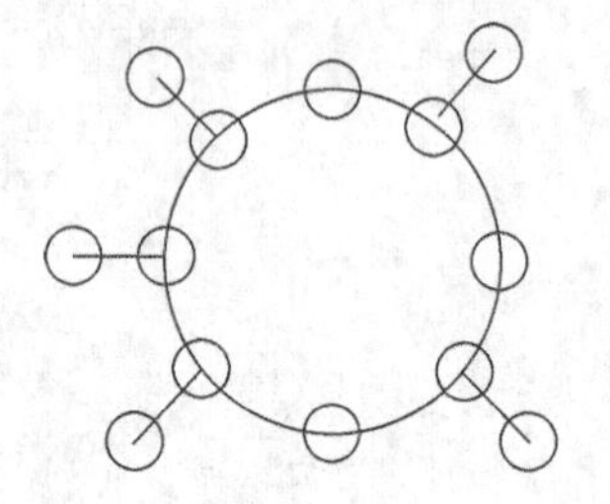

图 7.4　环型网

但环型网也由此带来较多的缺点。

① 可靠性较差：任意一个节点出现故障，都会导致整个网络中断、瘫痪。

② 维护困难：任何一个节点出了故障都会造成整个网络故障，导致查找故障困难，维护起来非常不便。

③ 扩展性能差：因为是环型结构，决定了它的扩展性能远不如星型结构好，如果要新添加或移动节点，就必须中断整个网络。

（4）总线型网：总线型网有点儿像一个断开的环，如图 7.5 所示，其主要优点如下。

① 布线容易、电缆用量小。总线网中的节点都连接在一个公共的通信介质上，所以需要的电缆长度短，减少了安装费用，易于布线和维护。

② 可靠性高。总线结构简单，从硬件观点来看，十分可靠。

③ 易于扩充。在总线网中，如果需要增加新节点，只需要在总线的任何点将其接入。

总线型拓扑结构虽然有许多优点，但也有自己的局限性。

① 故障诊断困难。虽然总线拓扑简单，可靠性高，但故障检测却不容易。因为具有总线拓扑结构的网络不是集中控制，故障检测需要在网上各个节点进行。

② 通信介质即总线本身的故障会导致网络瘫痪。

（5）树型网：树型网从星状网和总线网演变而来，像一棵倒置的树，顶端是树根，树根以下带分支，每个分支还可带子分支，如图 7.6 所示。树根接收各站点发送的数据，然后再广播发送到全网。其主要的优点是易于扩展，故障隔离较容易。主要缺点在于节点对根依赖性太大，若根发生故障，则全网不能正常工作。

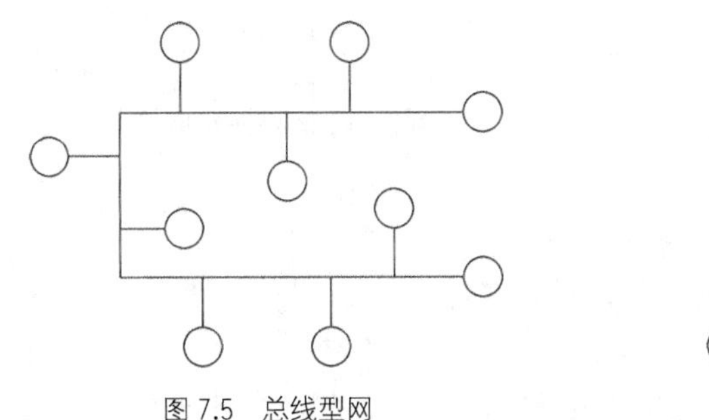

图 7.5 总线型网

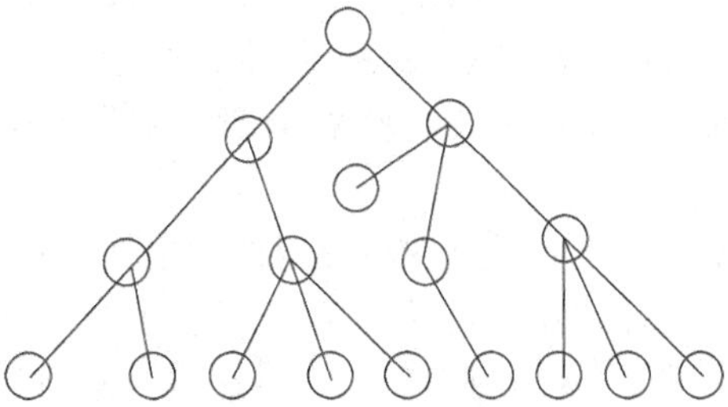

图 7.6 树型网

2. 网络的分类

网络的种类很多，可以从不同的角度进行各式各样的划分。

（1）按通信方式分类。

① 点对点传输网络：数据以点对点的方式在计算机或通信设备中传输。

② 广播式传输网络：数据在共用介质中传输。在广播网中，每个数据站的收发信机共享同一个传输介质。例如，无线广播和电视网。

（2）在通信领域按照服务区域范围分类。

本地网、国内长途网、国际长途网、移动通信网等。

（3）在计算机领域按照服务区域范围分类。

① 局域网（LAN）：一般限定在较小的区域内，小于 10km 的范围，通常采用有线的方式连接起来。

② 城域网（MAN）：规模局限在一座城市的范围内，10～100km 的区域。

③ 广域网（WAN）：网络跨越国界、洲界，甚至全球范围。

（4）按传输介质分类。

① 有线网：采用各种电缆或光缆等有线连接网络。

② 无线网：以空气作传输介质，用电磁波作为载体来传输数据。主要有移动通信网、卫星通信网等。

（5）按通信业务分类。

电话网（固定电话网、移动电话网、IP 电话网）、电报网、数据网、电视网等。

（6）按服务范围分类。

① 公用网是通信公司建立和经营的网络，向社会提供有偿的通信和信息服务。

② 专用网指某个行业、机构等独立设置的网络，仅限于一定范围内的人群之间的通信。

3. 网络分层结构

从网络纵向分层的观点来看，可根据不同的功能将网络分解成多个功能层，根据未来网络的发展趋势与功能需求进行更科学、合理、有效地分层。从逻辑分析的角度看，在垂直分层网总体结构中，上层表示各种信息应用与服务种类，中层表示支持各种信息服务的业务提供手段与装备，下层表示支持业务网的各种接入与传送手段和基础设施，如图 7.7 所示。

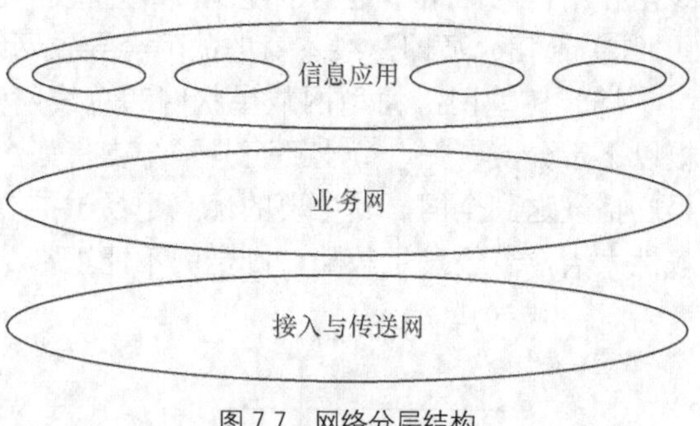

图 7.7 网络分层结构

4. 质量要求

一般通信网的质量要求包括以下几点。

（1）接通的任意性与快速性，是指网内的任何一个用户应能快速地接通网内任一其他用户。

影响接通的任意性与快速性的主要因素包括以下三点

① 通信网的拓扑结构不合理会增加转接次数，使阻塞率上升、时延增大。

② 通信网的网络资源不足造成阻塞概率增加。

③ 通信网的可靠性降低，会造成传输链路或交换设备出现故障，甚至丧失其应有的功能。

（2）信号传输的透明性与传输质量的一致性，信号传输的透明性是指在规定业务范围内对用户信息不加任何限制，都可以在网内传输；传输质量的一致性是指网内任何两个用户通信时，应具有相同或相仿的传输质量，而与用户之间的距离无关。通信网的传输质量直接影响通信的效果，因此要制定传输质量标准并进行合理分配，使网中的各部分均满足传输质量指标的要求。

（3）网络的可靠性与经济合理性，可靠性是使通信网平均故障间隔（两个相邻故障间的平均工作时间）达到要求。

7.2 固定电话网络

固定电话通信系统的基本任务是提供从任一个电话终端到另一个电话终端传送话音信息的通路，完成信息传输、信息交换，为终端提供良好的语音服务，如图 7.8 所示。

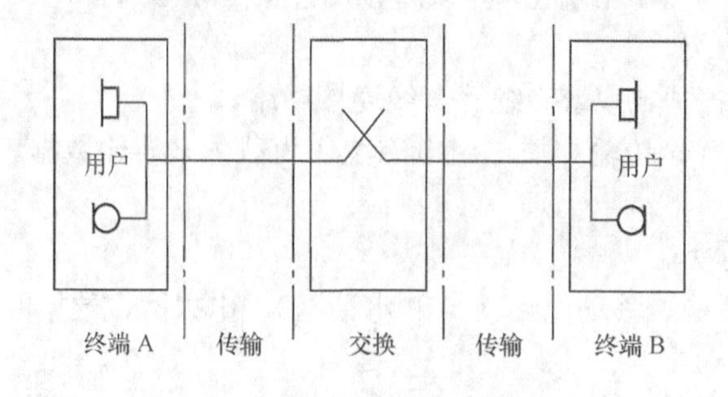

图 7.8 电话通信系统

7.2.1 固定电话网的构成

最早的时候，只要两部电话机中间用导线连接起来便可通话，但当某一地区电话用户增多时便形成了一个以交换机为中心的单局制电话网。随着用户数继续增多，逐渐形成了汇接制电话网。单局制电话网和汇接制电话网如图 7.9 所示。

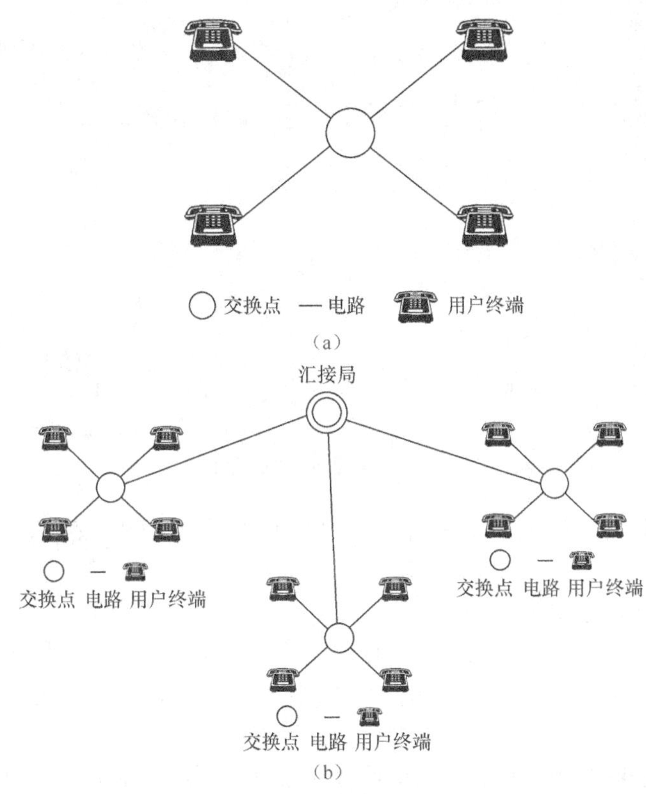

图 7.9 单局制（a）和汇接制（b）的电话网

7.2.2 我国固定电话网结构

全国范围的电话网采用等级结构。等级结构就是把全部交换局划分成两个或两个以上的等级，低等级的交换局与管辖它的高等级的交换局相连，各等级交换局将本区域的通信流量逐级汇集起来。一般在长途电话网中，根据地理条件、行政区域、通信流量的分布情况等设立各级汇接中心，每一汇接中心负责汇接一定区域的通信流量，逐级形成幅射的星型网或网型网。一般是低等级的交换局与管辖它的高级交换局相连，形成多级汇接辐射网，最高级的交换机则采用直接互连，组成网型网，所以等级结构的电话网一般是复合网，如图 7.10 所示。

1. 长途网

（1）四级长途网等级结构。

早期四级长途网络结构存在如下问题。

① 转接段数多，造成接续时延长、传输损耗大、接通率低。

② 可靠性差：多级长途网一旦某节点或某段电路出现故障，会造成局部阻塞。

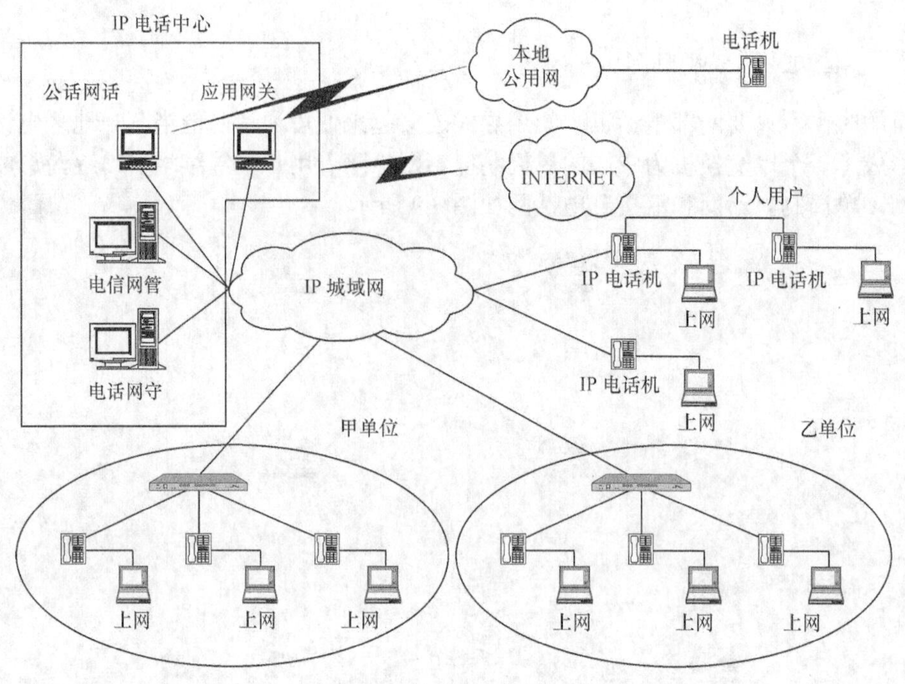

图 7.10 电话网结构示意图

③ 从全网的网络管理、维护运行来看，区域网络划分越小，交换等级数量越多，网管工作复杂。

（2）两级长途网等级结构。

考虑以上原因，目前我国电话长途网已由四级向两级转变。DCl 构成两级长途网的高平面网（省际平面），DC2 构成长途网的低平面网（省内平面），然后逐步向无级网和动态无级网过渡。

我国原四级长途网等级结构和目前的两级长途网等级结构的对比如图 7.11 所示。

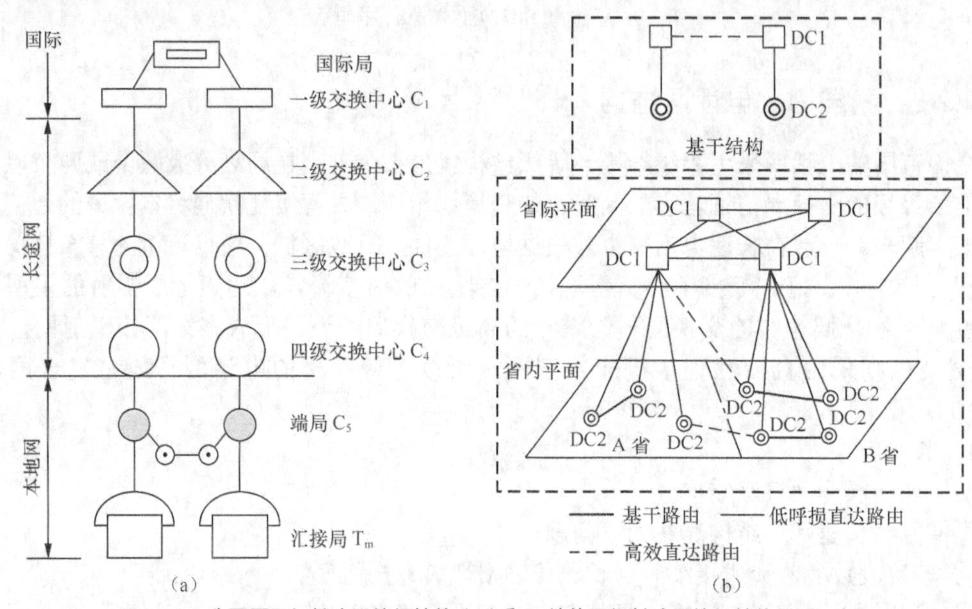

图 7.11 我国原四级长途网等级结构（a）和目前的两级长途网等级结构（b）对比

2. 本地网

本地电话网简称本地网，是在同一长途编号区范围内，由若干个端局或由若干个端局和汇接局及局间中继线、用户线和话机终端等组成的电话网，两级网的网状结构与本地网的网状结构的对比如图 7.12 所示。本地网用来疏通本长途编号区范围内，任何两个用户间的电话呼叫和长途发话、来话业务。

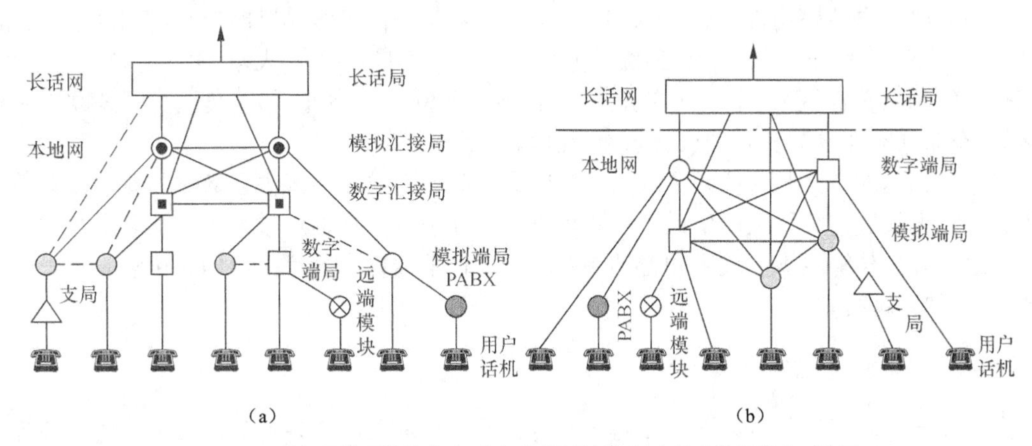

图 7.12 两级网的网络结构（a）与网状网结构（b）的本地网结构对比图

（1）本地网的类型。

自 20 世纪 90 年代中期，我国开始组建以地（市）级以上城市为中心的扩大的本地网，这种扩大的本地网的特点是：城市周围的郊县与城市划在同一长途编号区内，其话务量集中流向中心城市。扩大的本地网有两种类型。

① 特大城市和大城市本地网以特大城市及大城市为中心，包括其所管辖的郊县共同组成的本地网。省会、直辖市及一些经济发达的城市本地网就是这种类型。比如重庆、上海、天津等。

② 中等城市本地网以中等城市为中心，包括其所管辖的郊县（市）共同组成的本地网，简称中等城市本地网。比如四川的绵阳、德阳、宜宾、达州、自贡等。

（2）本地网的交换中心及职能。

本地网内可设置端局和汇接局。

端局通过用户线与用户相连，它的职能是负责疏通本局用户的去话和来话话务。本地网中，有时在用户相对集中的地方，可设置一个隶属于端局的支局，经用户线与用户相连，但其中继线只有一个方向，即到所隶属的端局，用来疏通本支局用户的发话和来话话务。

汇接局与所管辖的端局相连，以疏通这些端局间的话务；汇接局还与其他汇接局相连，疏通不同汇接区间端局的话务；根据需要，汇接局还可与长途交换中心相连，用来疏通本汇接区内的长途转话话务。

（3）本地网的结构类型。

我国本地电话网有两种类型。

① 特大城市、大城市本地电话网一般采用两级网的网路结构。

② 中、小城市及县本地电话网根据服务区的大小和端局的数量可以采用两级网的网路结构或网状网结构。

3. 国际长途电话网

国际长途电话网是指将世界各国的电话网相互连接起来进行国际通话的电话网。为此，每个国家都需设一个或几个国际电话局进行国际去话和来话的连接。一个国际长途通话实际上是由发话国的国内网部分、发话国的国际局、国际电路和受话国的国际局以及受话国的国内网等几部分组成的。

原国际电报电话咨询委员会（CCITT）于 1964 年提出等级制国际自动局的规划，国际交换中心（center transit，CT）分三级，分别以 CT1、CT2、CT3 表示。其中国际中心局共有六个，纽约（美洲区）、悉尼（澳洲区）、伦敦（西欧、地中海区）、莫斯科（东欧、中西亚区）、东京（东亚区）和新加坡（东南亚区）。

国际电话网的特点是通信距离远，多数国家之间不邻接的情况占多数。传输手段多数是使用长中继无线通信、卫星通信或海底同轴电缆、光缆等；在通信技术上广泛采用高效多路复用技术以降低传输成本；采用回音抑制器或回音抵消器以克服远距离四线传输时延长所引起的回声振鸣现象。

7.2.3 固定电话网的编号

所谓编号计划指的是本地网、国内长途网、国际长途网、特种业务以及一些新业务等各种呼叫所规定的号码编排和规程。自动电话网中的编号计划是使自动电话网正常运行的一个重要规程，交换设备应能适应上述各项接续的编号需求。

固定电话网编号为局号，电话网中每一个用户都分配一个编号，用来在电信网中选择和建立接续路由以及作为呼叫的目的。每一个用户号码必须是唯一的，不得重复，因此需要有一个统一的编号方式。公共电话交换网中使用的技术标准是由国际电信联盟（ITU）规定的，采用 E.163/E.164（通俗称作电话号码）进行编址。

1. 本地直拨

本地直拨的号码由局号和用户号组成。

① **用户号**：本地电话号码的“后 4 位”。

② **局号**：加在用户号的前面，各地区各时期的局号长度不等。改革开放以前，多数本地网就只有一个端局，交换机容量才 2000 多，无需局号，电话号码长度仅有 4 位。随着用户人数的增加，电话号码也不断升位。

升位后的号码长度，要根据本地电话网的长远规划容量来确定。据统计，一个 400 万人口的城市，至少需要 800 万号。所以 7 位不够，9 位太多，通常需要 8 位长度的本地电话号码。

2. 国内长途电话的编号方式

若被叫方和主叫方不在一个本地电话网内，则属于长途电话。我国曾经用拨打“173”，来接通国内人工长途电话话务员，由话务员接通被叫用户。现在的长途电话都使用全自动接续方式了。打国内长途电话时，需使用具有长途直拨功能的电话，所拨号码分为 3 部分，拨打国内电话时，拨号顺序为：**国内长途字冠 ＋ 国内长途区号 ＋ 本地号码（市话号码）**

（1）国内长途字冠：先拨表示国内长途的字冠（national trunk prefix），又叫接入码（Access Code）。中、日、韩、英、法、德等大多数国家都采用 ITU 推荐的“0”做字冠。也有一些国家使用其他字冠，如美国使用“1”作为国内长途字冠。

（2）国内长途区号：然后再拨被叫用户所在的国内长途区域号码（area code），有些国家管它叫城市号码（city code）。

国内长途编号方案一般采用固定号码系统，即各个城市的编号都是固定号码。固定号码编制又分为两种：一种是等位制，一种是不等位制。

① **等位制**：每个城市或者地区长途区号位数都相等。

② **不等位制**：每个城市或者地区长途区号位数不相等，可以是1位、2位、3位、4位。

我国的国内长途区号确定时还没有程控电话交换机，市级的行政单位也不多（多为地级的），部分长途电信流量较少的地区合用一个地区交换中心，选用不等位四位制（在描述国内长途区号的位数长度时，通常不算长途字冠）。我国的长途区号编号原来，与四个长途等级C1～C4对应，位长位1～4位。后来随着本地网扩大和长途网结构调整后，合并了C4网，4位的区号已经消失，现在采用不等位三位制，位长位2～3位，与两级长途等级对应。具体的编号如下。

首都北京：编号为010。

省间中心和直辖市：区号为两位，编号为“2X”，“X”为0～9，共10个号。

原来空缺的号码资源，除了个别作为预留以外，都开始在各地作为填补号码资源空缺使用，以保证每个市级行政单位，至少有一个三位区号。所以63×以后的号码分别出现在山东、云南的区号里，西藏区号剩余的898、899、890则给了海南省，到2001年海南省合并C3网，又改为仅保留898。北京的区号也因GSM移动电话特殊的长途拨号方式不得不由“1”改为“10”。

我国的国内长途区号编号规则如表7.1所示。

表7.1 我国的国内长途区号

	第一位	第二位	第三位
北 京	1	0	
9大城市	2	×	
其他城市	3～9	×	×

随着长途网络的不断优化，我国的国内长途区号还在不断的更新当中。例如，2013年10月26日零时起，开封本地电话网将升至八位，同时并入郑州本地电话网，开封不再使用原来的“0378”区号，而是实现郑汴两地电话并网，两市共用“0371”长途区号。而沈阳、本溪两地也启动了升位并网，共用“024”区号。

（3）本地号码：最后拨被叫方的本地号码（Local Telephone number）。

3. 国际长途电话的编号方式

国际长途直拨电话的号码分为4部分，拨打国际电话时，拨号顺序为：**国际长途字冠＋国际长途区号＋国内长途区号＋本地号码（市话号码）**

（1）国际长途的字冠：国际自动呼叫时，国内交换机识别为国际通话的数字，其形式由各国自由选择，CCITT没有具体建议。例如，中国（从中国打出先拨）“00”；英国“010”；比利时“91”；日本“00X”……由于各国的国际长途字冠五花八门，所以后期增设了“+”号为全球通用国际长途字冠。

（2）国际长途区号：为1～3位的数字，例如，中国为（从国外打入先拨）“86”。部分国家的国际长途区号如表7.2所示。

表 7.2　　部分国家和地区国际长途区号

北美以 1 开头	美国 1，加拿大 1，夏威夷 1808
非洲以 2 开头	埃及 20，南非 27
南欧以 3 开头	荷兰 31，法国 33，西班牙 34，意大利 39
北欧以 4 开头	瑞士 41，英国 44，丹麦 45，挪威 47，德国 49
南美以 5 开头	墨西哥 52，阿根廷 54，巴西 55
南亚以 6 开头	马来西亚 60，菲律宾 63，新加坡 65，泰国 66
大洋洲以 6 开头	澳大利亚 61，新西兰 64
俄罗斯以 7 开头	
东亚以 8 开头	日本 81，韩国 82，越南 84，朝鲜 85， 中国 86，中国香港 852，中国澳门 853 ，中国台湾 886
西亚以 9 开头	土耳其 90，印度 91，伊拉克 964，蒙古 976

（3）国内长途区号：在拨了“国际长途区号”后再接着播“国内长途区号”时，应注意：此时，国内长途区号前面无需加拨表示国内长途的字冠“0”。

例如，国外大公司名片上电话号码标准写法是：“+33（0）1××××××××”，其中“(0)”加个括号的意思就是为了表示：这是法国的国内长途字冠，若主叫方在法国，就拨01××××××××，如不在法国，就拨+331××××××××。33 是法国的国际区号，1 表示巴黎大区。

（4）本地号码：最后依旧是被叫方的本地号码。

例如，以下是一个普通的重庆地区某单位固定电话号码——+862342871111。

其中，“+”号表示国际长途字冠；86 是中国的国家代码；23 是重庆市的长途区号；42871111 是重庆市内的本地电话号码。

4. 特服号码的编号方式

最后，还有一些特殊的号码，其编号方式有别于普通用户的号码。常用的特服号码如表 7.3 所示。

表 7.3　　特服电话

中国大陆：警察 110，火警 119，救护车 120，交通事故 122	香港地区：紧急求救电话 999
新加坡：紧急呼叫 999，火警 995，警察 999，救护车 999	澳门地区：紧急求救电话 000
日本：警察 110，火警 119	澳大利亚：000
德国：警察 110，火警或救护车 112	新西兰：111
法国：通用紧急 112，警察 17 救护车 15	英国：通用紧急 999，112
意大利：警察 113，救护车 118，火警或灾害 115	加拿大：911
俄罗斯：警察 02，救护车 03，火警 01，气体泄漏 04	美国：911

7.3 数据网络

数据通信网传送和交流的主要是数据信息，其终端主要是机器而不是人，如图 7.13 所示。当终端是服务器和计算机时，人们常称为“计算机网”，其业务主要是数据、文字、图像、多媒体，也可以是语音。数据通信发展很快，使用频带越来越宽，开展业务愈来愈广泛，对传统的电话业务带来严重的冲击和挑战。

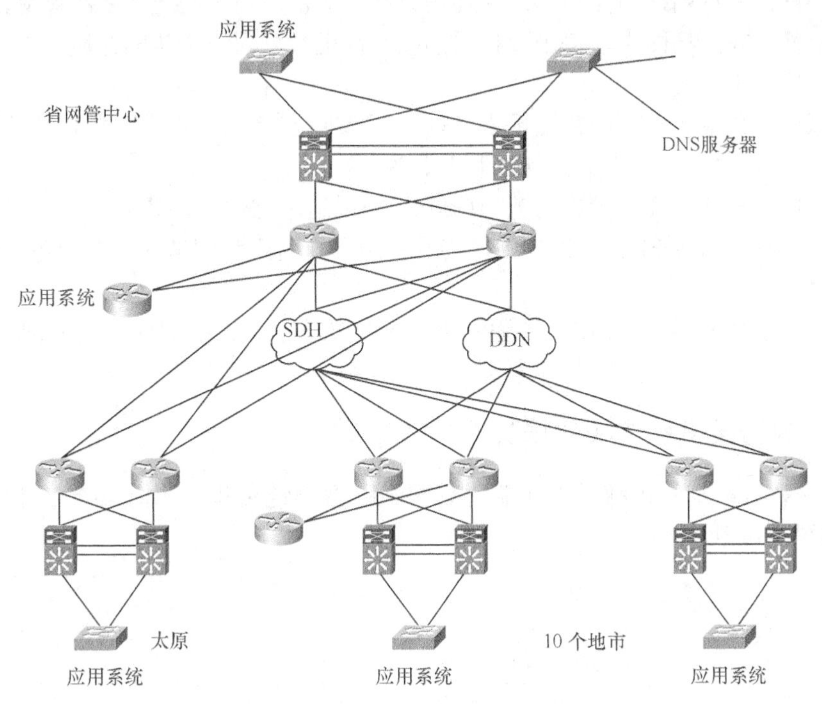

图 7.13 数据通信网

数据和信息有不同的含义呢？这里我们需要首先明白以下几个概念。

信息：涉及的是数据的内容和解释，是关于客观知识的可通信的知识。首先，信息是客观世界各种事物变化和特征的反映。客观世界中任何事物都在不停顿地运动和变化，呈现出不同的状态和特征。信息的范围极广，气温变化属于自然信息，遗传密码属于生物信息，企业报表属于管理信息。信息是可以通信的，由于人们通过感官直接获得周围的信息极为有限，因此，大量的信息需要通过传输工具获得。信息形成知识，所谓知识，就是反映各种事物的信息进入人们大脑，对神经细胞产生作用后留下的痕迹。人们正是通过获得信息来认识事物，区别事物和改造世界的。

数据：数据被定义为有意义的实体，数据涉及事物的形式；是记录下来可以被鉴别的符号。它本身并没有意义，信息是对数据的解释，数据经过处理仍然是数据，只有经过解释才有意义，才成为信息。可以说，信息是经过加工以后，并对客观世界产生影响的数据。

信号：是数据的表现形式，或称数据的电磁编码或电子编码。它使数字能以适当的形式在通信介质上传输。

信道：是传输信息的必经之路，具有一定的容量。

7.3.1 数据网络概述

数据网可以下从几个不同的角度分类。

1. 按网络拓扑结构分类

按网络拓扑结构可以分为：网型网、星型网、树型网、环型网、总线型网等。

2. 按传输技术分类

按传输技术可分为交换网和广播网。

① **交换网**：此种网络由交换节点和通信链路构成，用户之间通信要经过交换设备。

② **广播网**：在广播网中，每个数据站的收发信机共享同一个传输介质。

3. 按传输距离分类

① **局域网**：传输距离一般在几千米以内，速率在 10Mbit/s 以上，数据传输采用共享介质的访问方式，协议标准采用 IEEE802 协议标准。

② **城域网**：传输距离一般在 50～100km，传输速率比局域网还高，目前以光纤为通信媒体，能提供 45～150Mbit/s 的高速率，能支持数据、语音和图像的综合业务，通常覆盖整个城区和城郊。

③ **广域网（核心网）**：作用范围通常为几十到几千千米，有时称为远程网。Internet 就是广域网。

7.3.2 数据通信系统和数据交换网

任何一个数据通信系统都是由终端、数据电路/数据链路和计算机系统 3 种类型的设备组成的，如图 7.14 所示。

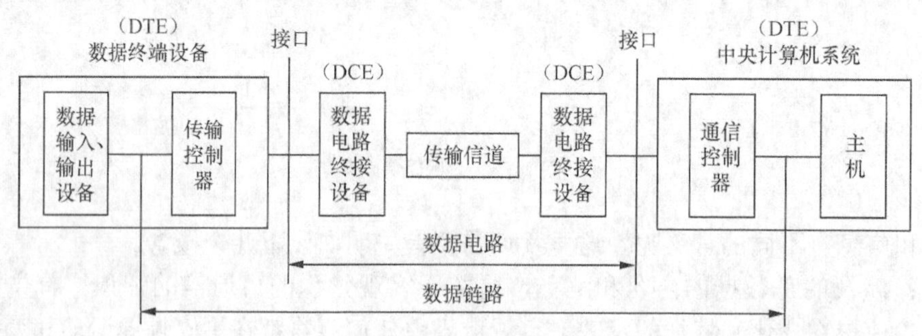

图 7.14 数据通信系统

数据终端设备（Data Terminal Equipment，DTE）：是具有数据处理和发收数据能力的设备。可以是一台计算机，也可以是一台 I/O 设备。所谓的“用户环境”，就只包括 DTE。

数据电路连接设备（Data Circuit-terminating Equipment，DCE）：是实现信号变换和编码、建立、释放物理连接的设备。如与电话线路连接的调制解调器。DCE 虽然处在“通信环境”中，但它和 DTE 均属于用户设施。

在 DTE 与 DCE 之间，既有数据信息传输，也应有控制信息传输，这就需要高度协调地工作，需要制定 DTE 与 DCE 接口标准。

而数据交换网，则是指一个由分布在各地的数据终端设备、数据交换设备和数据传输链路所构成的网络，在网络协议（软件包括 OSI 下三层协议）的支持下，实现数据终端间的数据传输和交换，如图 7.15 所示。

数据交换网包括数据终端设备、数据交换设备及数据传输链路。

① 数据终端设备是数据网中的信息传输的源点和终点。

② 数据交换设备是数据交换网的核心。

③ 数据传输链路就是前面所讲的几大传输系统。它是在数据通信网中，按一种链路协议的技术要求连接两个或多个数据站的电信设施，称为数据链路，简称数据链。

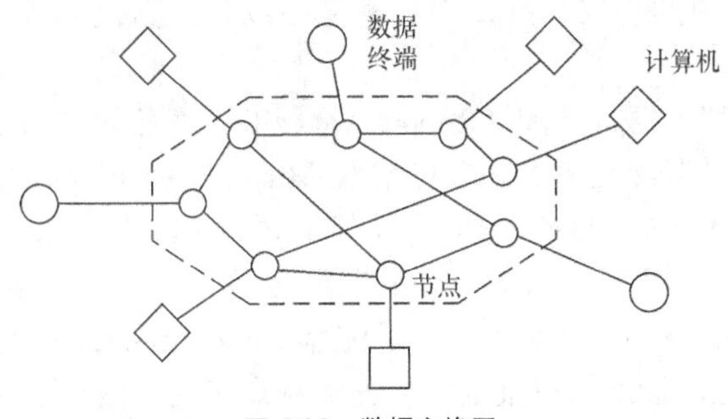

图 7.15 数据交换网

7.3.3 分组交换网

1. 分组交换网的结构

分组交换网通常采用两级结构，根据业务量、流量、流向和地区情况设立一级和二级交换中心。一般情况，一级骨干网采用网状网连接或不完全网状网连接，二级交换网可采用星型结构，如图 7.16 所示。

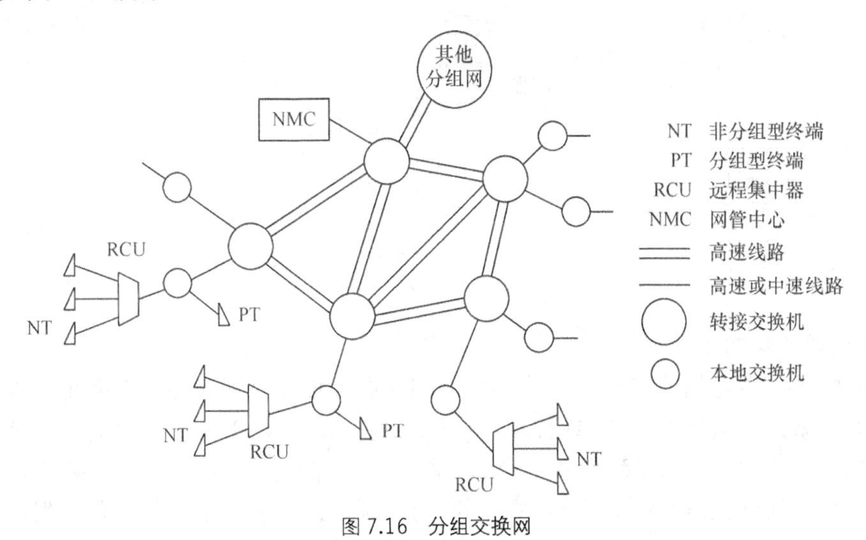

图 7.16 分组交换网

2. 分组交换网的应用

1993 年，我国建成投产了中国公用分组交换数据网（China Public Packet Switched Data Network，ChinaPAC），这是中国信息产业部经营管理的公用分组交换网，以 X.25 协议为基础，可满足不同速率、不同型号终端之间，终端与计算机之间，计算机之间以及局域网之间的通信。资费比 DDN 专线便宜，适用于速率低于 64kbit/s 的低速应用场合。例如，金卡工程中的 POS 机（用于商场刷卡消费），由于其业务量小，但实时性要求高，就可采用 X.25 分组网方案。

7.3.4 以太网

1. 以太网的定义

以太网（Etherne）是一种基带局域网规范，使用总线型拓扑结构和 CSMA/CD 技术。

它是当今局域网中最通用的协议标准，很大程度上取代了其他局域网标准，如令牌环网、FDDI 和 ARCNET。

以太网最早由罗伯特·梅特卡夫（Robert Metcalfe）在施乐公司工作时提出，1977 年，梅特卡夫等人获得了“具有冲突检测的多点数据通信系统”的专利，标志着以太网的诞生。1979 年，梅特卡夫创建了 3COM 公司，并促成了 DIX1.0 的发布（DIX 即 DEC/Intel/Xerox，由 3 家公司联合研发）。1981 年，3COM 公司交付了第一款 10Mbit/s 的以太网卡（NIC：Network Interface Card，又名以太网适配器 Network Adaptor）。1982 年，基于 DIX2.0 的 IEEE 802.3 CSMA/CD 标准获得批准，以太网从众多局域网技术的激烈竞争中胜出。

以太网支持的传输媒体从最初的同轴电缆发展到双绞线和光缆。星型拓扑的出现使以太网技术上了一个新的台阶，获得迅速发展，如图 7.17 所示为以太网结构。从共享型以太网发展到交换型以太网，并出现了全双工以太网技术，致使整个以太网系统的带宽呈十倍、百倍地增长，并保持足够的系统覆盖范围。以太网以其高性能、低价格、使用方便的特点继续发展。

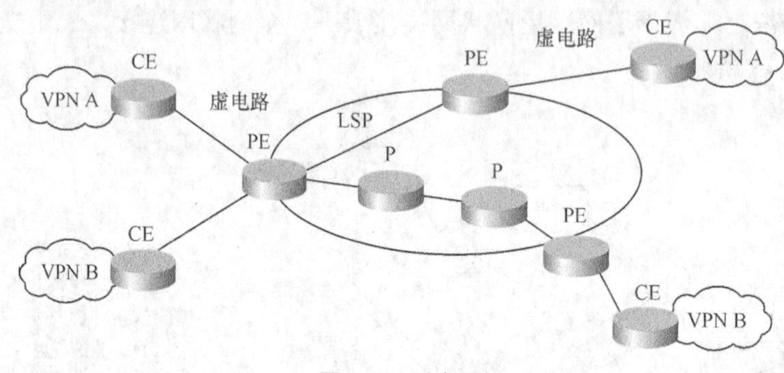

图 7.17 以太网

2. *以太网的控制方式*

在以太网中，所有的节点共享传输介质。如何保证传输介质有序、高效地为许多节点提供传输服务，就是以太网的介质访问控制协议要解决的问题。例如，同一时刻，两个或多个工作站都要传输信息将会引起冲突，双方传输的数据将变得杂乱不清，导致不能成功地接收。因此，介质访问控制协议必须解决要解决的问题是：当发送信息的工作站发现介质忙或发生冲突时应怎样工作。如果介质空闲，则传输；如果介质忙，则一直监听，直到信道空闲，马上传输；如果在传输中检测到冲突，立即取消传输；冲突后，等待一段随机时间，然后再试图传输（重复第一步）。

以太网的介质访问控制方式是以太网的核心技术，它决定了以太网的主要网络性质。在公共总线或树型拓扑结构的局域网上，通常使用带碰撞检测的载波监听多路访问技术（CSMA/CD）。

CSMA/CD（Carrier Sense Multiple Access/Collision Detect）即载波监听多路访问/冲突检测方法，又可称为随机访问或争用媒体技术，若要利用 CSMA/CD 传输信息的工作站，首先要监听介质，以确定是否有其他的站正在传播。如果介质空闲，该工作站则可以传播。

3. *以太网的层次结构*

以太网是以局域网的 IEEE 802 参考模型为基础的：它用带地址的帧来传送数据，不存在中间交换，所以不要求路由选择，这样就不需要网络层；在局域网中只保留了物理层和数据链路层，数据链路层分成两个子层，即介质接入控制子层（MAC）和逻辑链路控制子层（LLC）。

IEEE 于 1980 年 2 月成立了局域网标准委员会（简称 IEEE 802 委员会），专门从事局域网标准化工作，并制定了 IEEE 802 标准。IEEE 802 协议是一种物理协议，因为有以下多种子协议，把这些协议汇集在一起就叫 802 协议集。802 所描述的局域网参考模型只对应 OSI 参考模型的数据链路层与物理层，它将数据链路层划分为逻辑链路控制（Logical Link Control，LLC）子层与介质访问控制（Media Access Control，MAC）子层，如图 7.18 所示。

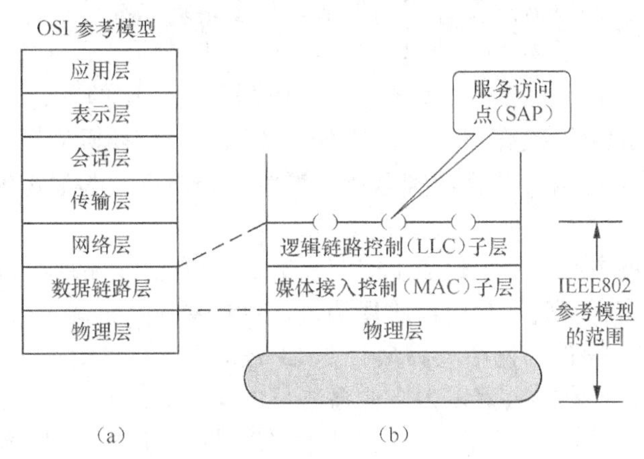

图 7.18　OSI/BM（a）与局域网的 802 参考模型（b）的对比

图 7.18 中，OSI（Open System Interconnect）是开放式系统互连的缩写。一般都叫 OSI 参考模型，是 ISO（国际标准化组织）组织在 1985 年研究的网络互连模型。国际标准化组织 ISO 发布的最著名的标准是 ISO/iIEC 7498，又称为 X.200 协议。该体系结构标准定义了网络互连的七层框架，即 ISO 开放系统互连参考模型。在这一框架下进一步详细规定了每一层的功能，以实现开放系统环境中的互连性、互操作性和应用的可移植性。

802 参考模型的物理层下方还有一些协议，这是因为 LAN 范围小，常仅限于一个部门或一个建筑，在 0.1～25km 以内。所以一般不需租用电话线，而是直接建立专用通信线路。因此 LAN 的协议模型中增加了“第 0 层”，专门针对传输介质和拓扑结构做出说明。同时也使得 LAN 中的数据传输速度高，误码率低。

LAN 的协议模型中，最高只到第 2 层。作为一种网络，通常应能提供 1～3 层的功能，但 LAN 特许在最低 2 层，实现 1～3 层的服务功能。一些原本属于第 3 层的功能，如差错控制、流量控制、复用、提供面向连接的或无连接的服务，在第 2 层已用带地址的帧来传送数据，不存在中间交换，不要求路由选择，因此无需第 3 层。

4. *以太网系统组成*

以太网系统由集线器、网卡以及双绞线组成，如图 7.19 所示。在以太网结构中，一个重要功能块是编码/译码模块；另一个重要的功能块称为“收发器”，它主要是向媒体发送和接收信号，并识别媒体是否存在信号和识别碰撞，一般置于网卡中。

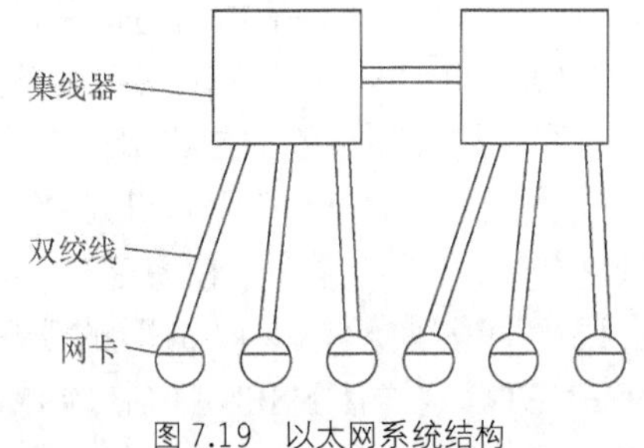

图 7.19　以太网系统结构

5. 以太网的应用

以太网的应用相当广泛。从 40G、100G，到 400G 以太网技术都在纷纷开展。世界电信产业界的权威中立咨询顾问公司——Ovum 公司的调查和预测显示：2012 年全球以太网服务收入从 2011 年的 265 亿美元上升至 291 亿美元；以太网市场在 2013 年涨幅将达 16%，达到 338 亿美元；全球企业以太网服务市场规模到 2018 年将超过 620 亿美元。

并且，随着云计算互连市场的发展，尤其是在“私有云”的互联方案中，以太网交换机被更多地定位为数据中心互连设备，被众多的区域、国家，甚至国际客户选择运用。

尤其是工业以太网的发展速度，相当的快，许多现场总线用户正在转向以太网应用。无论是旧设施的升级，还是新工厂的建设，客户都会大量使用工业以太网来升级他们的系统。在过程自动化领域中，工业以太网已成为控制层骨干网的首选，并逐渐向设备层迁移。尤其是发电、输配电以及交通运输，成为工业以太网交换机的领先应用行业。从智能电网的实施，特别是变电站自动化，到智能化铁路、公路以及其他运输项目正越来越依赖工业以太网。

以太网还在车载网方面有很大的应用空间。例如，用在汽车的控制系统，以提升内部的通信。还有高速传输自动驾驶、自动播放视频、自动录像等内容。

在 2013 年 11 月举办的“网络世界大会 2013 暨第十二届以太网大会”中，以太网联盟主席、戴尔公司首席技术官办公室以太网传播总负责人 John D’Ambrosia 在北京做了题为《今日以太网》的演讲，提出了“以太网的发展没有边界，将成为无处不在的以太网”。

7.3.5 国际互联网

1. 因特网（Internet）的起源

Intetnet 是全世界最大的计算机网络，它起源于 1968 年美国国防部高级研究计划局（Advanced Research Project Agency，ARPA）主持研制的用于支持军事研究的计算机实验网 ARPANET。ARPANET 的设计与实现是基于这样的一种主导思想：网络要能够经得住故障的考验而维持正常工作，当网络的一部分因受攻击而失去作用时，网络的其他部分仍能维持正常通信。最初，网络开通时只有四个站点：斯坦福研究所（SRI）、Santa Barbara 的加利福尼亚大学（UCSB）、洛杉矶的加利福尼亚大学（UCLA）和犹他大学。ARPANET 不仅能提供各站点的可靠连接，而且在部分物理部件受损的情况下，仍能保持稳定，在网络的操作中可以不费力地增删节点。与当时已经投入使用的许多通信网络相比，这些网络中的运行不稳定，并且只能在相同类型的计算机之间才能可靠地工作，ARPANET 则可以在不同类型的计算机间互相通信。

ARPANET 的两大贡献：第一、分组交换概念的提出；第二、产生了今天的 Internet，即产生了 Internet 最基本的通信基础——传输控制协议/Internet 协议（TCP/IP）。

1985 年，当时美国国家科学基金会（National Science Foundation，NSF），为鼓励大学与研究机构共享他们非常昂贵的四台计算机主机，希望通过计算机网络把各大学与研究机构的计算机与这些巨型计算机连接起来，于是他们决定利用 ARPANET 发展出来的叫作 TCP/IP 的通信协议自己出资建立名叫 NSFNET 的广域网，由于美国国家科学资金的鼓励和资助，许多大学、政府资助的研究机构、甚至私营的研究机构纷纷把自己局域网并入 NSFNET。这样使 NSFNET 在 1986 年建成后取代 ARPANET 成为 Internet 的主干网。

2. 因特网的体系结构

IP 协议是因特网的主要协议，其主要功能是无连接数据报传输、路由选择和差错控制。数据报是 IP 协议中传输的数据单元。数据报传输前并不与目标端建立连接即可将数据报传输，路由选择会给出一个从源到目标的 IP 地址序列，要求数据报在传输时严格按指定的路径传输。

计算机网络使用的是 TCP/IP 体系结构。它是一个协议族，TCP 和 IP 是其中两个最重要的且必不可少的协议，故用它们作为代表命名。TCP/IP 结构被形容为“两头大中间小的沙漏计时器”。因为其顶层和底层都要许多各式各样的协议，IP 位于所有通信的中心，是唯一被所有应用程序所共有的协议。

OSI 参考模型		TCP/IP 参考模型	
7	应用层	4	应用层
6	表示层		
5	会话层		
4	传输层	3	传输层
3	网络层	2	互连层
2	数据链路层	1	网络接口层
1	物理层		

图 7.20 OSI 与 TCP/IP 体系结构对比

TCP/IP 体系结构比 OSI 模型更简便、更流行，是一个被广泛采用的互连协议标准，它与 OSI 的区别有以下几点。

（1）OSI 层次多，而 TCP/IP 体系结构更简便。

（2）OSI 把“服务”与“协议”的定义结合起来，格外复杂，软件效率低。

（3）TCP/IP 可以允许像物理网络的最大帧长（Maximum Transmission Unit，MTU）等信息向上层广播。这样做可以减少一些不必要的开销，提高了数据传输的效率。

（4）OSI 对服务、协议和接口的定义是清晰的，但忽略了异种网的存在，缺少互连与互操作。

（5）OSI 只有可靠服务。而 TCP/IP 还有不可靠服务，灵活性更大。

（6）OSI 网络管理功能弱。

OSI 与 TCP/IP 体系结构对比如表 7.20 所示。

3. 因特网的 IP 地址

IP 地址是 IP 协议提供的一种地址格式，它为 Internet 上的每一个网络和每一台主机分配一个网络地址，以此来屏蔽物理地址（网卡地址）的差异。打个比方：IP 地址就像房屋上的门牌号，就像电话网络里的电话号码。它是运行 TCP/IP 协议的唯一标识，网络中的每一个接口都需要有一个 IP 地址。IP 地址先后出现过多个版本，但多只存在于实验与测试论证阶段，并没有进入实用领域。得到广泛使用的只有 IPv4（Internet Protocol version 4，IP 地址的第四个版本协议）和 IPv6。

4. 因特网的核心技术

Internet 网应用层的各种协议，林林总总，不计其数。其中由蒂姆·本尼斯李（Tim Berners-Lee） 在 1989 年提出的万维网技术，成为了因特网爆炸性发展的导火索。

WWW 不是普通意义上的物理网络，而是一种信息服务器的集合标准。超链接使得 Web 上的信息不仅可按线性方式搜索，而且可按交叉方式访问。WWW 还包含了架构起全球信息网的三大基本技术：http、HTML，以及 URL。其中的 HTML（Hyper Text Markup Language，超文本标记语言）技术，虽然并不是专门为互联网设计的，但是当超文本与互联网结合起来后显得如虎添翼。互联网上原本孤岛一般的众多资源，通过超文本链接成了纵横交错、相互关联、畅通可达的网络。超媒体（Multimedia Hypertex）等技术，又能将本地的、远程服务器上的各种形式的文件（文本、图形、声音、图像和视频）综合在一起，形成多媒体文档。最终，WWW 成为了因特网爆炸式发展的导火线。民众及其欢迎这种开放的信息媒体，广大商家也敏锐地看到商机，纷纷成立网站，促使相关技术继续飞速发展。

当进入一个新的 Web 站点时，访问者首先看到的是主页（Home Page）。它是包含了连接同一站点其他项的指针，也包含了到别的站点的链接。WWW 的编址由代码、服务器地址标识和服务器定位文档的全路径名组成，称为 URL（Uniform Resource Locator，统一资源定位器）。它规定了资源类型、存放资源的主机域名和资源文件名。

5. 因特网的应用

随着互联网的发展，美国也已经不在雄踞上网人数的榜首了。图 7.21 显示了 1996 年和 2012 年美国和其他国家互联网用户所占比例的变化，以及 2013 年各地区互联网用户所占的比例。

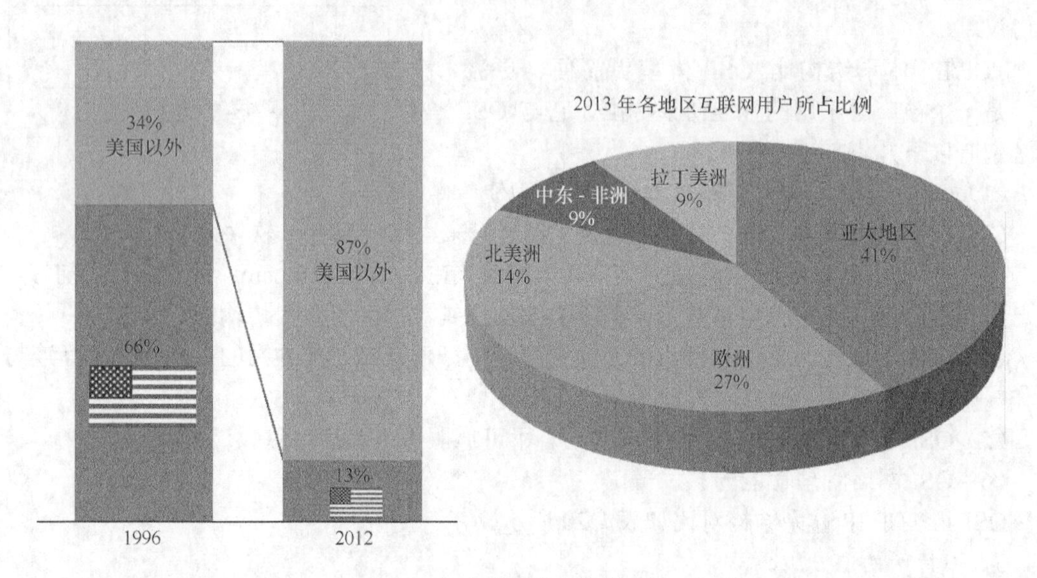

图 7.21 互联网用户所占比例

尤其是我国，随着经济的发展，互联网在中国也得到了进一步的发展。中国互联网络信息中心（CNNIC）自 1997 年起，每年的 1 月和 7 月都会定期发布《中国互联网络发展状况统计报告》。2013 年发布的第 31 次报告显示，截至 2012 年 12 月月底，我国网民规模虽有增长，但长幅维持放缓态势。2012 年新增 5090 万人，总数达 5.64 亿，居世界第一位。互联网普及率为 42.1%，较上一年度提升了 3.8%，已超过世界平均水平，并达到“十二五”目标。2012 年人均上网时长为 20.5 小时/周，较上一年度提升了 1.8 小时。2013 年 3 月中国内地 15 岁以上网民访问量最高的网络公司排名如图 7.22 所示。

7.3.6 网际互连设备

1. 网际互连设备的概念

在图 7.19 中出现了“集线器”、“网卡”等名称，它们都是网际互连设备。市面上组网方式很多，要想将各台独立的网络设备互相连接起来，就需要使用一些中间设备/系统，ISO 的术语称为中继（relay）系统。

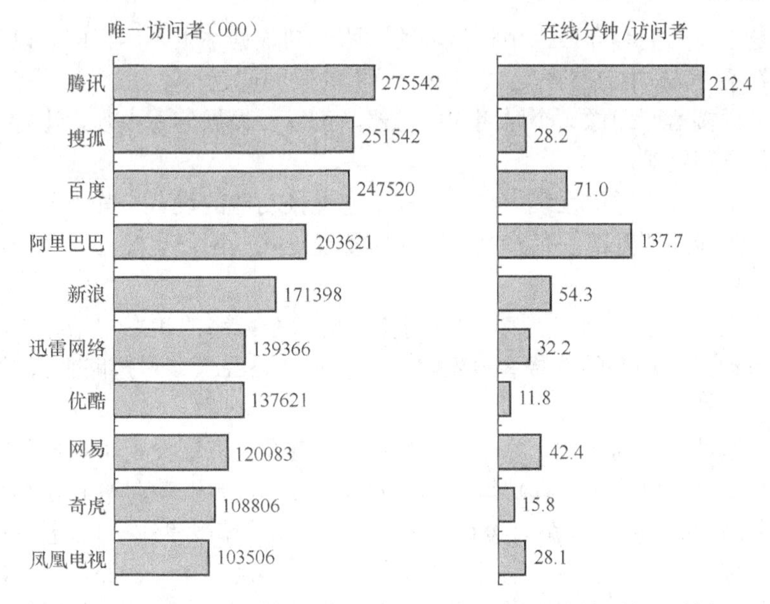

图 7.22　2013 年 3 月中国内地 15 岁以上网民访问量最高的网络公司排名

2. 常见的网际互连设备

常见的网际互连设备如表 7.4 所示。

表 7.4　　常见的网际互联设备

4	传输层	网守 gatekeeper
		网关 gateway
3	网络层	路由器 router
		三层交换机 switch
2	数据链路层	二层交换机 switch
		网桥 bridge
		网卡 Interface Card
1	物理层	中继器 repeater
		集线器 hub

集线器（Hub），在早期，通常只是为了优化网络布线结构，简化网络管理。相当于一种特殊的中继器，是一个能互联多个网段的转接设备。也可将几个集线器级联起来，既不放大信号，也不具备协议翻译的功能，而只是起到动态分配频宽的作用。集线器采用广播的工作模式，当它的某个端口工作的时候，其他所有端口都能够收听到信息，只是非目的地网卡自动丢弃了这个不是发给它的信息包。

中继负责补偿信号衰减，以增加时延为代价，放大信号，延伸网络可操作的距离。一般情况下，中继器的两端连接的是相同的媒体，也有的中继器可以完成不同媒体间的转接，甚至将有线传输改为无线传输。但中继器不处理信号，不区分信号帧是否失效，不能过滤网络流量。

网卡又名网络适配器，是局域网中连接计算机和传输介质的接口。PC 机在最初设计时根本没有考虑资源共享，网络功能是零。计算机内部是通过主板上的 I/O 总线，并行传输的，而网络则是通过网线等介质，串行传输的，两者的数据率也不尽相同。以太网网卡和服务器及时的弥补了PC机的这个不足，解决了微机的联网问题。

网桥（又名桥接器）却像一个聪明的中继器，可以要根据信息内容来进行寻址、选择路由、帧过滤、隔离网络等。

二层交换机是一种在通信系统中自动完成信息交换功能的设备，其外形上和集线器没什么分别，相当于集线器的升级换代产品。它比网桥能连接的网段更多，比集线器能够提供更多的网络管理信息。

路由器工作在第三层（网络层），比网桥更了解整个网络的状态和拓扑，因而可以根据信道的情况，自动的、动态的选择和设定路由，以最佳路径（即最短路径），按先后顺序发送信号。

现在局域网组件规模的增大，致使VLAN迅速普及，三层交换机也出现在很多公司的网络中，三层交换机可以简单的理解为“基于硬件的路由器（具有部分路由器功能）＋二层交换机”，三层交换机可以通过路由缓存来记忆路由，使得需要路由的信息包只路由一次，以后再有去同一目标的包就依靠“记忆”直接转发了，实现了“一次路由，多次交换”的功能。三层交换机的最重要目的是加快大型局域网内部的数据交换。对于数据包转发、IP路由等规律性的过程由硬件高速实现，而像路由信息更新、路由表维护、路由计算、路由确定等功能，由软件实现。后期又出现了四到七层交换机，可以过滤数据包、识别数据包的内容等更加智能化的功能。

网关则是用于两个完全不同结构的网络（异构型网络）的网际互联设备，又叫协议转换器。网关工作在第四层（传输层），层数高导致复杂、效率低、透明性弱，一般只能进行一对一的转换协议，或是少数几种特定应用协议转换。网关按功能可以分为3类：协议网关、应用网关、安全网关。

3. *网际互连设备的应用概况*

2013年网际互连设备市场发展平稳。其中，随着企业转移到更高性能的路由器上，以及路由器更换潮的到来，企业级路由器市场增长迅速。而运营商级路由器和交换机市场竞争则十分激烈。在路由器市场份额中，思科保持其领先地位，在运营商级路由器市场上占38%左右的份额，在企业级路由器市场上占50%以上的份额。阿尔卡特朗讯、瞻博网络公司（JNPR）、惠普、华为和中兴通讯在网际互联设备市场上也占据着不少份额。

我国的互连网设备制造业实现了快速崛起，不仅满足国内发展需要，而且实现了海外拓展，高端路由器产品跻身全球市场前列。在工业和信息化部组织编写的《互联网行业“十二五”发展规划》中强调了国家政策对网际互连设备制造业的支持，强调了支持高端服务器和核心网络设备等产业发展；研发高并发性、高吞吐量、高可靠性、高容错性的高端服务器，以及高处理能力、低成本、低能耗的超级服务器；研发低能耗高端路由器、大容量集群骨干核心路由器和虚拟化可编程路由器等核心网络设备。

其中，万兆交换机产品及方案备受关注。计世资讯（CCW Research，是中国ICT产业市场研究和咨询权威机构，工信部支撑机构）研究显示：2013年中国万兆交换机及解决方案市场规模将达到45.9亿元，比2012年增长15.6%，至2016年，市场规模将有望超过70亿元。

另一方面，用户端无线智能路由器市场也拉开了大战的序幕。越来越多的互联网企业将路由器看成互联网生态圈里唯一一个软硬件结合的入口，纷纷加入到了路由器等硬件产品的生产中。小米、迅雷、360、盛大均宣布了自己的路由器计划。期待着智能路由器成为家庭智能设备的接入中枢管理设备，实现“一块路由器负责家庭 3～5 块屏，所有内容由一片‘云’来推送，智能灯、智能冰箱、智能电视、统统无线远程管理”的理想。

7.3.7　IP 技术

IP 技术是有关无连接分组通信协议的技术。该协议大体相当于开放系统互连参考模型中的网络层协议。20 世纪 70 年代末，ARPA 开始了一个名为 Internet 的研究计划，其研究成果就是 TCP/IP，并于 1983 年成为了 ARPANET 的标准协议。所有使用 TCP/IP 的计算机都能利用互联网相互通信，且 TCP/IP 所有的技术和规范都是公开的，任何公司都可以利用其来开发兼容的产品，因而 1983 年被称为因特网的诞生时间。

计算机网络使用的就是 TCP/IP 体系结构。它是一个协议族，TCP 和 IP 是其中两个最重要的且必不可少的协议，故用它们作为代表命名。TCP/IP 结构被形容为“两头大中间小的沙漏计时器”。因为其顶层和底层都要许多各式各样的协议，IP 位于所有通信的中心，是唯一被所有应用程序所共有的协议。

在通信网络中，IP 电话就是在 IP 网上传送的具有一定服务质量的语音业务，是 IP 技术的典型应用之一。因此，本书以 IP 电话为例，来介绍 IP 协议这个如今最常见的互联网技术。

1. IP 电话网模型

IP 电话网主要包括 IP 电话网关、IP 承载网、电话网管理层面及电路交换网接入几个部分，如图 7.23 所示。

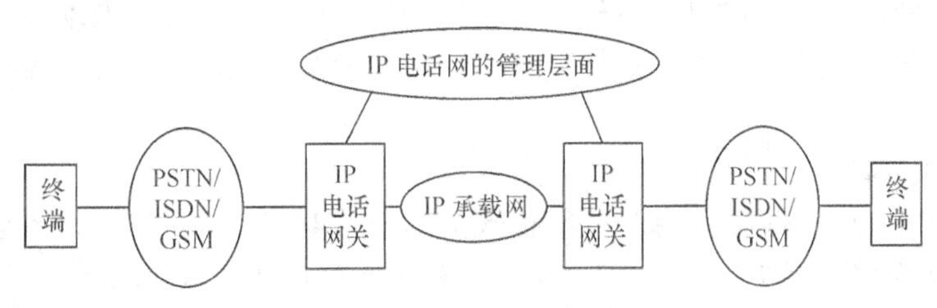

图 7.23　IP 电话网的基本模型

各部分主要功能如下。

① 承载网络：传送 IP 电话的承载网可以是公网，也可以是专网。

② IP 电话网关：完成对来自 PSTN 的语音业务流的编解码功能，并将压缩编码后的语音业务流打包，通过 IP 承载网传给目的网关。

③IP 电话网络的管理层面：主要由网守（主要用来管理 IP 电话网关）和用户数据库、结算系统组成，负责用户的接入认证、地址解析、计费和结算等工作。

图 7.23 中的 PSTN（Public Switched Telephone Network）就是公共交换电话网络，是一种常用的旧式电话系统，即我们日常生活中常用的电话网。公共交换电话网络是一种全球语音通信电路交换网络，包括商业的和政府拥有的。

2. IP 电话网与传统电话网的比较

IP 电话网与传统电话网比较具有以下 3 个特点。

① IP 电话网的网络结构与传统电话网有相同的地方，即均采用分级网络结构。

② IP 电话网的编号和寻址方式与传统电话网差别很大。

③ IP 电话网中使用的信令种类比传统电话网复杂。

图 7.24 中出现了“网守”设备，这也是一个高层网际互连设备。

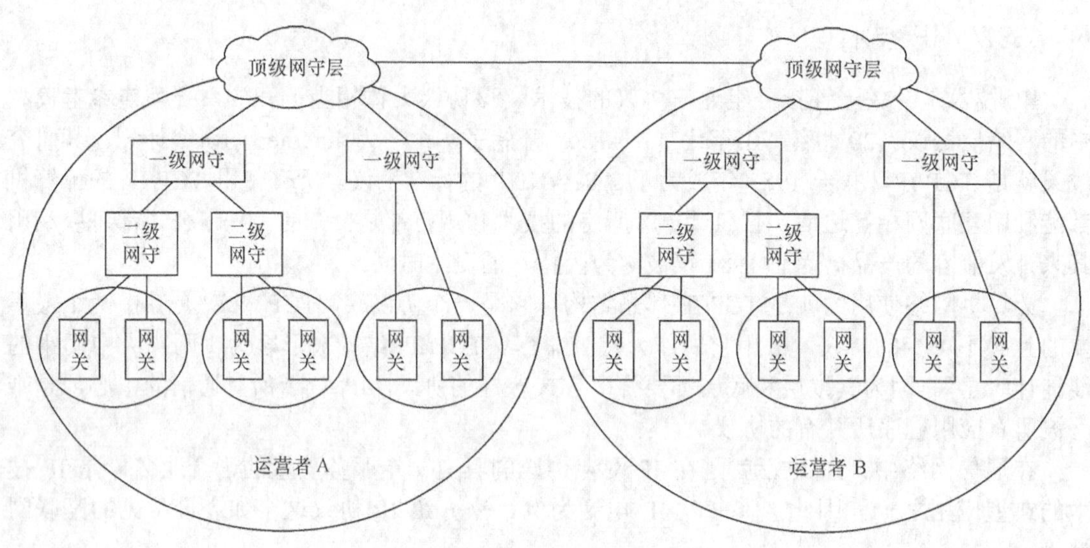

图 7.24　IP 电话网络的分级

网守：是对网络终端（如电话）网关等的呼叫和管理功能，它是 VoIP 网络系统的重要组成部分。在 IP 电话中，网守处于高层，是用来管理 IP 电话网关的，它也是 VoIP 网络系统的重要组成部分。ITU-T 制订的《H323 建议》中规定的一种网络实体。网守为 H323 端点提供地址翻译和接入控制服务，并具有路由选择、带宽管理、参与呼叫信令控制和其他的分组网维护管理功能。

3. IP 电话的应用

自 1999 年 4 月 27 日起，信息产业部正式批准中国电信、中国联通、吉通公司三家公司进行 IP 电话业务运营试验。此次 IP 电话业务接入号码为：中国电信 17900，中国联通 17910，吉通公司 17920。后来，中国移动也推出 17951、12593 等 IP 资费优惠。还有许多 IP 电话卡、IP 电话吧，都如雨后春笋般流行起来。利用 VoIP 技术，在非常短的时间里，我国形成了国内、国际长途电话市场中多家竞争的局面。ITU-T H.323 标准的撰写者们在访问中国时，对中国 VoIP 发展情况非常钦佩，并说：“中国关于 VoIP 标准的几项决定非常正确，其远见和卓识超过许多国家。”不过，当时的国内长途 VoIP 网，多建在专用通信网上。IP 地址、安全性等问题并不突出。但专网方式毕竟只是过渡，进入了下一代网络之后，固话 IP 电话最终还是得融入到公共 IP 网当中。

IP 协议除了在公共电话网中发挥着日显重要的作用以外，也在用户局域网的组建和用户小交换机 PBX 上大显身手。传统的 PBX，是利用电路交换的原理，来实现集团电话的功能。随着 Internet 的流行和 IP 的成功，以及 IAD（IAD 是软交换体系中的小型用户接入层设备，用来将用户的数据、语音及视频等业务接入到分组网络中，能把电话线上的电话业务转到计算机网络的网线上传输）等综合接入设备的普及，IP PBX 也越来越流行了。与传统 PBX 相比，IP PBX 实现了计算机和电话的集成。除了能为传统的电话用户提供服务外，还能方便地为 Internet 用户提供服务。IP PBX 能将专用的通讯平台搬到了大众普遍较熟悉的计算机平台上，使用、配置和维护更加简单，甚至无需专业人员；兼容性强、扩展和升级简单，实现增值服务更加方便。西门子企业通信公布的《2012 年企业通信形势研究》中显示，企业通信正处于从 PBX 到 IP 以及从客户机房到云部署的过渡时期。纯 IP 通信与传统 PBX 基础设施相比，每年可为企业节约成本 43%。并且，在向纯 IP 环境过渡的过程中，一个混合环境有助于降低风险，并保护现有的投资。

7.4 数字移动通信网络

移动通信是指通信双方或至少有一方是在移动中进行的通信方式。

7.4.1 数字移动通信网的核心技术

早期的移动通信系统采用大区制工作方式，虽然服务半径大到几十千米，但容纳的用户数有限，通常只有几百用户。为了解决有限频率资源与大量用户的矛盾，可以采用小区制的覆盖方式。对服务区域呈线状的，可采用带状网；对一般的服务小区而言，均采用六边形的蜂窝网格式。用户就在这些小区间移动。当正在进行的移动台与基站之间的通信链路从当前基站转移到另一个基站时，通过越区切换技术，实现蜂窝移动通信的“无缝隙”覆盖。

图 7.25 所示为一个典型的 GSM 系统的网络结构，它由以下功能单元组成。

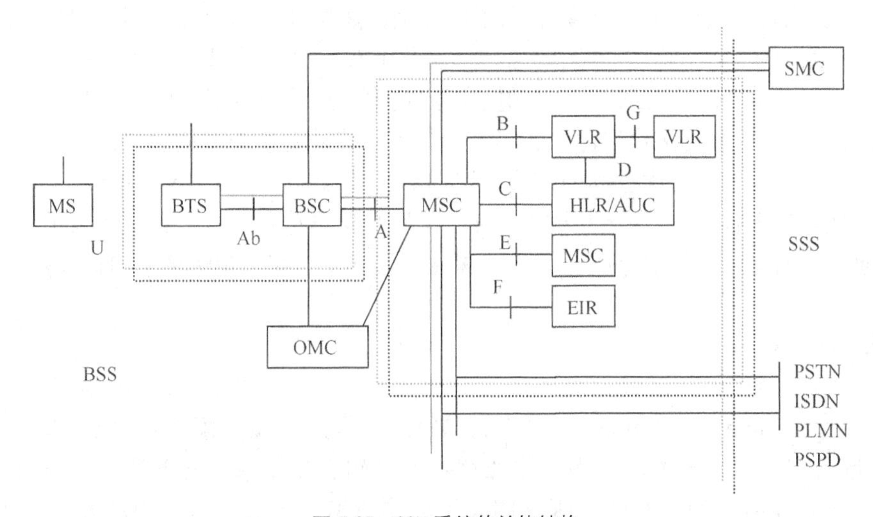

图 7.25 GSM 系统的总体结构

（1）移动台（MS）。

移动台包括两部分：移动设备和 SIM 卡。

移动设备是用户所使用的硬件设备，用来接入到系统，每部移动设备都有一个唯一的对应于它的永久性识别号 IMEI。

SIM 卡是一张插到移动设备中的智能卡。SIM 卡用来识别移动用户的身份，还存有一些该用户能获得什么服务的信息及一些其他的信息。

移动设备可以从商店购买，但 SIM 卡必须从网络运营商处获取，如果移动设备内没有插 SIM 卡，则只能用来紧急呼叫。

（2）基站子系统（BSS）。

在一定的覆盖区中由MSC控制，与MS进行通信的系统设备。

由基站收发信台（BTS）和基站控制器（BSC）构成。实际上，一个基站控制器根据话务量需要可以控制数十个BTS。

BSC：具有对一个或多个 BTS 进行控制的功能，任何送到 BTS 的操作信息都来自BSC，反之任何从BTS送出的信息也将经BSC送出。

BTS：BTS 提供基站与移动台之间的空中接口，完全由 BSC 控制，主要负责无线传输，完成无线和有线的转换、无线分集、无线信道加密、跳频等功能。

（3）网络交换子系统（NSS）。

网络交换子系统（NSS）主要包含有 GSM 系统的交换功能和用于用户数据与移动性管理、安全性管理所需的数据库功能。

7.4.2 数字移动通信的发展

现如今，手机已经发展成为了第一大通信和上网终端。虽然手机网民规模与整体 PC 网民（包括台式电脑和笔记本）相比还有一定差距，但手机保持着较快的增速。中国互联网络信息中心 CNNIC 在 2013 年发布的第 31 次报告显示：74.5%的网民通过手机上网，共计 4.2 亿，全年新增约 6440 万人，年增长率为 18.1%。而通过台式电脑和笔记本上网的网民各占70.6%和 45.9%，比上年略有下降。

尤其在电子商务类领域里，手机端电子商务类应用整体大幅上涨。用户量是上年的 2.36 倍，手机团购用户在手机网民中占比较上年底提升 1.7%，手机在线支付占比提升 4.6%，手机网上银行占比提升 4.7%，这三类移动应用的用户规模增速均超过了 80%。2013 年 12 月 10 日召开的“2013 第四届中国移动支付产业年会”指出，移动支付未来的发展，会呈现 4 个方面的趋势：结合二维码、电子优惠券等方式开展的 O2O 模式（Online To Offline，即网上预订、网下消费，例如部分团购和手机二维码）将在今后几年迅速普及；P2P 的转帐模式会成为重要的金融应用；面向个人的金融服务将持续深化；移动支付将与电子商务协同发展。

7.5 广播电视网

有线电视（Cable Television，CATV），IEC 又称为电缆分配系统（Cable distribution system），是指利用射频电缆、光缆、多路微波或其组合来传输、分配和交换声音、图像及数据信号的电视系统。我国有线电视网络发展非常迅速，随着卫星技术的发展，IP 技术、数字压缩技术和光通信技术在有线电视网络中的广泛应用，有线电视网的规模和容量越来越大。作为信息高速公路的最佳用户接入网之一的有线电视网络，是目前能把模拟、数字宽带业务通过有线电视技术接入到用户的解决方案，并且能够基本满足当前及未来传送综合信息的需要，并以宽带宽、高速的优势正在被大多数人认可，成为国内外信息技术研究、开发的热点。有线电视的发展大体可分为：公共天线阶段、电缆电视阶段、现代有线电视网络 3 个阶段。

7.5.1 广播电视网的构成

广播电视网由原来的无线电视网发展为有线电视网，又由 CATV 电缆电视网发展为当前的 HFC 光纤光缆混合电视网，再到全数字光纤电视网。有线电视系统由信号源、前端、干线传输网络、用户分配网络和用户终端五部分组成。基本框图如图 7.26 所示。

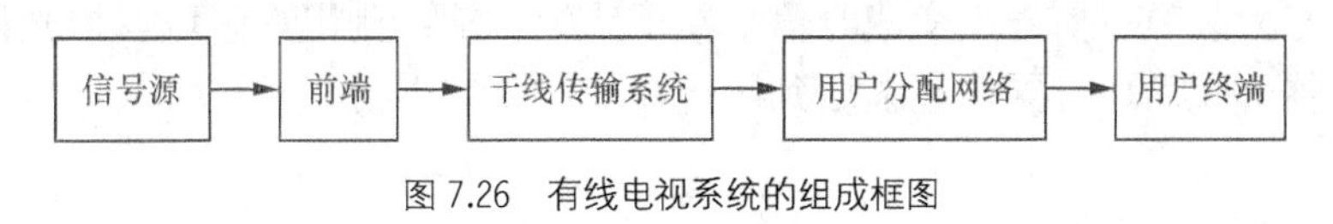

图 7.26 有线电视系统的组成框图

（1）信号源。

信号源是指向前端系统所需的各种信号的设备。有线电视系统的信号源包括卫星地面站接收的数字和模拟的广播电视信号、各种本地电视台发射的广播电视信号、有线电台自办节目及上行的电视信号和数据。

（2）前端。

前端接收来自本地或远地的空中（开路）广播电视节目、上一级有线电视网传输的电视节目、卫星传送的广播电视节目、微波传送的电视节目以及自办节目等，并对这些信号进行接收、加工、处理、组合和控制等处理，主要包括提高载噪比、频道变换、邻频处理、调制与解调、抑制非线性失真、电平调节与控制、混合和产生导频信号。

传统有线电视前端的设备主要有天线放大器、频道转换器、频道处理器、电视调制器、导频信号发生器、混合器等。现代电视的前端由模拟和数字两大部分组成，其中，模拟部分的组成与传统的前端完全一样；而数字部分体现了现代前端的特点，包括了基本业务、扩展业务、增值业务等综合业务的通道，由数字电视和数据信息两个模块构成。

（3）干线传输系统。

干线传输系统是把前端输出的高频电视信号，通过传输媒体不失真地传输给用户分配系统。干线传输系统的主要传输媒介有电缆、光缆和微波等几种。在过去传统的有线电视系统中，干线传输采用同轴电缆。现代有线电视系统采用光缆、微波、光缆+微波和微波+光缆等模式。

（4）用户分配网络。

用户分配网络是有线电视传输系统的最后部分，是把从前端传来的信号分配给千家万户，包括支线放大器、分配器和分支器。不管是传统的有线电视网络还是 HFC 网络都是通过同轴电缆网无源传送给用户设备。

7.5.2 广播电视网的双向改造

目前对有线电视网络的双向改造主要是传输网络和用户分配网络。重点是用户分配接入网络的双向改造。常见的有线电视分配接入网双向改造的方案主要有：CM 方案、EPON 方案和 FTTH 方案。

随着新技术在有线电视网中的应用，有线电视网络从单一的传输广播电视业务扩展到集广播电视业务、HDTV 业务、付费电视业务、实时业务（包括传统电话、IP 电话、电缆话音业务、电视会议、远程教学、远程医疗）、非实时业务（Internet 业务）、VPN 业务、宽带及波长租用业务为一体的综合信息网络。HFC 就是一种宽带综合业务数字有线电视网络新技术。

HFC（Hybrid Fiber－Coaxial）即混合光纤同轴电缆网。是一种经济实用的综合数字服务宽带网接入技术。其核心思想是利用光纤替代干线或干线中的大部分段落，剩余部分仍维持原有同轴电缆不变。其目的是将网络分成较小的服务区，每个服务区都有光纤连至前端，服务区内则仍为同轴电缆网。通常由光纤干线、同轴电缆支线和用户配线网络三部分组成，从有线电视台出来的节目信号先变成光信号在干线上传输；到用户区域后把光信号转换成电信号，经分配器分配后通过同轴电缆送到用户，如图 7.27 所示。

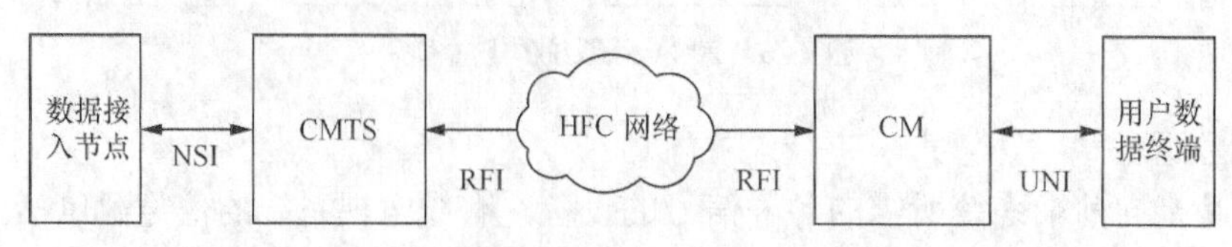

图 7.27 有线电视网络 CM 双向改造方案

7.5.3 广播电视网的发展方向

展望未来，广播电视网络将突破传统电视业务的范围，向着宽带化、交互性和移动性等方向发展，还会在与物联网等新兴技术相结合，产生新的应用。

1. 广播电视网与物联网融合

家庭物联网是下一代广播电视网络（NGB）发展的必然趋势。NGB 的发展目标是，10 年发展 2 亿用户，加速形成与电信网公平竞争的态势。到 2015 年，将有线通信与无线通信结合，使“智慧”家庭发展为家庭物联网，即从数字电视发展成家庭网络。从终端上看，从机顶盒向家庭网关发展，而且逐渐把家庭中的各类娱乐设施，甚至把各类电器、开关、电子产品，通过“新型宽带无线接入技术”连接起来，形成家庭物联网。

NBG 向物联网发展，是广电网必然的发展趋势，为未来广电网络发展提供了一种思路。而有线网络的高宽带、高清呈现能力、安全稳定、可靠等特点，无疑具备了一定的优势。

2. 交互式有线电视

交互式电视又叫作双向电视（Interactive CATV），最早源于互联网络。它指的是一种观众与有线电视公司的节目或信息中心以交互方式提供或交流的系统。该系统是一种采用非对称双向通信模式的新型电视业务。它由电视台或信息中心通过宽频带或高数码率的通道，将一路或多路电视节目送发到终端用户。终端用户通过一个窄带或低数码率的信道查询或检索各种操作信息，反馈到电视台或信息中心，实现交互式功能。

3. CMMB

CMMB 是中国移动多媒体广播的简称，即 China Mobile Multimedia Broadcasting 的英文缩写，是通过卫星和地面无线广播的方式，供七寸以下小屏幕、小尺寸、移动便携的手持类终端如移动通信手机、PDA、MP3/MP4 播放器、数码相机以及笔记本电脑等接收设备，随时随地接收广播电视节目、综合信息和紧急广播服务的系统。中国视听媒体业务形态分类如图 7.28 所示。

CMMB 技术体系是利用大功率 S 波段卫星信号覆盖全国，利用地面增补转发器同频同时同内容转发卫星信号补点覆盖卫星信号盲区，利用无线移动通信网络构建回传通道，从而组成单向广播和双向交互相结合的移动多媒体广播网络。

CMMB 采用具有自主知识产权的移动多媒体广播电视技术，系统可运营、可维护、可管理，具备广播式、双向式服务功能，支持中央和地方相结合的运营体系，具备加密授权控制管理体系，支持统一标准和统一运营，支持用户全国漫游。2007 年年底，“中国移动数字多媒体广播”网络建设全面开始。2008 年上半年，CMMB 完成了包括武汉在内的 37 个城市地面覆盖网第一期建设任务，很多用户通过手机电视等便携多媒体终端观看节目。2010 年上半年，CMMB 已经在全国 302 个城市开通，22 个省级行政单位实现全省开通，完成阶段深度覆盖要求的城市总计 108 个，一般 CMMB 终端均可通过自动搜索功能搜索当地频道。

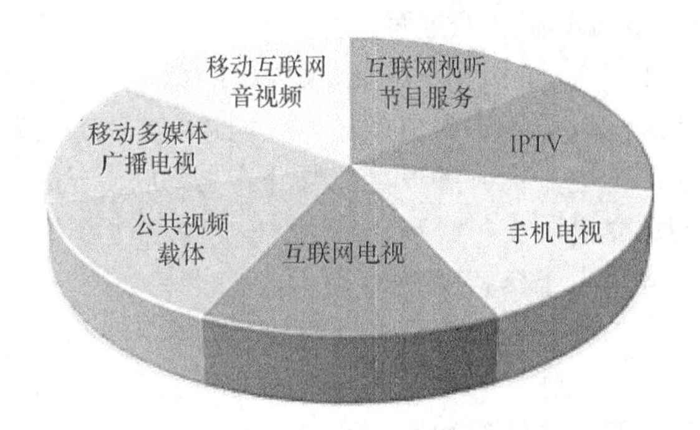

图 7.28 中国视听媒体业务形态分类图

7.5.4 下一代广播电视网的发展近况

在科技部、国家广电总局和上海市政府的支持下，下一代广播电视网（NGB）取得了重大进展。截至 2012 年年底，NGB 示范网络覆盖用户超过 5000 万，双向业务用户超过 1000 万，在示范区全网内基本实现点播、宽带和 IP 电话 3 种交互业务的互连互通。在上海，东方有线网络有限公司建设的 NGB 网络，旨在基本覆盖申城；在北京，歌华有线电视网络股份有限公司于 2013 年 8 月，获国家新闻出版广电总局批准，建立了下一代广播电视网（NGB）融合业务平台实验室。

7.6 专用网络

专用信息网是集信息服务、应用和计算机网为一体的现代通信网络，是由电信网和计算机网共用形成的有机整体。从网络的物理结构上看，它由现代通信系统组成；从点线组成网的规律上分析，专用网与公用网的传输线没有区别，都采用两种传输方式（介质），即采用电缆或光纤的有线传输方式，也可用其他金属线如电力线等；另一种为无线传输方式（电磁波或红外光波）。但在节点或端点方面存在着区别，而区别较大的是用户终端即端节点。专用信息网的端节点不只局限于固定电话、手机、电视机、计算机等，而是扩展到工作平台，如传感器、检测仪器仪表、监控显示设备、控制器、驱动器、执行器以及其他用来完成或处理特殊业务或特殊功能的终端设备。

专用信息网一般不是面向公众的用户服务，而是面向机器或设备这些特殊用户。

1. 电子政务

电子政务是在现代计算机、网络通信等技术支撑下，政府机构日常办公、信息收集与发布、公共管理等事务在数字化、网络化的环境下进行的国家行政管理形式。它包含多方面的内容，如政府办公自动化、政府部门间的信息共建共享、政府实时信息发布、各级政府间的远程视频会议、公民网上查询政府信息、电子化民意调查和社会经济统计等。

电子政务最重要的内涵是运用信息及通信技术打破行政机关的组织界限，构建一个电子化的虚拟机关，使得人们可以从不同的渠道获取政府的信息及服务，而不是传统的经过层层关卡书面审核的作业方式；而政府机关间及政府与社会各界之间也是经由各种电子化渠道进行相互沟通，并依据人们的需求、可以使用的形式、要求的时间及地点，提供各种不同的服务选择。从应用、服务及网络通道3个层面，进行电子政务基本架构的规划。

电子政务的应用将主要体现在以下方面。

- 电子商务：在以电子签名（CA）等技术构建的信息安全环境下，推动政府机关之间、政府与企业之间以电子资料交换技术（EDI）进行通信及交易处理。
- 电子采购及招标：在电子商务的安全环境下，推动政府部门以电子化方式与供应商联系，进行采购、交易及支付处理作业。
- 电子福利支付：运用电子资料交换、磁卡、智能卡等技术，处理政府各种社会福利事务，直接将政府的各种社会福利金支付给受益人。
- 电子邮递：建立政府整体性的电子邮递系统，并提供电子目录服务，以增进政府之间及政府与社会各部门之间的沟通效率。
- 电子资料库：建立各种资料库，并为人们提供方便的网络获取方式。
- 电子公文：公文制作及管理电脑化作业，并透过网络进行公文交换，随时随地取得政府资料。
- 电子税务：在网络或其他渠道上提供电子化表格，为人们提供从网络上报税的功能。
- 电子身份认证：以一张智能卡集合个人的医疗资料、个人身份证、工作状况、个人信用、个人经历、收入及缴税情况、公积金、养老保险、房产资料、指纹等身份识别信息，通过网络实现政府部门的各项便民服务程序。

在各国积极倡导的“信息高速公路”的应用领域中，“电子政府”被列为第一位，可见政府信息网络化在社会信息网络化中的重要作用。在政府内部，各级领导可以在网上及时了解、指导和监督各部门的工作，并向各部门做出各项指示。这将带来办公模式与行政观念上的一次革命。在政府内部，各部门之间可以通过网络实现信息资源的共建共享联系，既提高办事效率、质量和标准，又起到节省政府开支等作用。

2. 电力信息网

实现了电力信息化，建设了高效能、高质量的宽带多用途电力信息网络，以实现其信息化的电力。它是基于网络化的电力生产、电力控制和电力市场，集办公、语音等信息服务为一体的专用宽带信息网络。主干网主要由SDH光传输系统自愈环网组成。

电力信息城域网是电力信息通信骨干网络在各地市覆盖范围内的延伸，主要用于地区多种电力信息业务的承载，是“信息网络化、业务流程化”的基础，具有信息化神经末梢的作用。从组网功能结构上可分为：核心层、汇聚层、接入层。为了满足电力信息安全防护的要求可以使用 MPLS VPN 技术隔离各种业务，各业务网络共用同一套物理网络，但是逻辑上相互独立，这样既有利于各种业务的开展，也使得网络管理更加方便。

2010年9月12日，由重庆市电力公司科技信息部主办，该公司下属信通公司、江北供电局、杨家坪供电局和超高压局参与的首次“信息广域网联合应急、远程指挥”的演习在公司应急指挥中心成功举行。应急指挥中心模拟广域网通道上信息业务中断，并采用应急指挥通道与故障单位取得联系，同时80186信息服务热线对故障单位进行语音公告。重庆市指挥中心将备用交换机投入运行消除了故障。江北供电局 ATM 主通道中断并发现病毒爆发阻塞网络通道，江北供电局针对病毒源采取隔离措施，成功排除所有故障，公司广域网通道恢复正常。这次广域网故障演习，改变了以前广域网故障排除各自为阵的局面，取而代之的是先进的远程统一指挥协作，故障集中监控，标志着重庆电力信息网在信息系统运行调度中发挥了出了应有的作用。

2011 年之后的 5 年里，电力行业信息化应用系统投资规模增速一直都在 20%以上。

3. 交通信息网

智能交通系统（ITS）是兼有陆地和空中的指挥、监视、调度、话音为一体的主体信息网。例如城市交通监控网、高速公路信息网、GPS 等卫星导航系统、交通管理信息网等。

近年来，各地都在不遗余力地推进智能交通的建设，并将它作为发展的重要目标。北京市规划投资 56 亿提升智能交通。上海市在世博会结束后，力争把世博会期间的交通信息共享机制和交通协调机制延续下去，整合各部门的相关交通信息，经过智能处理后，给广大市民出行带来更多帮助。深圳市的智能建设与北京、上海等城市相比起步较晚 ，为此，在“十二五”期间，深圳市拟投入 16 亿元资金，用以发展智能交通体系，包括 2 亿元的科研经费，以及 14 亿元的建设资金投入。

而在重庆，2013 年 12 月启动了“重庆市交通公众出行服务网”（http://cx.cqjt.gov.cn/）和“重庆市交通网上办事大厅”。与“掌上交通”手机客户端、交通广播、重庆交通微博微信、交通服务热线共同构成五位一体的信息化服务网络。市民不仅能在网上直观查询到实时路况、火车余票等交通信息，还能享受到网上购票、失物招领等便民服务，并且每五分钟更新一次。

4. 工厂自动化网络体系结构

工业自动化系统中广泛采用工业控制计算机、可编程控制器、可编程调节器、采用嵌入式技术的智能设备等进行自动化生产，图 7.29 所示为企业内部网络结构。由于工业现场的特殊性，对网络往往有其特殊的要求。

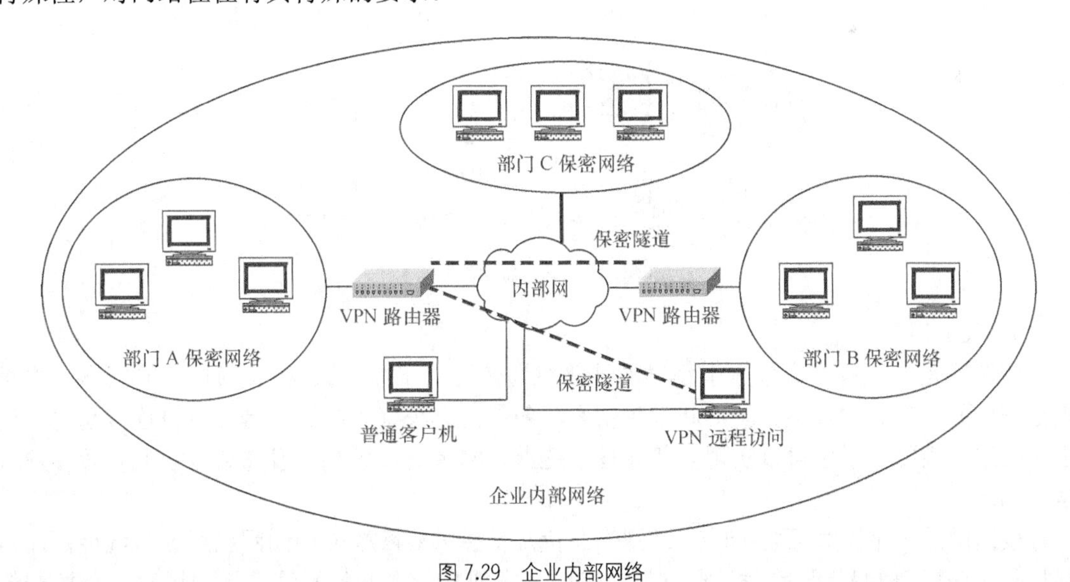

图 7.29 企业内部网络

预估在未来五年，工业用无线传感器网络的传感器安装点将达到 2400 万，爆发 5.53 倍的成长。无线传感器网络的快速成长受益于其可靠度符合大多数工业级应用的需求，工业系统专用的无线传感器网络标准问世，以及无线传感器网络的效益逐渐受到重视与了解。在整合芯片解决方案的价格日趋亲民化后，各种无线传感器网络的全新用途、解决方案和应用纷纷推出，不仅为许多产业带来庞大的效益，同时也逐渐从本质上改变不同产业一贯的运作方式。基于未来广阔的市场前景，我国政府在国家“十一五”规划和《国家中长期科技发展规划纲要》中将“传感网络及信息处理”列入其中，国家 863、973 计划中也将无线传感器网络（Wireless Sensor Network，WSN）列为支持项目。此外国家自然科学基金、各省市和大型企业等也都有资助，为 WSN 的快速发展创造了条件。

同时，无线产品价格的下降，也促进了企业将有线网络转化为无线网络，或两者同时使用，图 7.30 所示为一个工业信息网络。尤其是在现在的经济形势下，无线网络的初期投入要低于有线网络。例如，一个污水处理厂从离中控室几百米的地方汲水，用无线网络能节省大量的费用。还有“状况监视”，应用无线网络也能减少部件费用，例如用于监视旋转功能的集电环在无线条件下就无须购买，可以用一个无线传感器代替。因此，许多工厂开始专门定制适合工厂环境下的坚固耐用的无线产品。这些公司通过选用正确的基础设施和无线技术，提高其工业网络的性能。至 2013 年，全球工厂自动化中的无线通信系统应用每年增加约 40%。无线技术将是下一个技术腾飞的基础，能够大大提升工厂效能与保证用户的安全。

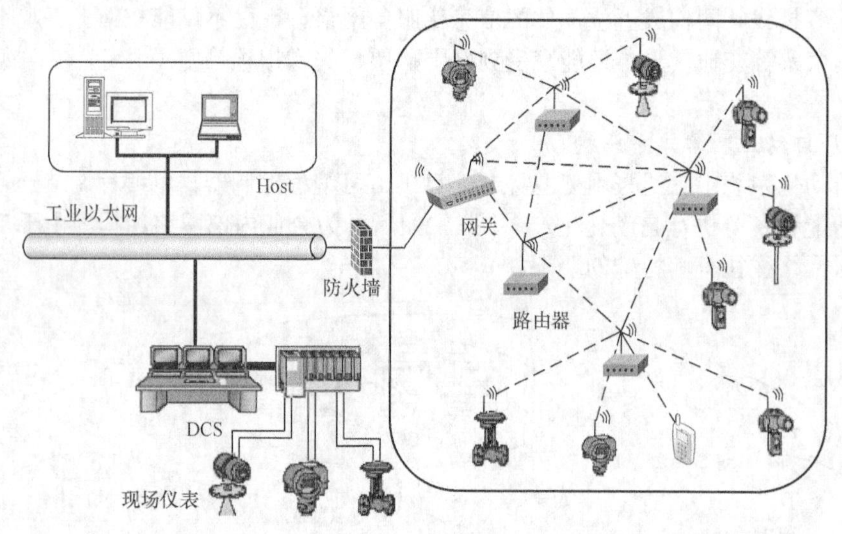

图 7.30　工业信息网络

5. 校园网

校园网是广泛建立在各大中小学的计算机通信网（千兆以太网）。通过校园网络，将学校范围内的教室、实验室、教师和学生宿舍、各部门办公室等的数千台计算机连接起来，通过该网络，教师和学生可以实现学籍管理、选课、网上查阅资料、发布或查看通知等各项教学活动。

校园网是一个庞大而复杂的局部网络，特别是各大专院校的校园网已经非常健全，通常都加入中国教育和科研计算机网（CERNET），实现高校之间的互连互通。同时，高校一般还会选用第二条带宽出口，通常为当地的运营商（如：联通、电信等）。上国内站点或教育网站点时，使用 CERNET 出口；上国际站点时，使用运营商出口。

以上海为例，在上海的众多高校中，同济大学和华师大的网速水平应该是属于前列的，因为校方较早和运营商合作，在校园中建设了光纤宽带网络。同济大学，使用光纤宽带的学生用户比例在上海高校中数一数二，2012 年运营商主要提供的 10M 宽带，2013 年则提升至 20M。而复旦大则在 2013 年 12 月，对学校园网出口进行改造，进一步优化和提升了网络功能，为全校近 3 万在校学生和 5800 名教职工提供将近 10Gb/s 的流量服务。

在 2013 年 8 月召开的“2013 年中国互联网大会开幕式”上，工信部副部长尚冰表示：我国的高校校园网已经实现了 IPv6 的全部覆盖，是下一代互联网建设取得长足的发展的进一步体现。

同时，我国近 3000 万的在校大学生，也是网购大军的重要力量，是在线购物增长最快的群体之一。早在 2009 年，百度旗下网络购物平台“有啊（youa.com）”，就已开始针对校园网提供“分流优化”服务，使得在教育网内直接访问该网站的速度，与外网几乎一模一样，远快于此前通过电信或网通中转访问的速度，大大提升了教育网用户尤其是大学生群体的网购体验。

90 后大学生也是移动互联网产品最庞大的用户群体。86% 的 90 后大学生通过手机上网，其次才是笔记本电脑和台式机电脑，分别是 79%和 40%。相比之下，普通网民只有 66%使用移动设备接入互联网。90 后大学生在移动互联上所花的时间是一般城市居民所花的时间的 2 倍。2013 年 5 月，360 公司的随身 wifi 产品（插入一台联网电脑后，就能自建 wifi 环境，直接接入多台移动终端）推出了“可以完美运行随身 wifi 的百所高校校园网名单”，不仅解决了校园网的 wifi 环境问题，还立志于实现无线传输、体感操作、远程触控等多项功能，颠覆大学生的无线生活。

7.7 支撑网

支撑网保障了业务网的正常运行、增强网路功能、提高网络服务质量，通过传送相应的监测、控制和信令等信号，对网络的正常运行起支持作用。

根据所具有的不同的功能，支撑网可分为信令网、同步网、电信管理网，如图 7.31 所示。信令网用于传送信令信号；同步网用于提供全网同步时钟；管理网则利用计算机系统对全网进行统一管理。

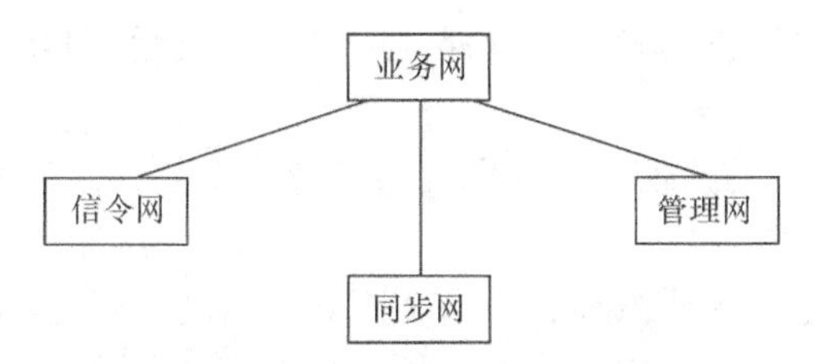

图 7.31 现代通信网的构成示意图

7.7.1 信令网

在固定电话网中，信令网就是由完成一次通信接续必需的各种信号所构成的信号系统，专门用来实现网路中各级交换局之间的信令信息的传递。图 7.32 所示为固定电话中的电话接续基本信令流程。

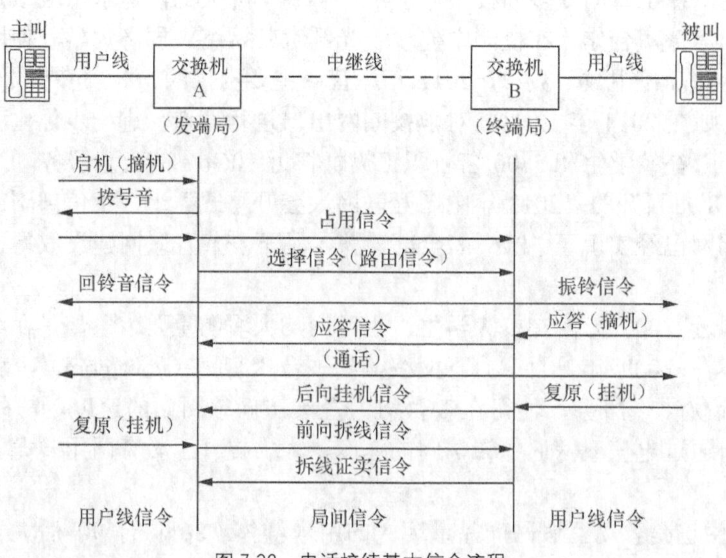

图 7.32　电话接续基本信令流程

1. 按信令工作区域划分

用户信令是用户与交换机之间的信令，它们在用户线上传输，完成用户与交换机之间的交流。如用户摘机后，交换机向用户送拨号音，表示用户可以开始拨号；用户拨完号码后交换机向用户送回铃音，表示已经接通被叫；若此时交换机送来的是忙音，则表明因为网络链路忙或者被叫正在通话而未接通被叫；通话完毕后交换机向用户发送忙音，以提示用户挂机，若用户一直不挂机，3 分钟后交换机再送更高频率的刺耳的声音，以催促用户挂机等。

2. 按信令的功能划分

按信令的功能划分可分为三大类：线路信令、选择信令、管理信令。

① 线路信令又称为监视信令，它是用来监视、检测或改变线路上呼叫状态和条件，以控制线路接续的进行。如用户的忙闲状态；线路被占用后，从空闲状态变为占用状态；线路释放后又从占用状态变为空闲状态，以指示其他用户可以使用该线路。

② 选择信令主要是主叫用户送出的数字信号，如被叫用户的号码，提供给交换机用来选择路由。

③ 管理信令用于网络维护与管理，以保证网络的有效运行和顺利可靠的接续。

3. 按信令技术划分

按信令技术划分可分为随路信令方式和公共信道信令方式。信令网是具有多种功能的业务支撑网，主要用途：

① 电话网的局间信令，完成本地、长途和国际的自动、半自动接续；

② 电路交换网的局间信令，完成本地、长途和国际的自动数据接续；

③ ISDN 网的局间信令，完成本地、长途和国际的电话的各种接续；

④ 智能网信令，信令网可以传送与电路无关的各种信令信息，完成信令业务点（SSP）和业务控制点（SCP）间的对话，开放各种用户补充业务。

流控制传输协议（Stream Control Transmission Protocol，SCTP）是一种可靠的传输协议，它在两个端点之间提供稳定、有序的数据传递服务（非常类似于 TCP），并且可以保护数据消息边界（例如 UDP）。然而，与 TCP 和 UDP 不同，SCTP 是通过多宿主（Multi-homing）和多流（Multi-streaming）功能提供这些服务的，这两种功能均可提高可用性。

SCTP 实际上是一个面向连接的协议，但 SCTP 偶联的概念要比 TCP 的连接具有更广的概念，SCTP 对 TCP 的缺陷进行了一些完善，使得信令传输具有更高的可靠性，SCTP 的设计包括适当的拥塞控制、防止泛滥和伪装攻击、更优的实时性能和多归属性支持。

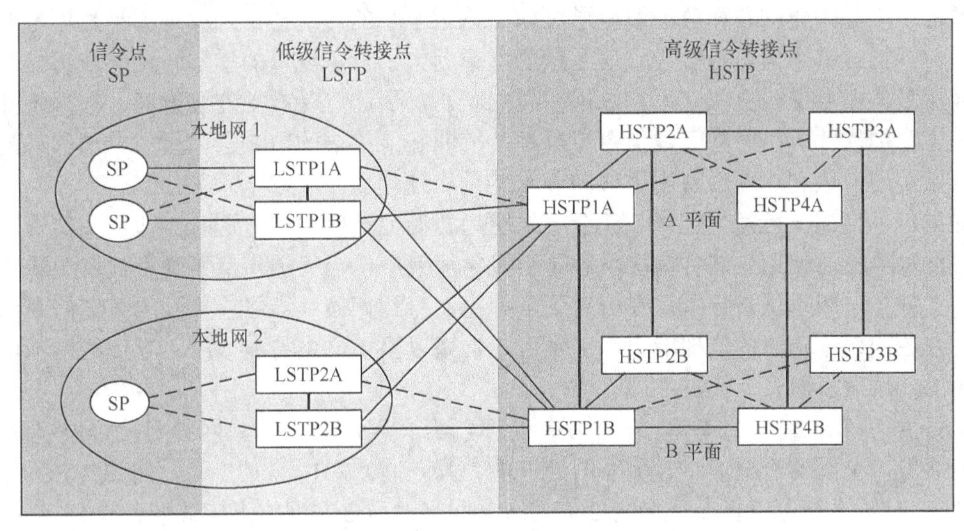

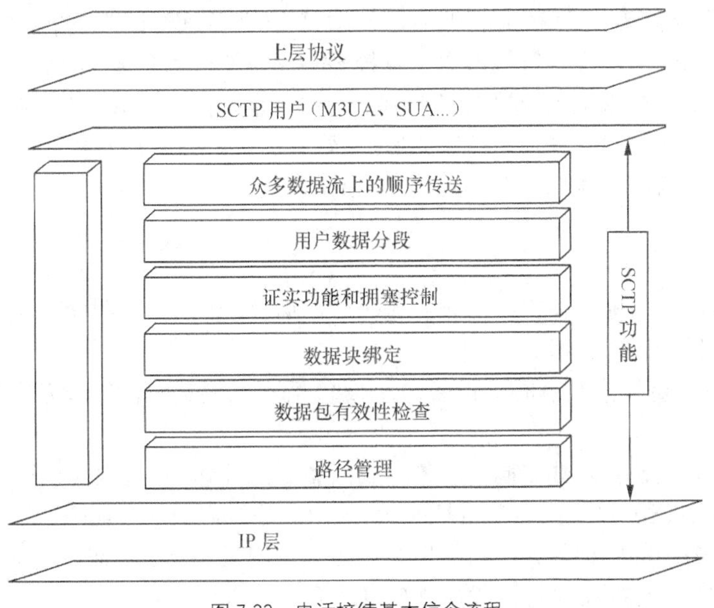

图 7.33 电话接续基本信令流程

4. 信令网市场的调整

随着本地电话网络向 IP 化演进，信令网也向着 IP 迈出大步。例如，烟台联通就在 2013 年 12 月，经过数月本地及长途信令网的优化调整工作之后，在山东省率先完成了 LSTP 退网改造工作。将 NO.7 信令转接功能由能够承载下一代网路信令的 SG7000 替换，累计调整割接信令点 40 个，开通信令链路 48 条。与改造前相比，不仅退网了两个能耗较高的传统 LSTP 交换机，实测下电流 120A，年节约电费 5.6 万元，而且使网络结构更加简洁高效，信令网络处理能力更高。

同时，一场“微信导致了信令风暴”的讨论也在今年展开。因为在只有语音和短信的时代，信令通道是够用的。但如今的微信等业务为了保持永远在线的状态，各种应用客户端会与服务器之间定时通信，告知对方自己的状态。这种定时发送，类似于心跳，所以每次发送的命令，被形象地称为“心跳包”。微信只要登录就时刻在发出“心跳信号”，实际上占用了信令通道。流量的建立和释放一般是通过信令信道承载的，这会带来大规模小数据量的频繁交互，大量消耗信令信道资源导致信令量的增幅远大于业务流量的增幅。这些应用会周期性地向应用服务器发送报文保证用户永远在线的状态，引起已释放的连接重建。根据统计，智能终端上这类软件所引发的无线信令流量是传统非智能终端的 10 倍以上。中国移动的数据显示，微信用户达到 3 亿后占用了移动 60%的信令通道。

如果信令信道一旦发生拥塞，就会导致空口资源的调度失控。这时，即便空口资源是空闲的，终端也无法使用。这种情况很容易引发雪崩效应，当终端申请不到空口资源或链接不上网络，就会不断重试，导致信令信道更加拥塞，直到瘫痪。当网络收到的终端信令请求超过了网络各项信令资源的处理能力，引发网络拥塞以至于产生雪崩效应，导致网络不可用，称之为“信令风暴”。

从技术上看，2G、2.5G 系统的信令处理能力有限。3G、4G 网络对信令支持能力较强，网络覆盖全面的情况下，对信令的处理能力强一些。2012 年 12 月，腾讯 CEO 马化腾回应道：“对信令的占用更多是传统 2G、2.5G 网络，而 3G 网络上应该游刃有余。”在网络优化中，三大运营商为了缓解流量压力，一直实施“多重建网”的模式，将 2G、3G、WLAN 及 4G 作为一张网进行统筹考虑，发挥多种网络制式各自的优势，相辅相成，尽力为用户提供高数据业务需求服务，提高用户感知。由于现阶段，公共 WiFi 网络速度不理想，微信等 OTT 业务的信令处理压力全都落到了运营商头上，但运营商表示：“解决现有的信令通道问题，4G LTE 就能够解决。”

7.7.2 同步网

同步网是保障数字通信网中各部分协调工作所必需的。数字网中相互连接的设备上，其信号都应具有相同的时钟频率。

同步网设备主要是指节点时钟设备，主要包括独立型定时供给设备和混合型定时供给设备。

独立型节点时钟设备是数字同步网的专用设备，主要包括：各种原子钟、晶体钟、大楼综合定时系统（BITS）以及由全球定位系统（GPS 等）组成的定时系统。混合型定时供给设备是指通信设备中的时钟单元，它的性能满足同步网设备指标要求，可以承担定时分配任务，如交换机时钟，数字交叉连接设备（DXC）等。

对于同步网的网同步方式有主从同步和互同步方式。我国同步网采用等级主从同步方式，并采用四级结构。

1. 帧同步

在数字信息传输过程中，要把信息分成帧，并设置帧标志码，因此，在数字通信网中除了传输链路和节点设备时钟源的比特率应一致（以保证比特同步）外，还要求在传输和交换过程中保持帧的同步，称为帧同步，如图 7.34（a）所示。帧同步就是在节点设备中，准确地识别帧标志码，以正确地划分比特流的信息段。要正确识别帧标志码一定要在比特同步的基础上。如果每个交换系统接收到的数字比特流与其内部时钟位置的偏移和错位造成帧同步脉冲的丢失，这就会产生帧失步，产生滑码。为了防止滑码，必须使两个交换系统使用某个共同的基准时钟速率。

2. 主从同步方式

主从同步方式是在网内某一主交换局设置高精度和高稳定度的时钟源，并以其作为主基准时钟的频率，控制其他各局从时钟的频率，也就是数字网中的同步节点和数字传输设备的时钟都受控于主基准的同步信息，如图 7.34（b）所示。所有时钟都跟踪于某一基准时钟，通过将定时基准从一个时钟传给下一个时钟来取得同步。

① 直接主从。

② 等级主从同步方式。

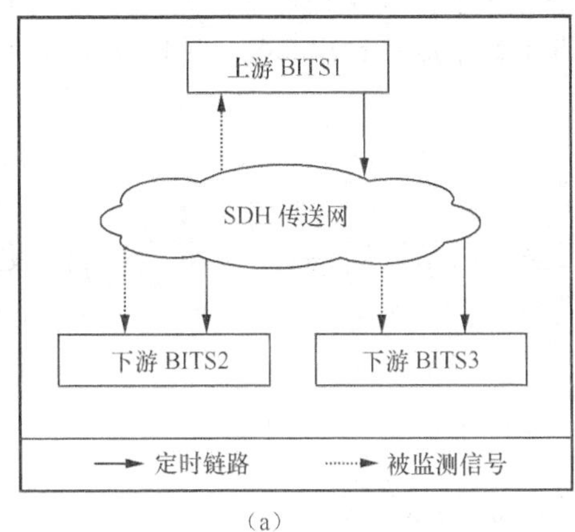

（a）

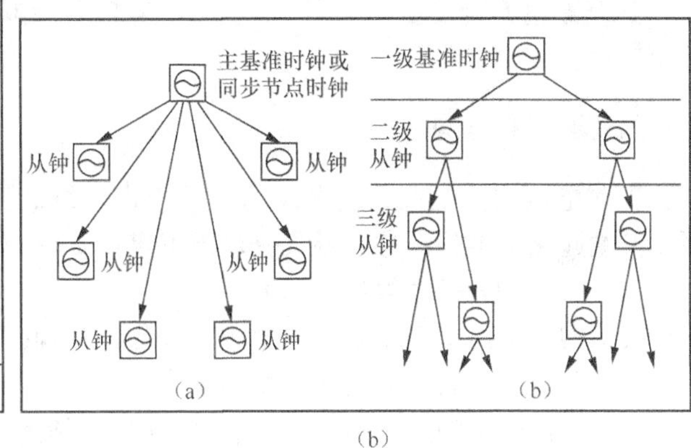

（b）

图 7.34 帧同步（a）和主从同步方式（b）

主从同步方式中的时钟源，关系到国家核心利益，因此发达国家纷纷加大投入研制改进了一代又一代的原子钟。据 2013 年 10 月《中国科学报》报道的最新数据，中国计量科学研究院（NIM）自主研制的“NIM5 号可搬运激光冷却铯原子喷泉钟”精度可达 10^{-15}，即 3000 万年不差 1 秒，为中国北斗卫星的地面时间系统提供了精确的计量支持。

3. 互同步方式

互同步方式是在网内不设主时钟，由网内各交换节点的时钟相互控制，最后调整到一个稳定的、统一的系统频率上，实现全网时钟同步。

对于大铯钟这样的一级时间标准，世界上只有少数几个国家的时频实验室拥有，而且，有的还不能长期可靠地工作。但是，对于世界上大多数没有大铯钟的实验室也可以有自己的时间尺度。这些数字网中，虽然没有特定的主节点和时钟基准，但可以用网中每一个节点的本地时钟通过锁相环路受所有接收到的外来数字链路定时信号的共同加权控制。因此节点的锁相环路是一个具有多个输入信号的环路，而相互同步网是将多输入锁相环相互连接的一个复杂的多路反馈系统。在相互同步网中各节点时钟的相互作用下，如果网络参数选择得合适，网中所有节点时钟最后将达到一个稳定的系统频率，从而实现了全网的同步工作。

通常用多台商品型铯钟构成平均时间尺度，小铯钟越多，时间尺度的稳定性就越好。有了这样高稳定度的时间尺度，也可以满足国防、科研、航天等方面的急需。例如我们的“国家授时中心”目前就是通过用 23 台铯原子钟和 3 台氢原子钟组成的“守时钟组”，并通过卫星与世界各国授时部门进行实时比对，用以作为我们的地方原子时尺度，其稳定度为 10^{-14}。国外有的实验室甚至有几十、乃至几百台小铯钟。

4. 同步网络的市场发展

随着 TD-LTE 牌照的发放，运营商掀起了 4G 产业的投资热潮，这也将惠及到上下游公司，包括同步网。据工信部预测，4G 网络前期建设拉动的，高达 5000 亿的投资中，传输网的投资占比约为 8%，其主要设备中就包括了干线传输网、接入传输网和同步网；除了主设备外，核心网的设备将占据最大市场份额，投资占比大概为 10%；支撑网和业务网的投资占比分别为 7%和 5%。

世界各地的科学家还为同步网的核心设备，研制了镱、铝、汞和锶等原子钟。2013 年 8 月，NIST 宣布利用稀土元素"镱"创造出迄今最精确的原子钟，误差仅为 10^{-18}，比铯原子钟稳定 100 倍，比石英腕表稳定 100 亿倍，如果它从宇宙诞生之初就开始"滴答"走动，到今天也不会发生 1 秒的误差。人们甚至计划将"太空原子钟组合"（ACES）带上国际空间站。

7.7.3 管理网

当前电信网正处在迅速发展的过程中，网络的类型、网络提供的业务不断地增加和更新，归纳起来，电信网的发展具有以下特点：

（1）网络的规模变得越来越大；

（2）网络的结构变得复杂，形成一种复合结构；

（3）各种提供新业务的网络发展迅速；

（4）在同一类型的网络上存在着由不同厂商提供的多种类型的设备。

电信管理网（Telecom Management Network，TMN）是对各类型电信网的管理，TMN 从三个方面定界电信网络的管理，即管理业务、管理功能和管理层次。图 7.35 所示为电信管理网的结构。

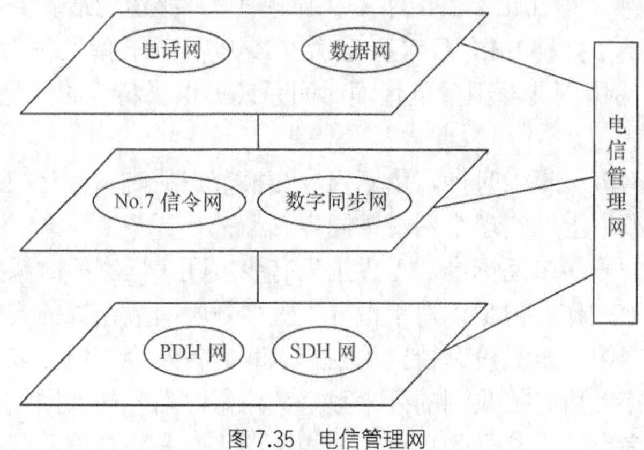

图 7.35 电信管理网

1. 电信管理网（TMN）管理功能的逻辑层次模型

（1）事务管理层：事务管理层是 TMN 的最高功能管理层，这一层的管理通常是由最高管理人员介入。

（2）业务管理层：按照用户的需求来提供业务，对用户的意见进行处理，对服务质量进行跟踪并提供报告以及与业务相关的计费处理等。

（3）网络管理层：其功能是对各网元互联组成的网络进行管理，包括网络连接的建立、维持和拆除，网络级性能的监视，网络级故障的发现和定位，通过对网络的控制来实现对网络的调度和保护。

（4）网元管理层：网元管理层负责对各网元进行管理，包括对网元的控制及对网元的数据管理，如收集和预测处理网元的相关数据等。

（5）网元层：网元层是管理对象的接口（与物理资源的接口）。

网元管理系统（EMS）是管理特定类型的一个或多个电信网络单元（NE）的系统。一般来说，EMS 管理着每个 NE 的功能和容量，但并不管理网络中不同 NE 之间的交流。

网元：由一个或多个机盘或机框组成，能够独立完成一定的传输功能。

2. 电信管理网（TMN）的管理

（1）性能管理：性能管理是对网络的运行管理，包括性能监测、性能分析和性能控制。

（2）故障管理：故障管理可以分为故障检测、故障诊断和定位以及故障恢复。

（3）配置管理：配置管理对网络中通信设备和设施的变化进行管理，例如通过软件设定来改变电路群的数量和连接。

（4）计费管理：计费管理部分首先采集用户使用网络资源的信息（例如通话次数、通话时间、通话距离），然后，把这些信息存入用户帐目日志以便用户查询，同时把这些信息传送到资费管理模块，以使资费管理部分根据预先确定的用户费率计算出费用。

（5）安全管理：安全管理的功能是保护网络资源，使网络资源处于安全运行状态，安全是多方面的，例如有进网安全保护、应用软件访问的安全保护、网络传输信息的安全保护等。

电信技术的飞速发展、电信业务的不断丰富使电信网规模越来越大、设备种类越来越多，为了降低成本，运营商在网络中引入了多厂家设备，从而使网络越来越复杂，为使网络可以快速、灵活、可靠、高质量地向用户提供电信业务，就需要利用先进的技术和高度自动化的管理手段进行网络管理。管理网作为电信支撑网的一个重要的组成部分，建立在传送网和业务网之上，并对通信设备、通信网络进行管理。

7.8 三网融合

现代通信网主要有电信网、广播电视网和计算机网 3 种类型。三网融合是指电信网、计算机网和广播电视网三大网络通过技术改造，能够提供包括语音、数据、图像等综合多媒体的通信业务。“三网融合”是为了实现网络资源的共享，避免低水平的重复建设，形成适应性广、容易维护、费用低的高速宽带的多媒体基础平台。

三网融合从概念上可以从多种不同的角度和层面去观察和分析，至少涉及技术融合、业务融合、市场融合、行业融合、终端融合、网络融合乃至行业规制和政策方面的融合等。所谓三网融合实际是一种广义的、社会的说法，从分层分割的观点来看，目前主要指高层业务应用的融合。主要表现为技术上趋向一致，网络层上可以实现互联互通，业务层上互相渗透和交叉，应用层上趋向使用统一的 TCP/IP，行业规制和政策方面也逐渐趋向统一。融合并不会减少选择和多样化，相反，往往会在复杂的融合过程中产生新的衍生体。三网融合不仅是将现有网络资源进行有效整合、互联互通，而且会形成新的服务和运营机制，并有利于信息产业结构的优化，以及政策法规的相应变革。融合以后，不仅信息传播、内容和通信服务的方式会发生很大变化，企业应用、个人信息消费的具体形态也将会有质的变化，如图 7.36 所示。

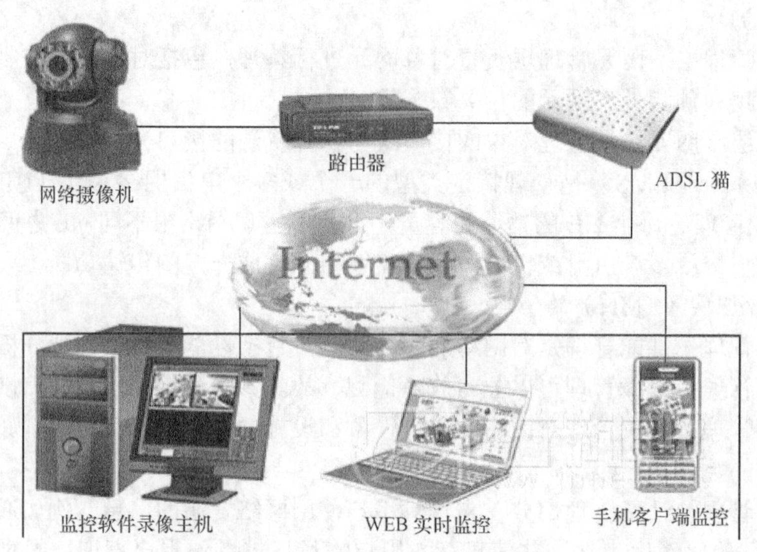

图 7.36　三网融合后的业务趋势

从三网融合的提出到现在，全球许多国家的政府、相关的管制部门都在做着不同的尝试，通过政策、制度以及管制框架上的变革来解决实现三网融合面临的诸多问题。一个明显的趋势就是一些国家把电信和广播在传输上的管制职责集中到一个管制实体中。目前有 6 个国家（美国、英国、日本、意大利、加拿大、澳大利亚）成立统一的监管机构。国外的三网融合是一个渐进的过程，三网融合的难点在于电信网和有线电视网的融合，这两个行业从最初严格的禁入，到现在 19 个国家已经实现了两个行业的双向进入。

中国三网融合的提出是在 2001 年 3 月 15 日通过的“十五计划”纲要中，第一次明确提出“促进电话网、电视网、互联网的三网融合”，这是国家在资源整合、互联互通上一个重要里程碑。随后的几年，国家相关部门相继启动此项工作。2006 年 3 月 14 日的十一五规划纲要中，再度提出“积极推进三网融合”，即建设和完善宽带通信网，加快发展宽带用户接入网，稳步推进新一代移动通信网络建设；建设集有线、地面、卫星传输于一体的数字电视网络；构建下一代互联网，加快商业化应用；制定和完善网络标准，促进互联互通和资源共享。

2010 年 7 月 1 日，国家发布第一批三网融合试点城市名单，深圳市名列其中。明确指出，三网融合要按照先易后难、试点先行的原则，选择有条件的地区开展双向进入试点，并将在 2010～2012 年重点开展广电和电信业务双向进入试点。这对于三网融合产业链上的众多通讯设备制造商和终端商来说，无疑意味着巨大的商机。

2011 年 3 月，第十一届全国人民代表大会第五次会议在人民大会堂开幕，温家宝总理表示，2012 年将加快转变经济发展方式，促进产业结构优化升级。发展新一代信息技术，加强网络基础设施建设，推动三网融合取得实质性进展。自前年三网融合第一批试点城市名单确定，经过 1 年多的发展，2012 年 1 月，国务院公布了第二阶段试点城市总计 42 个，标志着三网融合进入规模试点阶段。2013 年 8 月，国务院发布的《国务院关于促进信息消费扩大内需的若干意见》中指出："加快电信和广电业务双向进入，在试点基础上于2013年下半年逐步向全国推广。"被媒体称为三网融合的进展将进入"深水区"。2013年12月，新华网报道了郑州移动、河南有线郑州分公司签约宣布启动三网融合，实现"上网看电视打电话一根线就搞定"，并在一些小区试点推行。

英国电视行业研究机构（Digital TV Research）在2013年底公布了《三网融合预测》（Triple-Play Forecasts），报告中指出，电信和有线电视运营商正向其网络投入巨资，旨在将旗下用户升级至三网融合模式，而这些运营商将在不久后获得这些投资所创造的丰厚回报。三网融合收入早在2009年就已经超过单独的电视收入，2008年占用户总收入的36%，2012年占52%，而2018年预计能占70%。其中，美国将在2018年占全球三网融合总收入的42%。其他推行三网融合的97个国家/地区中，用户收入将从2012年的800亿美元大增至2018年的1440亿美元。2008年三网融合用户有3亿，2012年有2.39亿，2018年预计达3.33亿。中国的三网融合用户将从2012年900万增至2018年的1.15亿，约占全球总量的34%。电视收入将从2013年开始下降，原因包括用户都纷纷采用三网融合模式，以及有线和DSL/光纤网络运营商也在其他平台激烈竞争的影响下开始提供低价服务。

思 考 题

7.1 通信的地位和作用？

7.2 通信的发展经历了那几个阶段？

7.3 通信的根本目的是什么？

7.4 传输方式的种类有哪些？

7.5 简述信息网络拓扑结构类型及其特点。

7.6 简述目前我国长途网的结构。

7.7 简述数据通信系统的构成及主要业务。

第8章 通信业务

8.1 通信业务的分类

通信业务分为基本业务和增值业务两大类。基本业务是指电信网本身普遍提供的业务，如电话网上的电话业务，电报网上的电报业务等。基本业务又分为两类。

第一类基本业务包括：固定通信业务，蜂窝移动通信业务，第一类卫星通信业务，第一类数据通信业务。

第二类基本业务包括：集群通信业务，无线寻呼业务，第二类卫星通信业务，第二类数据通信业务，网络接入业务，国内通信设施服务业务，网络托管业务。

相对基本业务而言，增值业务是在增值网上开放的业务。其中，“增值”是一个经济学名词，指的是产品的成本减去产品的原材料采购成本。增值业务是指凭借已有公用网络的资源和其他通信设备而新开发出来的附加通信业务，其实现的价值使原有网络的经济效益或功能价值增高，故称之为增值业务。

8.2 电话业务

电话业务是指语音电话业务，是通信的主要业务，但随着计算机的发展和数据通信的需求增加，语音电话业务的比重越来越低，但这只是业务多样化后带来的比重变化，而不是绝对数量的变化。语音业务最基本的要求就是对时延要求高，若时延过大，人与人之间的交流就不顺畅。电话业务包括本地电话业务、国内长途电话业务、国际长途电话业务、IP 电话业务。

1. *本地电话业务*

本地电话业务是指通过本地电话网在同一个长途电话编号区范围内提供的电话业务（见图 8.1）。

本地电话业务包括以下主要业务类型。

（1）端对端的双向话音业务。

（2）端对端的传真业务和中、低速数据业务（如短消息业务）。

（3）呼叫前转、三方通话、主叫号码显示等补充业务。

（4）经过本地电话网与智能网共同提供的本地智能网业务。

（5）基于ISDN的承载业务。

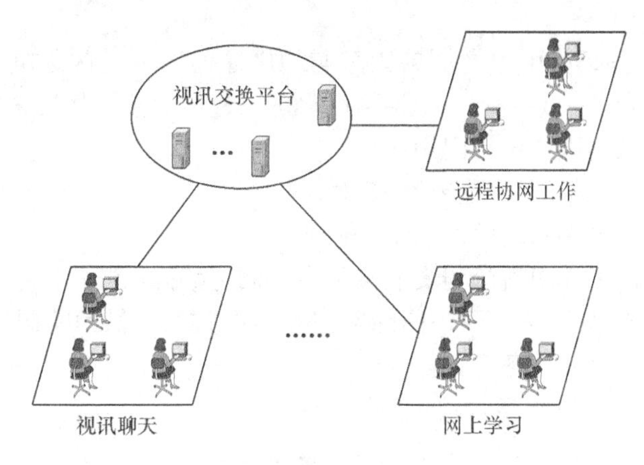

图8.1　常见的本地电话业务

2. 国内长途电话业务

国内长途电话业务（见图8.2）是指通过长途电话网（包括ISDN网），在不同长途编号区，即不同的本地电话网之间提供的电话业务。某一本地电话网用户可以通过加拨国内长途字冠和长途区号，呼叫另一个长途编号区本地电话网的用户。

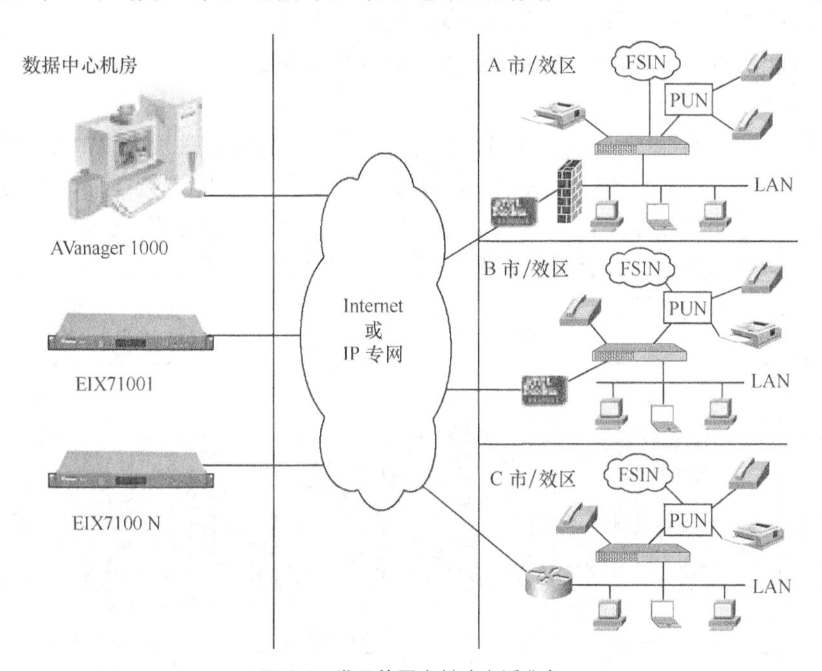

图8.2　常见的国内长途电话业务

国内长途电话业务包括以下主要业务类型。

（1）跨长途编号区的端对端的双向话音业务。

（2）跨长途编号区的端对端的传真业务和中、低速数据业务。

（3）跨长途编号区的呼叫前转、三方通话、主叫号码显示等各种补充业务。

（4）经过本地电话网、长途网与智能网共同提供的跨长途编号区的智能网业务。

（5）跨长途编号区的基于 ISDN 的承载业务。

3. 国际长途电话业务

国际长途电话业务是指国家之间或国家与地区之间，通过国际电话网络（包括 ISDN 网）提供的国际电话业务。某一国内电话网用户可以通过加拨国际长途字冠和国家（地区）码，呼叫另一个国家或地区的电话网用户。

国际长途电话业务包括以下主要业务类型。

（1）跨国家或地区的端对端的双向话音业务。

（2）跨国家或地区的端对端的传真业务和中、低速数据业务。

（3）经过本地电话网、长途网、国际网与智能网共同提供的跨国家或地区的智能网业务，如国际闭合用户群话音业务等。

（4）跨国家或地区的基于 ISDN 的承载业务。

4. IP 电话业务

IP 电话业务在此特指由电话网络和 IP 网络共同提供的 Phone-Phone 以及 PC-Phone 的电话业务，其业务范围包括国内长途 IP 电话业务和国际长途 IP 电话业务。IP 电话业务在整个信息传递过程中，中间传输段采用 IP 包方式。

IP 电话业务包括以下主要业务类型。

（1）端对端的双向话音业务。

（2）端对端的传真业务和中、低速数据业务。

（3）与智能网共同提供的国内和国际长途智能网业务。

5. 电话业务的市场份额

根据工信部公布的数据：2013 年 1～11 月，固定本地通话时长为 2774.8 亿分钟，固定本地电话平均每户每月通话时间（minutes of usage，MOU）达到 92.2 分钟/（月·户）；固定长途电话通话时长为 540.9 亿分钟，固定长途电话 MOU 为 18.0 分钟/（月·户）。

在移动电话的冲击下，固话通话量持续下降，但降幅持续收窄。其中，长途通话量下滑超过本地通话，如图 8.3 所示。

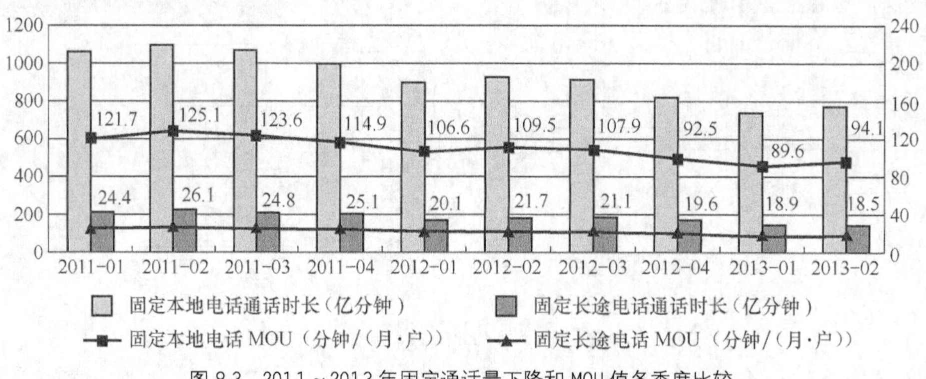

图 8.3 2011～2013 年固定通话量下降和 MOU 值各季度比较

美国皮尤研究中心（Pew Research Center）旗下的“互联网与美国人生活”项目调查报告显示：2012 年，有接近 1/4 的美国成年网民使用过互联网进行电话呼叫，平均每天都有 5%的美国网民使用网络电话。至 2013 年，Deloitte（德勤咨询公司）报告显示：IP 语音服务的收入达到一万亿美元。甚至，韩国的中央政府办公大楼、世宗市等总计 580 个政府部门中的 500 多个部门，都在 2013 年将有线电话更换成了网络电话，预期能够节省 206 亿韩元的预算。

8.3 数据业务

数据是记录下来可以被鉴别的符号，它本身并没有意义。信息是对数据的解释，数据经过处理仍然是数据，只有经过解释才有意义，才成为信息。可以说，信息是经过加工以后，并对客观世界产生影响的数据。

数据通信业务是通过因特网、帧中继、ATM、X.25 分组交换网、数字数据网（Digital Data Network，DDN）等网络提供的各类数据传送业务。根据管理的需要，数据通信业务分为两类。

1. 第一类数据通信业务

第一类数据通信业务包括因特网数据传送业务、国际数据通信业务、公众电报和用户电报业务。

① 因特网数据传送业务是指利用 IP 技术，将用户产生的 IP 数据包从源网络或主机向目标网络或主机传送的业务，如图 8.4 所示。

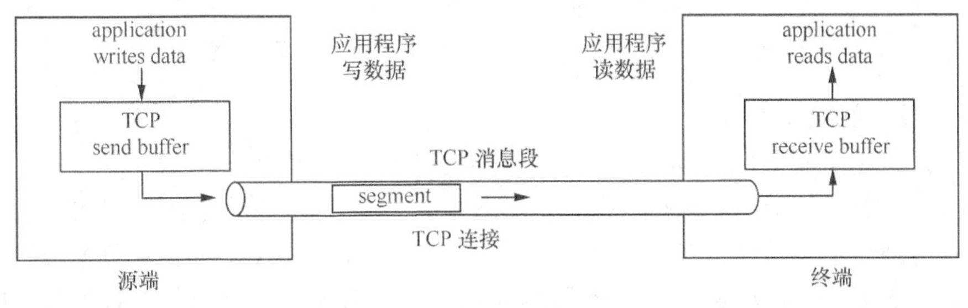

图 8.4 因特网业务

② 国际数据通信业务是国家之间或国家与地区之间，通过帧中继和 ATM 等网络向用户提供永久虚电路（PVC）连接，以及利用国际线路或国际专线提供的数据或图像传送业务。

③ 公众电报业务是发报人交发的报文由电报局通过电报网传递并投递给收报人的电报业务。公众电报业务按照电报传送的目的地分为国内公众电报业务和国际公众电报业务两种。

第一类数据通信业务中的几种业务类型的发展差距巨大：古老的电报业务，已面临淘汰——在电报这一媒介达到高峰的 1895 年，仅印度人就发送了 6000 万份电报。但是，随着电话和手机的兴起，电报业务连年亏损。世界最后一封商用电报截止于 2013 年 7 月 13 日，由拥有 162 年历史的印度国营电报公司 BSNL 发出；14 日，BSNL 宣布结束服务，正式退出历史舞台。不过，在我国，拥有 142 年历史的中国电报业务虽也大幅萎缩，依旧有迹可循——在上海延安东路 1122 号电信大楼，还有一家营业厅可以收发电报，平均每月有二三十人前来拍电报。

而互联网业务却呈爆炸式增长。仅我国，截至 2013 年上半年，互联网网民数净增 2656 万人，达到 5.91 亿人，互联网普及率达到 44.1%，如图 8.5 所示。其中，互联网的宽带接入用户净增1109.4万户，总数达1.81亿户，互联网宽带接入端口数量达3.49亿个。高速率宽带接入用户占比提高明显，2M以上、4M以上和8M以上宽带接入用户占宽带用户总数的比重分别达到95.1%、72.3%、17.2%。移动互联网用户净增4011.5万户，用户规模已达8.04亿户。基于互联网的数据通信和传输的投资比重正在逐步加大。2013年，互联网及数据通信投资完成224.1亿元，占全部投资的比重由2012年的10.5%提升到17.3%；传输投资完成361.1亿元。

截至2013年6月月底，国际出口带宽稳步增长，达到2098Gbit/s。其中，中国电信位居首位，占国际出口总带宽的53.3%，达到1118Gbit/s。

图8.5 2002～2013年我国6月互联网网民人数及普及率

2. 第二类数据通信业务

第二类数据通信业务包括固定网国内数据传送业务、无线数据传送业务。

① 固定网国内数据传送业务是指第一类数据传送业务以外的，在固定网中以有线方式提供的国内端到端数据传送业务。主要包括基于异步转移模式（ATM）网络的ATM数据传送业务、基于X.25分组交换网的X.25数据传送业务、基于数字数据网（DDN）的DDN数据传送业务、基于帧中继网络的帧中继数据传送业务等。固定网国内数据传送业务的业务类型包括：永久虚电路（PVC）数据传送业务、交换虚电路（SVC）数据传送业务、虚拟专用网业务等。

② 无线数据传送业务是指上述基础电信业务条目中未包括的、以无线方式提供的端到端数据传送业务，该业务包含区域性漫游服务。提供该类业务的系统包括蜂窝式数字分组数据（CDPD）、PLANET、NEXNET、Mobitex等系统。双向寻呼属无线数据传送业务的一种应用。

上文中提到的“虚电路、虚拟网络、PLANET、Mobitex”都是各种通信技术。

虚电路（Virtual Circuit）：虚电路又称为虚连接或虚通道，是分组交换的两种传输方式中的一种。在通信和网络中，虚电路是由分组交换通信所提供的面向连接的通信服务。在两个节点或应用进程之间建立起一个逻辑上的连接或虚电路后，就可以在两个节点之间依次发送每一个分组，接受端收到分组的顺序必然与发送端的发送顺序一致，因此接受端无须负责在收集分组后重新进行排序。虚电路协议向高层协议隐藏了将数据分割成段，包或帧的过程。

虚拟网络（Virtual Local Area Network，VLAN）：建立在交换技术的基础上，将网络结点按工作性质与需要划分成若干个“逻辑工作组”，一个“逻辑工作组”即一个虚拟网络。VLAN 的实现技术有四种：用交换机端口（Port）号定义虚拟网络、用 MAC 地址定义虚拟网络、IP 广播组定义虚拟网络、用网络层地址定义虚拟网络。“逻辑工作组”的划分与管理由软件来实现。通过划分虚拟网，可以把广播限制在各个虚拟网的范围内，从而减少整个网络范围内广播包的传输，提高了网络的传输效率，同时各虚拟网之间不能直接进行通讯，而必须通过路由器转发，为高级的安全控制提供了可能，增强了网络的安全性。

PLANET（Private Local area Network）：专用局域网。

Mobitex：是一个无线网络结构，它指明支持分封交换（packet-switched）式无线电通信系统中所有无线终端所必需的固定装置的框架。一个 Mobitex 网络的三个主要组成部分是无线电基站，MX 多个开关和网络管理中心（NCC）。Mobitex 是由爱立信的一个分部 Eritel 在 1984 年为瑞典电讯管理局开发的。

第二类数据通信业务中的几种技术都面临淘汰。

帧中继网始于 1991 年，美国运行了第一个名为 Wilpac 网的帧中继网络，覆盖了全美 91 个城市。20 世纪 90 年代初，芬兰、丹麦、瑞典、挪威等国，联合建立了北欧帧中继网 WordFRAME。1993 年以后以平均每年 300%的速度增长，北美、欧洲及亚太地区都各有十多个帧中继运营网络。在我国，杭州电信于 1995 年借助帧中继技术，使浙江建设银行首次实现了通存通兑。1997 年 CHINAFRN（中国国家帧中继骨干网，又名中国公用帧中继网）初步建成，覆盖了大部分省会城市，由原邮电部颁布了试运行期间的指导性的收费标准。中国电信为了推广帧中继业务，在 1997 年 12 月，专门赞助主办了北京、上海、东京、名古屋四个城市间的网络围棋赛，以 384kbit/s 的帧中继，来传送四地棋手的活动画面。1998 年，各省帧中继网也相继建成，许多银行都采用了帧中继方案。但随着技术的高速发展，帧中继不再是业界的宠儿，例如杭州电信就在 2003 年用 10 兆的光纤网代替了帧中继技术。

1997 年中国电信正式开放“一线通”业务，2000 年北京电信携上海贝尔和思科公司推出“业务全优惠”，引发了安装、改装 ISDN 的热潮。当时的电信局推出 140 元改装费的优惠政策，并免费提供 NT1，但用户需自己购买 TA 适配器。开通 ISDN 后，用户们最直接的感受就是可以一边上网，一边打电话了，不会像之前的拨号上网方式那样上网、电话不可共用了。至 2001 年，仅北京一地的 N-ISDN 用户总数就达到 21.22 万用户，几年下来，固网运营企业在全国总投入 ISDN 约 2000 万线。但是，到了 2008 年，由于 ADSL 等宽带的使用，这 2000 万线的使用率只有 20%，其浪费程度触目惊心。

DDN 技术一般用于中继信道，或用户的数据通信的信道。例如金融、证券、外贸、水利、电力、采油、采矿、环保、气象、交通、税务、医疗、烟草、海关等集团用户，公安、教育、银行、邮政等专网，都往往会出于对业务量和稳定性的需求，而选择 DDN。利用 DDN 单点对多点的广播业务功能，还可以进行市内电话升位时的通信指挥。我国 DDN 的建设始于 20 世纪 90 年代初，到目前为止，已覆盖全国的大部分地区，拥有不少企业级用户。但随着时间的推移，DDN 专线在银行、工商企业、政府部门中平均运行了 15 年以上，开始出现设备故障率高、维护成本大、资源利用率低等问题。至 2013 年 2 月，江苏电信开始通过数字电路升级、自然退网、提速，为期两年，完成了全省 954 台 DDN 设备、3793 条客户电路的全部退网，在全国率先完成 DDN 设备与业务的全部退网优化工作。

Mobitex 技术于 1988 年由加拿大传媒大亨罗渣士（TedRogers）获得了 Mobitex 技术授权，建立起北美第一个公共无线通信网络。1994 年，基于 Mobitex 网络，RIM（1998 年 RIM950 发布后更名为 BlackBerry，即黑莓）推出第一款销售终端系统。时至今日，虽然这些技术都成为了昨日黄花，但它们对以后出台的技术有着深远的影响。

8.4 移动业务

蜂窝移动通信是采用蜂窝无线组网方式，在终端和网络设备之间通过无线通道连接起来，进而实现用户在活动中可相互通信。其主要特征是终端的移动性，并具有越区切换和跨本地网自动漫游功能。蜂窝移动通信业务是指经过由基站子系统和移动交换子系统等设备组成蜂窝移动通信网提供的话音、数据、视频图像等业务。

1. 蜂窝移动通信业务

蜂窝移动通信业务包括：900/1800MHz GSM 第二代数字蜂窝移动通信业务、800MHz CDMA 第二代数字蜂窝移动通信业务、第三代数字蜂窝移动通信业务、第四代数字蜂窝移动通信业务。

（1）GSM 第二代数字蜂窝移动通信业务

900/1800MHz GSM 第二代数字蜂窝移动通信（简称 GSM 移动通信）业务是指利用工作在 900/1800MHz 频段的 GSM 移动通信网络提供的话音和数据业务。其包括以下主要业务类型：端对端的双向话音业务，移动消息业务；利用 GSM 网络和消息平台提供的移动台发起、移动台接收的消息业务；移动承载业务以及其上的移动数据业务；移动补充业务，如主叫号码显示、呼叫前转业务等；经过 GSM 网络与智能网共同提供的移动智能网业务、预付业务等；国内漫游和国际漫游业务。

（2）CDMA 第二代数字蜂窝移动通信业务

800MHz CDMA 第二代数字蜂窝移动通信（简称 CDMA 移动通信）业务指利用工作在 800MHz 频段上的 CDMA 移动网络提供的话音和数据业务。其包括以下主要业务类型：端对端的双向话音业务，移动消息业务，利用 CDMA 网络和消息平台提供的移动台发起、移动台接收的消息业务，移动承载业务以及其上的移动数据业务，移动补充业务，如主叫号码显示、呼叫前转业务等，经过 CDMA 网络与智能网提供的移动智能网业务，如预付费业务等，国内漫游和国际漫游业务。CDMA（Code Division Multiple Access）又称码分多址，是在无线通讯上使用的技术。在国内，是中国电信的手机网络在用的方式。在中国电信有 133、153、189 号段。

（3）3G 移动通信业务

第三代数字蜂窝移动通信（简称 3G 移动通信）业务是指利用第三代移动通信网络提供的话音、数据、视频图像等业务。第三代数字蜂窝移动通信业务的主要特征是可提供移动宽带多媒体业务，其中高速移动环境下支持 144kbit/s 速率，步行和慢速移动环境下支持 384kbit/s 速率，室内环境支持 2Mbit/s 速率的数据传输，并保证高效可靠的服务质量（QoS）。第三代数字蜂窝移动通信业务包括第二代蜂窝移动通信可提供的所有的业务类型和移动多媒体业务。

移动通信业务在如今的市场表现中，贡献日益加大。2013 年上半年，我国移动电话用户净增 6370.3 万户，总数达 11.76 亿户，移动电话普及率达 87.1 部/百人；移动电话用户在电话用户总数的占比达 81.2%，如图 8.6 所示。北京、上海、广东、浙江、福建和内蒙古六省区市移动用户普及率超过 100 部/百人，部分省市达到 160 部/百人。

其中，3G 替代 2G 的速度加快，用户月净增突破 1000 万户。如图 8.7 所示，2013 上半年，3G 移动电话用户净增 8606.6 万户，超过 2012 年全年净增量 80%，总数达 3.19 亿户，对移动电话用户的渗透达提升至 27.1%。TD 电话用户继续保持高速增长，上半年累计净增 4960.3 万户，总数达到 1.37 亿户。在 3G 增量、总量市场中的份额为 57.6%和 43.1%，分别比去年同期提高了 24.1%和 5.0%。

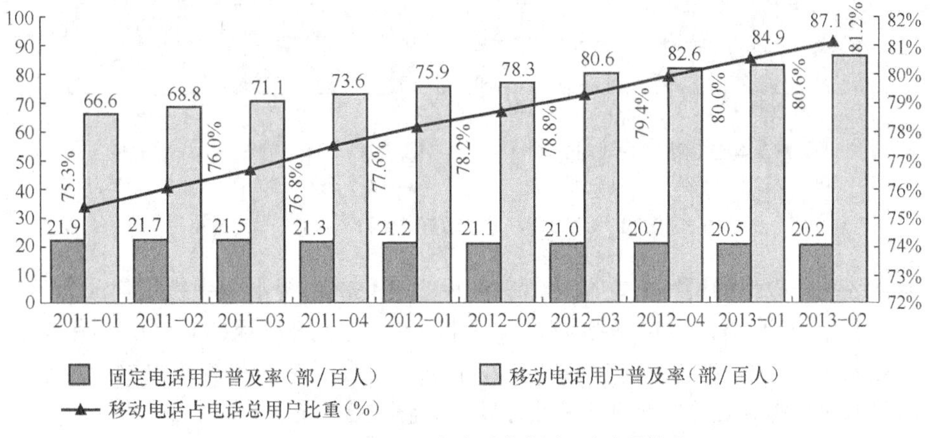

图 8.6 2011～2013 年各季度电话用户发展情况

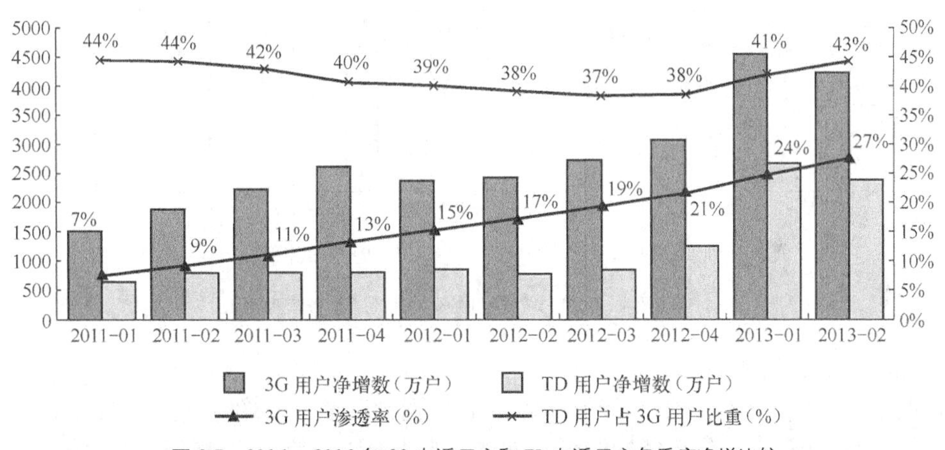

图 8.7 2011～2013 年 3G 电话用户和 TD 电话用户各季度净增比较

但移动语音业务量和用户增长呈现显著失衡状态。如图 8.8 所示，2013 年上半年，全国移动电话去话通话时长 14287.0 亿分钟，其中移动本地去话通话时长和移动长途通话时长分别为 10997.6、3289.3 亿分钟。移动电话通话时长的增速仅为移动电话用户的一半。移动本地去话 MOU 达到 160.2 分钟/（月•户），同比下降 6.0%；移动长途去话 MOU 达到 47.9 分钟/（月•户），同比下降 5.8%。

同时，移动互联网流量显示出巨大的消费潜力。至 2013 年手机网民规模达到 4.64 亿人，较 2012 年末增加了 2931 万人，网民中使用手机上网的用户占比提升至 84.2%。如图 8.9 所示，2013 年上半年，移动互联网流量累计达到 57704.3 万 GB，比 2012 年同期提高 19.4 个百分点。用户均移动互联网接入流量达到 122.8M，其中手机上网是主要拉动因素，在移动互联网接入流量的比重达到 65.6%。

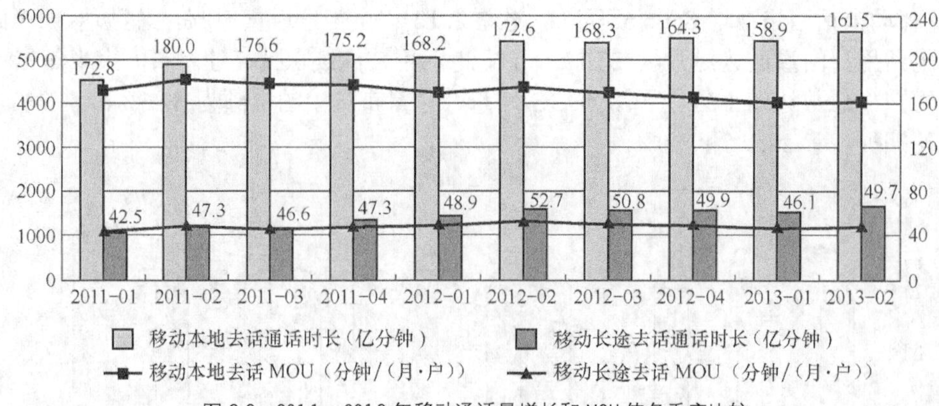

图 8.8 2011～2013 年移动通话量增长和 MOU 值各季度比较

各类网络娱乐应用的网民，在总体规模无明显变化的前提下，手机用户成为各类应用的突破点，手机音乐视频、手机网络游戏和手机网络文字用户规模较 2012 年末分别增长 14.0%、18.9%和 12.0%。电子商务应用也在手机端发展迅速，使用手机网上支付的网民较 2012 年末增长 43.0%，比全部网上支付网民增幅高出 32.2 个百分点。

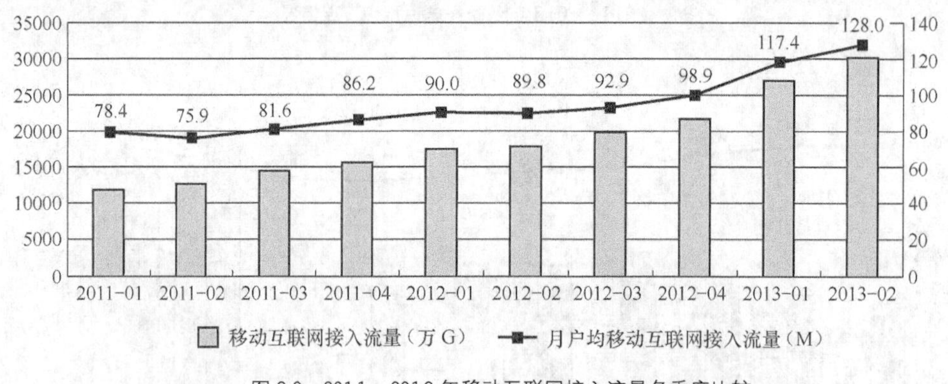

图 8.9 2011～2013 年移动互联网接入流量各季度比较

（4）4G 移动通信业务

第四代移动通信系统（4G）能够传输高质量视频图像，图像传输质量与高清晰度电视不相上下。第四代移动通信系统在业务、功能、频带上都与第三代移动通信系统不同，将在不同的固定和无线平台及跨越不同频带的网络运行中提供无线服务，比第三代移动通信更接近于个人通信。在不同的固定无线平台和跨越不同频带的网络中，4G 可提供无线服务，并在任何地方宽带接入互联网（包括卫星通信和平流层通信），提供信息通信以外的定位定时、数据采集、远程控制等综合功能。

2. 卫星移动通信业务

卫星移动通信业务是指地球表面上的移动地球站或移动用户使用手持终端、便携终端、车（船、飞机）载终端，通过由通信卫星、关口地球站、系统控制中心组成的卫星移动通信系统实现用户或移动体在陆地、海上、空中的通信业务，如图 8.10 所示。卫星移动通信

图 8.10 卫星通信业务

业务主要包括话音、数据和视频图像业务类型。

在我国，国新办发表的《2011 年中国的航天》白皮书中强调：接下来的 5 年，我国将重点扩展卫星通信领域的增值服务业务，推动卫星通信商业化进程。在欧洲，欧洲委员会宣称要在 2013 年底最后期限之前完成欧盟每一位公民家里都有宽带网络覆盖的目标。这就要靠卫星互联网接入来推进，利用卫星覆盖弥补无线网和移动网络无法到达的 0.6%的家庭。负责地区数字化议程的欧洲委员会副主席克罗斯表示："那些极其偏远隔绝的地区与外界保持联络的不二选择就是卫星通讯了，并很有可能一直这样。"

8.5 增值业务

增值业务广义上分成两大类。

一是随增值网（VAN）出现的业务。增值网可凭借从公用网租用的传输设备，使用本部门的交换机、计算机和其他专用设备组成专用网，以适应本部门的需要。例如租用高速信道组成的传真存储转发网、会议电视网、专用分组交换网、虚拟专用网（VPN）等。

二是以增值业务方式出现的业务，是指在原有通信网基本业务（电话、电报业务）以外开发的业务，如数据捡索、数据处理、电子数据互换、电子信箱、电子查号和文件传输等业务。

1. 电子信箱

最新一代的电子信箱是消息处理系统（MHS），可实现异种计算机之间互通。电子信箱为用户提供存取、传送文件、数据、图表或其他形式的书面信息，它通常通过分组交换数据网传送，也可通过电话网或用户电报网来实现。

据美国著名网络安全及垃圾邮件研究机构 Radicati Group 统计，全球有 34 亿电子邮箱，其中 3/4 是个人帐户，每天发送的电子邮件有 1448 亿封，并且这一数字将在 2016 年达到 1992 亿。虽然在 2010 年，美国知名的互联网统计和数字媒体测评机构 comScore 的报告显示：在短信、留言、即时消息、社交网站等多方面的挑战下，虽然电子邮件的用户中，青少年减少了 59%，但电子邮件的新作用又逐渐呈现，由传统的仅用于发送/接收邮件发展到主要用于网站登录/验证，如图 8.11 所示。并且企业用户的需求却在逐年上涨，从 Hitwise 公司的 2013 年 3 月美国电子邮件服务访问量统计可以看到，YAHOO 的电子邮件访问量占总量的 48.1%，且总访问量几乎都呈现增涨趋势，如图 8.12 所示。

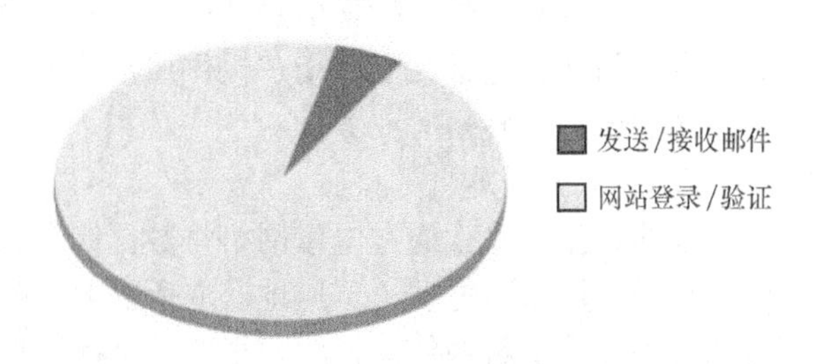

图 8.11 电子邮件的新作用

据艾瑞咨询（iResearch）的数据显示：2011 年中国企业邮箱市场营收规模达到 21.7 亿元，在自建企业邮箱市场份额中，微软的 Exchange 占 18.1%、IBM 的 LotusNotes 占 6.0%、盈世的 Coremail 邮件系统占 4.2%、eYou（亿邮）占 1.5%。到了 2012 年，网易旗下三大免费邮箱（163、126、Yeah）宣布全面支持 Exchange 协议，实现邮件、通讯录和日程管理三大功能的同步到手机和平板电脑上。智能移动终端又成了电子邮件的另一个兵家必争之地。但与此同时，88%～90%的邮件都是垃圾邮件，2013 年的央视 315 晚会又曝光了网易邮箱为投放广告而窃取用户信息的负面新闻，邮箱的安全性也日显重要。

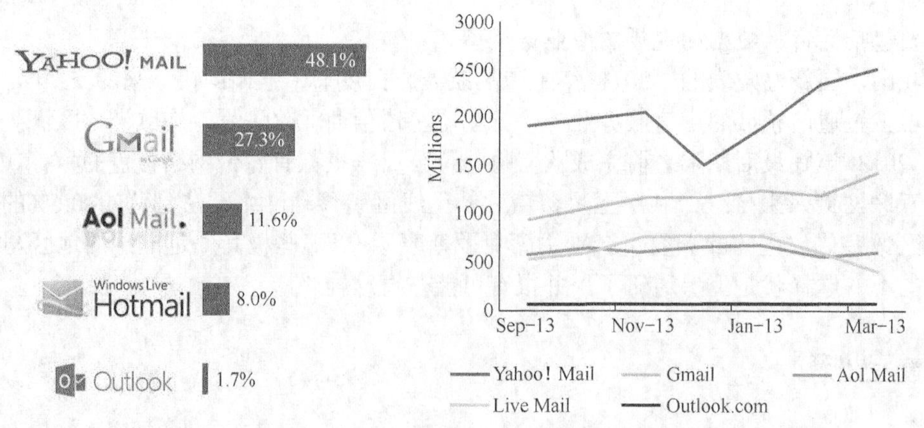

图 8.12 Hitwise 公司的 2013 年 3 月美国电子邮件服务访问量统计

2. 可视图文

作为电话机用户的附加增值业务，可视图文通过公用电话网与分组交换网上的数据库互连，可以按需检索各类文字、图像（彩色）信息，也可用作电子信箱的终端设备，如图 8.13 所示。

图 8.13 因特网可视图文业务

3. 数据互换

电子数据互换（EDI）是利用计算机，按照规定的格式和协议进行贸易或信息交换的手段，故也称之为“无纸贸易”，它是发达国家最现代化的贸易手段，已被许多国家采用，我国推行的“金字工程”中的“金关”就是 EDI 在我国的开发与应用。

4. 传真存储

传真存储转发是通过计算机将用户的传真信号进行存储、转发或具有传真检索信息功能的设备，为用户提供高性能的传真业务。通常利用专线或公用分组网为电话网上的用户提供遇忙重发、多址或广播传送、定时投送、语音提示查询以及传真或电传转换等业务。

5. 在线数据库

在线数据库检索通过电信网络将数据终端或 PC 机与各种信息数据库相连，在检索软件的支持下，用户可方便、迅速地获取所需要的信息和数据。除用户直接查找数据库外，也可以通过中介计算机系统，使用户很容易地找到所需要的数据库。其应用范围极广，如科技情报检索、新闻、金融、股票、期货、航班、车次等公用服务，也应用于各类专业数据库如图书、化工、轻工、石油等。如图 8.14 所示为各类网站拥有的在线数据库及所占比例。

6. 互联网

为了满足中国用户的需要，原邮电部以北京、上海、广州作为全国的出入口局与美国 Internet 互联，用户可通过电话网、公用分组交换网、电子信箱系统或专线方式进入中国互联网（Chinanet），与国内外互联网的用户通信。该网可以为用户提供电子信箱、文件传送、数据库检索、远程信息处理、资料查询、多媒体通信、电子会议、图像传输等服务。

7. 语音信息

以语音平台为用户提供语音信息业务，如 160 台人工辅助的信息台、168 台自动声讯服务、166 台语音信箱，其服务范围遍及新闻、体育、科技、金融、证券、房地产、医疗保健、娱乐、交通、购物指南、旅游、人才交流、热点追踪等各方面，这些服务正逐步向全国信息台联网、数据库检索等方式过渡，实现资源共享。

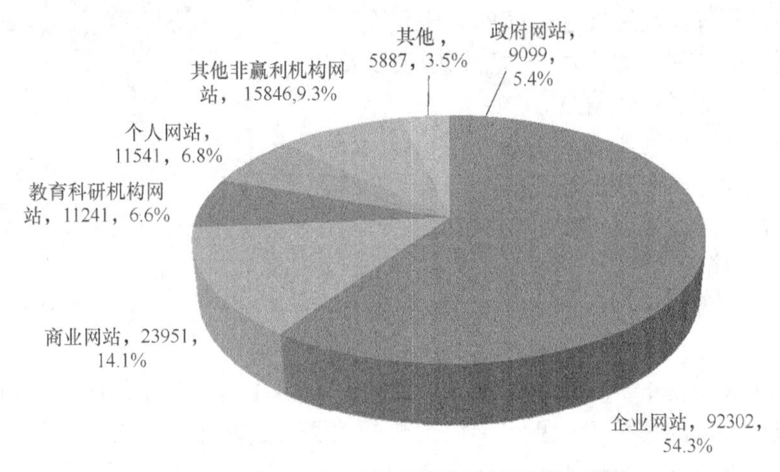

图 8.14 各类网站拥有的在线数据库数和所占比例

8. 短信业务

短消息业务（Short Massage Services，SMS）是最主要的移动数据增值服务，它是将语言、文字、数据、图片等简短文本消息通过移动网络或用手机进行收发的一种通信机制，如图 8.15 所示。短信业务是利用空闲的信令通道来传输信息内容的一种方式。短消息的存储和转发通过短消息服务中心（Short Massage Service Center，SMSC）实现。

图 8.15 短消息业务

在我国，受其他业务的冲击，点对点短信量连续 12 个月出现负增长，如图 8.16 所示，至 2013 年上半年，累计达到 2313.7 亿条，同比下降 11.7%，降幅同比扩大了 8.1 个百分点，基础电信企业的移动短信业务收入规模同比减少 4.5 亿。

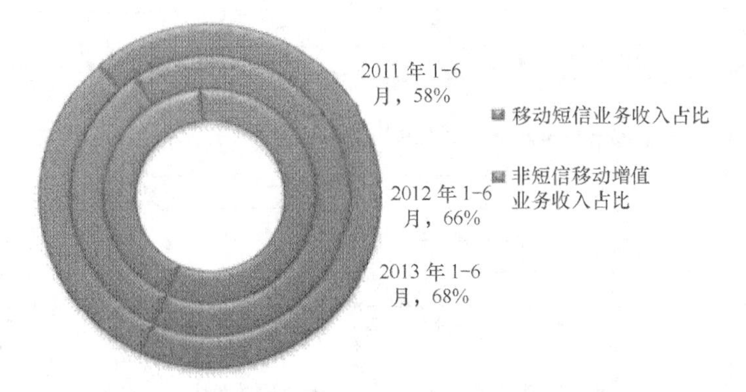

图 8.16 2011～2013 年基础企业短信和非短信增值业务在移动增值中的比重

9. 彩信业务

彩信是“多媒体短信服务”的俗称，英文全称为“Multimedia Message Service”。彩信是继文本短信服务（SMS）、增强型短信服务（EMS）之后的“第三代短信服务”，如

图 8.17 所示。文本短信服务只能收发文本信息，增强型短信服务可以在文本短信中加入铃声、简单的图形和简单的动画，彩信大大扩展了可收发的媒介类型，不仅能收发文字、简单图片和铃声，而且能收发复杂的图片，如照片、大型的图表以及音乐片段、视频剪辑等多媒体信息。

图 8.17 彩信业务

.sms 短信：sms 短信（short messaging service）是最早的短消息业务，而且也是现在普及率最高的一种短消息业务，其长度被限定在 140 字节之内。

.ems：增强型短消息服务（enhanced message service）。与 sms（文本短信）相比，ems 的优势是除了可以像 sms 那样发送文本短消息之外，还可以发送简单的图像、声音和动画等信息。

艾瑞咨询（iResearch）研究数据显示，2006 年全球手机彩信市场收入规模为 120 亿美元，作为多媒体格式的彩信受到更多手机用户的欢迎，尤其在青年人中使用广泛。2007 年年底，全球彩信市场收入规模达到 140 亿美元，2010 年达到 234 亿美元。彩信服务，如彩信手机报、彩信游戏会刊、彩信节日贺卡和彩信生日祝福等移动商务应用规模持续上升。

据估算，彩信广告比应用内广告有效 230 倍。以美国为例，95%的手机都可以接收彩信，其中有 75%的人经常使用彩信，95%的人收到彩信后会打开查看。但是商家利用彩信做广告的数量还是很少，2013 年 5 月的调查显示，38%的商家使用短信和彩信做广告；76%的商家使用移动网站；而 49%采用邮件的方式。

与此同时，受移动平台技术发展和新兴增值业务的冲击，比如微信、Skype，对传统的语音、短彩信产生了很大的冲击。据工信部《2012 年全国电信业统计公报》，2012 年全国短信发送量仅比 2011 年增长 2.1%，而中国移动的 2012 年财报显示，其短彩信业务收入比 2011 年下降了近 5%。至 2013 年，彩信业务量呈波动形增长。在增值企业和企业短信平台短信量的拉动下，2013 年 1～5 月移动彩信业务量 375.9 亿条，同比增长 38.2%；其中，点对点彩信量 22.7 亿条，同比增长 17.7%，如图 8.18 所示。

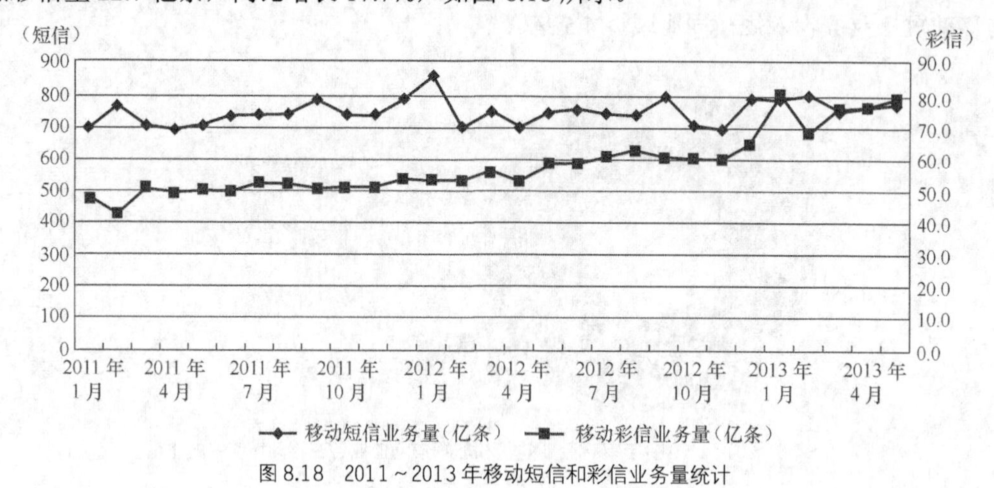

图 8.18 2011～2013 年移动短信和彩信业务量统计

10. 彩铃业务

彩铃业务又称炫铃业务或回铃音业务，是针对常规的回铃音而开设的一项业务，如图 8.19 所示。它是通过被叫用户设定，在该被叫用户接通摘机前，对主叫用户播放一段音乐、广告或被叫用户自己挑选或设定的个性化回铃音，而不是常规的单调铃声的一项业务。

在我国，电信运营商于 2003 年就开展了无线音乐服务，当时产品形式就是以彩铃为主。彩铃业务能够快速发展的主要原因是不受手机终端限制以及其扩散性的传播方式，而且彩铃业务对网络要求不高，因此在推出后即得到了用户的青睐。经过 5 年左右的发展，无线音乐业务已经成为移动增值产业中的“现金牛业务”。集团彩铃业务自 2005 年商用之后，在 2006～2007 年取得了较快发展，尤其在政府行政事业类机关单位、餐饮零售服务类等行业集团客户中取得了较好发展。据易观国际发布的《中国集团彩铃业务市场策略专题报告》显示，运营商在 2007 年共发展终端集团彩铃用户 1500 多万，年收入约 5.2 亿元。至 2009 年，艾瑞咨询的调研显示，中国无线音乐市场规模达到 251.8 亿，超过五成的中国网民通过互联网定制过彩铃业务，用户数达到 4.89 亿。

图 8.19 彩铃业务

但是，2007 年到 2008 年，中国的彩铃业务遇到了发展瓶颈期，尽管运营商用了各种方式想让彩铃收入有一个提升，但是面对连续两年彩铃业务仅占到中国移动总收入 13%的数字，不得不承认彩铃业务已经走过了增长周期，进入了衰退期。

11. 视频点播

视频点播是 20 世纪 90 年代在国外发展起来的，英文称为“Video on Demand”，所以也称为“VOD”。顾名思义，就是根据观众的要求播放节目的视频点播系统，如图 8.20 所示。VOD 并没有一个严格的定义，它泛指一类能在用户需要时随时提供交互式视频服务的业务，即想看什么就看什么，想什么时候看就什么时候看。它是随着计算机技术（特别是多媒体数据压缩解压缩技术）和通讯技术的发展，综合了计算机技术、通信技术、电视技术而迅速新兴的一门综合性技术。

图 8.20 视频点播

VOD 如今已经是智能电视机的“标配”。在中国电子商会举办的“2013 年智能电视产品消费者对比体验”活动中，“VOD 视频”与“智能电视的基础性能”、“APP 应用”、“智能交互”并列为评测智能电视产品的四大指标。

全球 VOD 服务器的销售，在 2012 年 4 季度，收入增长 1.85%，达 9819 万美元。其中，亚太地区以独占 36.33%快速增长稳居全球第一位。这很大程度归功于中国 VOD 网络环境的改造。在 VOD 编码器收入方面，亚太地区将以 34%的市场份额继续领跑全球市场，中东以 32%稳居第二，紧跟其后的是北美的 22%和拉美的 12%。根据英国网络市场调研公司 YouGov 的调查显示，英国网民一周观看电视直播节目平均 16 小时，外加 8.8 小时的录播电视，6.06 小时的点播电视或重温。点播节目在年龄 18～24 岁的人群中尤为流行，平均每周观看 9 小时 20 分钟，占周观看时长的 1/3，而在年龄 55 岁的群体中点播内容时长只占到 14%。当然，年龄 18～24 岁的群体对传统电视的观看时间较不频繁，这个群体更乐意在 PC 上看电视。而且，尽管喜欢点播的人越来越多，但在各个平台上都仍然未超过直播节目。

至 2013 年 8 月，国际知名的运营商市场研究分析机构 Infonetics 发布的 IPTV 市场份额以及 VOD 服务器市场份额的春季报告中，华为 IPTV 凭借在亚太及中东市场的持续扩张，逐步突破欧洲，拉美等新的多个业务局点，促使其 VOD 服务器出货量稳步攀升，以 33.9%比重排名全球第一。

12. 微信

微信（WeChat）是腾讯公司于 2011 年初推出的一款快速发送文字和照片、支持多人语音对讲的手机聊天软件。用户可以通过手机或平板快速发送语音、视频、图片和文字。微信提供公众平台、朋友圈、消息推送等功能，用户可以通过“摇一摇”、“搜索号码”、“附近的人”、“扫二维码”的方式添加好友和关注公众平台，同时可以利用微信将内容分享给好友以及将用户看到的精彩内容分享到微信朋友圈。如今，已经有超过三亿人使用微信，该功能适合大部分智能手机。

13. 微博

经过两年的高速发展，微博已经成为中国网民使用的主流应用。微博用户达 3.09 亿，年增长 5873 万，占总网民数的 54.7%。其中手机微博用户 2.02 亿，即高达 65.6%的微博用户使用手机终端访问微博。而 PC 端微博日均覆盖人数则呈现出逐月下降的趋势。用户行为的移动化，让微博成为移动互联网时代最具发展潜力的产品之一。

14. 其他增值业务

其他如“200”电话呼叫卡业务、“800”对方付费业务，还有虚拟网（VPN）业务、集中式用户交换机业务等均属于增值业务。

如图 8.21 所示，至 2013 年，增值业务的总收入增速呈下降趋势。2013 年上半年，基础企业增值电信业务收入规模达 1090.1 亿元，增长 5.7%，低于电信业务收入增速 3.2 个百分点。增值电信业务收入占电信业务收入的比重，较 2012 年同期下降 0.5 个百分点，达 19.3%。移动增值业务收入增速比 2012 年同期下降 1.7 个百分点，达 5.3%，规模达到 947.5 亿元。固定增值业务收入增速比 2012 年同期提高 1.6 个百分点，达到 8.6%，规模达到 142.6 亿元，在增值业务收入的比重提升到 13.1%。

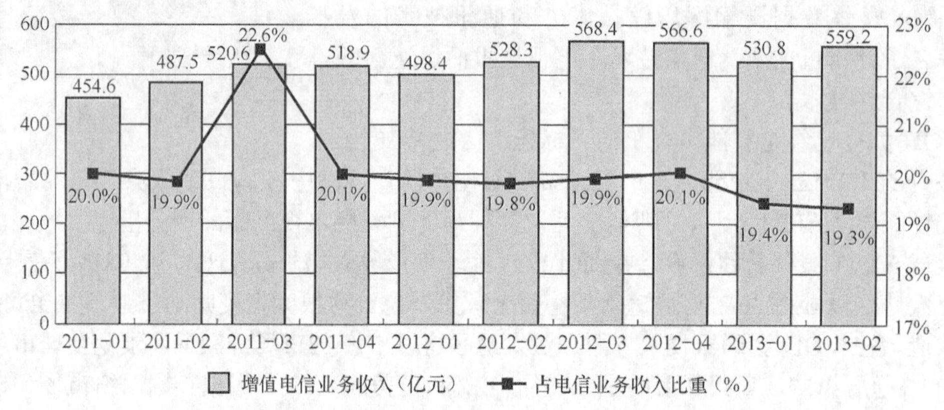

图 8.21 2011～2013 年增值电信业务收入各季度发展情况

思 考 题

8.1 简述通信业务的分类。

8.2 电话业务主要包括哪些？

8.3 简述数据业务的分类。

8.4 移动通信业务有哪些？

第9章 现代通信及发展

9.1 现代通信的基本特征

现代通信的基本特征是数字化，现代通信中传递和交流的基本上都是数字化的信息。美国著名未来学家、网络专家尼葛庞帝在《数字化生存》一书中提出，要实现信息化，数字技术是关键。纵观已经使用的信息产品（如数字光盘、数字家电、数字影碟机、数字音响设备），通信技术与装备（如数字交换机、数字传输设备等）和更广泛的信息技术，如数字通信、数字光纤通信、数字卫星通信、数字移动通信以及数字电视系统等，无不在这些通信技术前面冠以“数字”二字。因此可以说，现代通信姓“数”。

1. 数字技术

数字技术就是数字信号的采集、加工、处理、运算、传递、交流、存储等所采用技术的总称。这里所说的数字信号，在通信原理中定义为，在时间上，瞬时幅值均离散，编成“1”和“0”（即“有”和“无”）这样的脉冲信号，称为二进制数字信号，又称为比特信号，如图 9.1 所示。

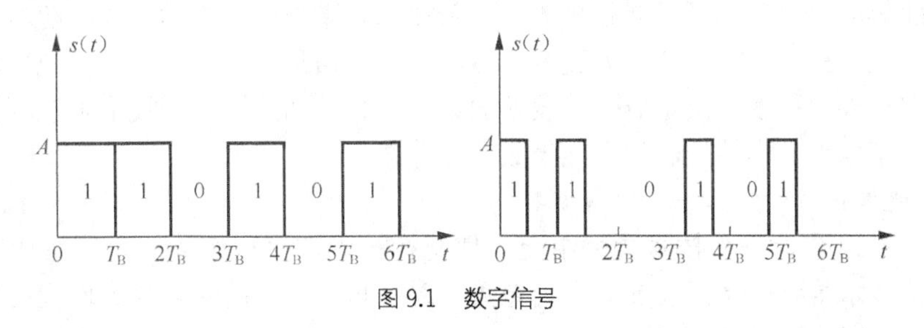

图 9.1 数字信号

2. 数字信号

数字信号及数字通信有许多独特的优点：①数字信号便于存储、处理（加密等），正是因为数字信号便于存储、处理，才使计算机技术迅速发展，特别是微型计算机。通信与计算机结合，发展了现代通信技术和现代信息技术。②数字信号便于交换和传输，计算机与电话交换技术结合，出现了数字程控交换，由于光电器件的采用，数字信号很容易转变为光脉冲信号，便于传输。③数字信号便于组成数字多路通信（系统），因为数字信号是用时间上的有和无信号来传递信息的，因而从时间可分性来衡量，它可以在单位时间里传输多个有和无信号，即占空信号，在空的时隙中可间插其他脉冲信号，以形成多路通信（数字复用技术）。④便于组成数字网，由于通信交换和传输的都是数字信号，把各个数字交换局用数字传输连接起来就成了综合数字网（IDN），再把各用户终端、各种业务数字化处理后统一到一个网中，就组成了综合业务数字网（ISDN）、计算机网络及 Internet 等。⑤数字化技术便于通信设备小型化、微型化，采用了数字化技术后，芯片集成度更高，达到亚微米级和纳米级，每个芯片包含几十亿至上百亿个元件，这使现代通信设备产品更小型化、微型化。⑥数字通信抗干扰性强，噪声不积累。

3. 信号对比

在模拟通信中，由于传输的信号是模拟信号 （幅值是连续的），因此难以把噪声干扰分离而去掉，随着距离的增加，信号的传输质量会越来越恶化。在数字通信中，传输的是数字信号，这些信号在传输过程中，也同样会有能量损耗，受到噪声干扰，当信噪比还未恶化到一定程度时，可在适当距离或信号终端经过再生的方法，使之恢复为原来的脉冲信号波形，如图 9.2 所示。这就消除了干扰和噪声积累，可以实现长距离高质量的通信。

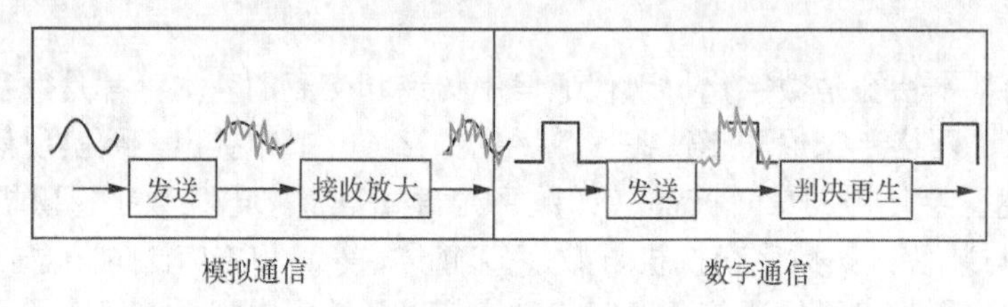

图 9.2 模拟通信与数字通信抗干扰能力的比较

9.2 现代通信的主要技术

1. 现代通信技术的基础——微电子技术

微电子技术是采用微细加工工艺，在微小的半导体结构内制成微型电子线路或系统的技术。它是伴随集成电路技术而发展起来的一门新技术。微电子技术的形成引起电子设备和系统的设计、工艺、封装等方面的巨大变革。微电子学是信息技术的关键，是现代通信产业的重要基础，它在很大程度上决定着硬件设备的运行能力。衡量微电子技术发展程度的一个重要指标，是在指甲盖大小的硅芯片上能集成的元件数目。

2. 现代通信技术的核心——计算机技术

电话交换技术与计算机技术紧密结合，使交换技术数字程控化。通信与计算机融为一体，这使通信技术得到了飞跃发展，人们把数字通信与计算机的融合称为现代通信。

3. 光通信的基础——光子技术

从 1964 年英籍华人高锟博士首先提出利用玻璃纤维实现远距离通信到 20 世纪 70 年代的美国首先制成了实用的玻璃光导纤维——光纤，使光纤通信成为现实。光子技术在信息探测、处理、存储、传输、显示等方面都有其不可比拟的优势。光子技术发展的一个重要标志和趋势是在信息科学中实现三“T”的目标，即通信速度达到 1T/s，计算机速率达 1T/s 和光盘存储密度达 1T/in^2 。信息产业的需求极大地促进了光子技术的发展，光子技术的发展又使得信息产业出现革命性的变革。

4. 卫星通信技术的基础——空间技术

美国前总统肯尼迪曾预言："谁控制了宇宙，谁就控制了地球；谁控制了空间，谁就控制了战争的主动权。"谁能夺取制天权，谁就能赢得制信息权、制海权和制空权，从而赢得未来战争。航天技术的发展，促进了现代空间通信的发展。从1957年苏联发射第一颗人造地球卫星以来，火箭、航天飞机等空间技术发展非常迅速。

5. CTI技术

CTI，即融合通信与数据业务，即用户通过各式各样的通信手段，获取计算机网络里的丰富信息，或者以多种通信方式把信息传递给客户。CTI技术无处不在。

CTI技术是从传统的计算机电话集成（Computer Telephone Integration）技术发展而来的，最初是想将计算机技术应用到电话系统中，能够自动地对电话中的信令信息进行识别处理，并通过建立有关的话路连接，而向用户传送预定的录音文件、转接来电等。而到现在，CTI技术已经发展成"计算机电信集成"技术（Computer Telecommunication Integration），即其中的"T"已经发展成"Telecommunication"，这意味着目前的CTI技术不仅要处理传统的电话语音，而且要处理包括图像、传真、电子邮件等其他形式的信息媒体。

9.3 CTI技术

1. CTI定义

CTI技术是一种融合了语音和数据业务的技术平台，从而在功能层上给商业应用带来切实的效益，如图9.3所示。

图9.3 CTI技术的本质

CTI技术是从传统的计算机电话集成（Computer Telephony Integration）技术发展而来的，最初设想将计算机技术应用到电话系统中，能够自动地对电话中的信令信息进行识别处理，并通过建立有关的话路连接而向用户传送预定的录音文件、转接来电等。而如今的CTI技术跨越计算机技术和电信技术两大领域，变成了以Internet网为核心的技术。

2. CTI技术

CTI技术有如下的一些内容：IP电话和IP传真；电子商务；呼叫中心（客户服务中心）；客户关系管理（CRM）与服务系统；自动语音应答系统；自动语音信箱，自动录音服务；基于IP的语音、数据、视频的CTTI系统；综合语音、数据服务系统；自然语音识别CTI系统；有线、无线计费系统；专家咨询信息服务系统；传呼服务、故障服务、秘书服务；多媒体综合信息服务等。

3. CTI增值

目前 CTI 已经成为全球发展最为迅猛的产业之一，每年以 50%的速度增长，CTI 如同计算机产业一样是一个金字塔形的产业链，从上到下会以至少 20 倍的幅度增值。据统计，2001 年中国 CTI 市场上，仅语音卡一项就达 16 亿元，2002 年全球涉及到 140 亿美元的市场，而且这个数字还不包括计算机和电话系统市场在内。

4. CTI热点

①IP 电话。②Compact PCI，总线以 Compact PCI 为基础的 PC。③虚拟双线，虚拟双线是指当用户正在通过一条电话线上网时，能够同时通过该条线路接收到别人打入的电话。④VPIM（电子邮件的语音协议）。⑤H.100 协议，它是由美国的 ECTF 组织颁布的一种 PCI 总线标准。⑥S.100 协议，ECTF 组织通过 S.100 规范，来加强软件的互操作性。⑦智能网 CTI，智能网为用户提供了许多新的业务，如三方通话、虚拟局用交换机、遇忙回叫等。

9.4 物联网与云计算

9.4.1 物联网

1. 物联网的定义

早在 1999 年，美国麻省理工学院在建立“自动识别中心”时就前瞻性地提出了“万物均可通过网络互联”的观点，物联网（The Internet of Things，IOT）的概念由此产生。2005 年 11 月 17 日，国际电信联盟（International Telecommunication Union，ITU）在突尼斯举行的信息社会世界峰会（World Summit on the Information Society，WSIS）上，发布了《ITU 互联网报告 2005：物联网》（ITU Internet Report 2005: The Internet of Things）。在这份报告中，ITU 指出无所不在的物联网通信时代即将来临，泛在通信（Ubiquitous Communication）的形式已经从短距离的移动收发设备扩展到长距离的设备和日常用品，从而促成了人和人、物和物之间的新的通信形式的诞生。信息技术和通信技术的世界中加入了新的维度：由过去的任何人（anyone）之间在任何时间（anytime）、任何地点（any place）的信息交换，发展成了任何物体（anything）之间、任何人之间在任何时间、任何地点的信息交换。

“物联网”是指各类传感器和现有的“互联网”相互衔接的一种新技术，是信息与传感控制技术综合发展而成。具体来说，它是一种通过信息传感设备，并按约定的协议，把任何物品通过互联网连接起来，进行信息交换和通信，以实现智能化管理的一种网络。在这个网络中，物品能够彼此进行“交流”，而无需人的干预。

物联网是物物相连的互联网。这有两层意思：第一，物联网的核心和基础仍然是互联网，是在互联网基础上的延伸和扩展的网络；第二，其用户端延伸和扩展到了任何物品与物品之间，进行信息交换和通信。目前，物联网是全球研究的热点问题，国内外都把它的发展提到了国家级的战略高度，称之为继计算机、互联网之后世界信息产业的第三次浪潮。

2. 物联网的应用

物联网具有广泛的应用，涉及到智能交通、环境保护、政府工作、公共安全、智能家居、智能消防、工业监测、环境监测、智能物流、智能医疗、花卉栽培、水系监测、食品溯源、敌情侦查和情报搜集等多个领域。

应用其实不仅仅是一个概念而已，它已经在很多领域有运用，只是并没有形成大规模运用。下面介绍几个物联网常见的应用。

① 智能交通是指采用先进的信息技术、数据通信传输技术、电子传感技术、控制技术和计算机技术，使车辆和道路智能化，以实现安全快速的道路交通环境，从而达到缓解道路交通拥堵、减少交通事故、节约交通能源和减轻驾驶疲劳等目的。

② 智能医疗利用无线传感器技术、短距离通信技术（ZigBee、WiFi）、蜂窝移动通信网（2G/3G）、互联网技术等先进通信技术，促进医疗设备的微型化和网络化，促进医疗信息的共享化，同时促进医疗模式向预防为主的方向发展。在未来的智能化医疗信息系统中，病患基本信息、病历记录、各种实验室检验信息，乃至财务信息都将被整合在其中。

③ 智能物流是将 RFID 技术、数据通信传输技术、控制技术及计算机技术等应用在物流配送系统中，帮助实现物品跟踪与信息共享，提高物流企业的运行效率，实现可视化供应链管理，提升物流信息化程度。

④ 智能家居（Smart Home）是以住宅为平台，利用综合布线技术、网络通信技术、安全防范技术、自动控制技术、音频视频技术将家居生活有关的设施集成，构建高效的住宅设施与家庭日程事务的管理系统，提升家居安全性、便利性、舒适性、艺术性，并实现环保节能的居住环境，如图 9.4 所示。

图 9.4 智能家居应用场景图

9.4.2 云计算

云计算（Cloud Computing）是一种商业计算模型，它将计算任务分布在大量计算机构成的资源池上，使能够按需获取计算力、存储空间和信息服务，如图 9.5 所示。

云计算将计算任务分布在大量计算机构成的资源池上，使各种应用系统能够根据需要获取计算力、存储空间和各种软件服务。这种资源池称为“云”。“云”是一些可以自我维护和管理的虚拟计算资源，通常为一些大型服务器集群，包括计算服务器、存储服务器、宽带资源等。云计算将所有的计算资源集中起来，并由软件实现自动管理，无需人为参与。之所以称为“云”，是因为它在某些方面具有现实中云的特征：云一般都较大；云的规模可以动态伸缩，它的边界是模糊的；云在空中飘忽不定，你无法也无需确定它的具体位置，但它确实存在于某处。

图 9.5 云计算的概念

云计算的一个核心理念就是通过不断提高“云”的处理能力，进而减少用户“端”的处理负担，最终使用户“端”简化成一个单纯的输入输出设备，并能按需享受“云”的强大计算处理能力。如果把计算资源比作水，则有下列比喻。

（1）大型机时代：计算资源是湖水，几乎无穷尽，按需分配，需要的时候自己去挑水。

（2）PC 时代：计算资源是井水，能力有限，但个人独占所有资源。

（3）云计算时代：计算资源是自来水，无穷无尽，随用随取，按量计费。

云计算具有以下特点。

（1）超大规模。“云”具有相当的规模，Google 云计算已经拥有 100 多万台服务器，亚马逊、IBM、微软和 Yahoo 等公司的“云”均拥有几十万台服务器。“云”能赋予用户前所未有的计算能力。

（2）虚拟化。云计算支持用户在任意位置、使用各种终端获取服务。所请求的资源来自“云”，而不是固定的有形的实体。应用在“云”中某处运行，但实际上用户无需了解应用运行的具体位置，只需要一台笔记本或一个 PDA，就可以通过网络服务来获取各种能力超强的服务。

（3）高可靠性。“云”使用了数据多副本容错、计算节点同构可互换等措施来保障服务的高可靠性，使用云计算比使用本地计算机更加可靠。

（4）通用性。云计算不针对特定的应用，在“云”的支撑下可以构造出千变万化的应用，同一片“云”可以同时支撑不同的应用运行。

（5）高可扩展性。“云”的规模可以动态伸缩，满足应用和用户规模增长的需要。

（6）按需服务。“云”是一个庞大的资源池，用户按需购买，像自来水、电和煤气那样计费。

（7）极其廉价。“云”的特殊容错措施使得可以采用极其廉价的节点来构成云；“云”的自动化管理使数据中心管理成本大幅降低；“云”的公用性和通用性使资源的利用率大幅提升；“云”设施可以建在电力资源丰富的地区，从而大幅降低能源成本。因此“云”具有前所未有的性能价格比。Google 中国区前总裁李开复称，Google 每年投入约 16 亿美元构建云计算数据中心，所获得的能力相当于使用传统技术投入 640 亿美元，节省了 40 倍的成本。

因此，用户可以充分享受“云”的低成本优势，需要时，花费几百美元、一天时间就能完成以前需要数万美元、数月时间才能完成的数据处理任务。

9.4.3 云计算与物联网的关系

物联网与云计算都是基于互联网的，可以说互联网就是它们相互连接的一个纽带。人类是从对信息积累搜索的互联网方式逐步的向对信息智能判断的物联网方式前进。而且这样的信息智能是结合不同的信息载体进行的。互联网教会人们怎么看信息，物联网则教会人们怎么用信息，更具智慧是物联网的特点。由于把信息的载体扩充到“物”，因此，物联网必然是一个大规模的信息计算系统。

通过前面的分析可知，物联网就是互联网通过传感网络向物理世界的延伸，它的最终目标就是对物理世界进行智能化管理。物联网的这一使命，也决定了它必然要有一个大规模的计算平台作为支撑。

由于云计算从本质上来说就是一个用于海量数据处理的计算平台，因此，云计算技术是物联网涵盖的技术范畴之一。随着物联网的发展，未来物联网将势必产生海量数据，而传统的硬件架构服务器将很难满足数据管理和处理要求。如果将云计算运用到物联网的传输层与应用层，采用云计算的物联网，将会在很大程度上提高运行效率。可以说，如果把物联网当作一台主机的话，云计算就是它的 CPU。云计算是实现物联网的核心，运用云计算模式使物联网中以兆计算的各类物品的实时动态管理和智能分析变得可能。

9.5 现代通信的发展方向

从宏观上看，人们对通信的理想目标是：实现任何人、任何时间、在任何地方、以任何方式、传递任何形式的信息内容。也就是 5A 目标：Anyone、Anytime、Anywhere、Anyway 和 Anything。无论你在何时何地，都可以了解到你周围发生的一切以及随时获悉你所关注事物的数字信息。现代通信网未来的发展方向必是沿着综合化、宽带化、智能化、个人化和网络全球化的方向发展。

1. 综合化

信息技术和网络的综合化。无论是传输、交换还是通信处理功能都采用数字技术，实现数字传输与数字交换的综合，使网络技术（如电话网、数据网、电视网）一体化。

通信业务综合化是指多种业务统一并综合到一个网络中进行传输交换和处理。目前，通信业务种类的需求不断增加，早期的电报、电话业务已远远不能满足这种需求，而传真、电子邮件、交互式可视图文，以及数据多媒体通信的其他各种增值业务等都在迅速发展。若每当一种新业务出现就建立一个专用的通信网，将降低投资效益，并且各个独立网的资源不能共享。另外，多个网络并存也不便于统一管理。若将各种通信业务以数字方式统一并综合到一个网络中进行传输、交换和处理，则可达到“一网多用”的目的。

2. 宽带化

宽带化主要指现代数字通信宽带化。人们日益增长的物质文化需求，如高速数据、高速文件、可视电话、会议电视、宽带可视图文、高清晰度电视以及多媒介、多功能终端等促进了新的宽带业务的发展。仅有的波分复用链路不消除节点“电瓶颈”是无法真正实现通信网络容量宽带化的，因而接入网中，各种宽带接入技术争奇斗艳，ADSL、HFC、PON 等技术纷纷登场。

从现代通信网处理的具体业务上来看，随着信息技术的发展，用户对宽带新业务的需求开始迅速增加。光纤传输、计算机和高速数字信号处理器件等关键技术的进展，使宽带化的进程日益加速。1990 年，网络的主要业务是 E-mail，带宽仅 1Kbit/s。1995 年，主要业务是 Wed 浏览，带宽为 50Kbit/s。2000 年起，活动图像成为重要业务，带宽要求 5Mbit/s 以上，而现在，更多高清、实时的业务，对带宽提出了更高的要求。

3. 智能化

智能化主要指在现代通信中，大量采用计算机及其软件技术，使网络与终端，业务与管理都充满智能。

网络智能化不仅仅是指网络具有智能分析的能力，而是系统层面的、整个安全层面的智能化，包括多个方面。

在网络边缘实现智能化，方便用户接入和使用。

在业务提供上实现智能化，例如固网网络的智能化改造。其基本原理就是在现有固定电话网中引入用户数据库（Subscribers Data Center，SDC）新网元，交换机和 SDC 之间通过 ISUP、INAP、MAP 等协议或者相关扩展协议进行信息交互，实现用户数据查询，为用户提供多样化的增值服务。

在网络管理上实现智能化。因为，随着 IT 业务变得越来越富有挑战性，信息技术领域的工作也变得越来越复杂。如何优化设备和网络配置，使网络系统充分发挥优势，是今天网络建设正面临的一项艰巨任务。通过智能化网管系统为网络把脉，查看全网的网络连接关系，实时监控各种网络设备可能出现的问题，检测网络性能瓶颈出在何处，并进行自动处理或远程修复，实现高效的网络管理，促进网络的高效运转。

4. 个人化

通信方式的个人化，可以使用户不论何时何地，不论室内室外，不论高速移动还是静止，也不论是否使用同一终端，都可以通过一个唯一的个人通信号码，发出或者接收呼叫，进行所需的通信。

5. 网络全球化

近年来，Internet（互联网）像野火一样在全球蔓延，互联网的覆盖面已遍及五大洲，它已成为全球范围的公共网。

9.6 目前的通信热点技术

通信的发展都是在交换、传输、终端几个方面交替或同步发展的，各个时期在各个方面都有相应的技术热点。目前通信领域的技术热点很多，且随着时间推进会迅速发生变化，因此把握技术热点前沿的最好方法是紧跟时代，多看通信杂志和浏览相关网页，时时把握其发展的脉搏。因此下面仅以目前几个典型的例子做介绍。

1. NGN（下一代网络）

NGN（Next Generation Network）即下一代网络。所谓“下一代网络”，从字面上理解，应该是以当前网络为基点的新一代网络，它是一个建立在 IP 技术基础上的新型公共电信网络，能够容纳各种形式的信息，提供各种宽带应用和传统电信业务，是一个真正实现宽带窄带一体化、有线无线一体化、有源无源一体化、传输接入一体化的综合业务网络。

ITU-T 对下一代网络（NGN：Next Generation Network）的定义如下。

（1）NGN 是基于分组的网络，能够提供电信业务；

（2）利用多种宽带能力和有 QoS 支持能力的传送技术；

（3）其业务相关功能与其传送技术相独立；

（4）NGN 使用户可以自由接入到不同的业务提供商；

（5）NGN 支持通用移动性。

2. IMS

IMS 即 IP 多媒体子系统（IP Multimedia Subsystem），它是一种定义 IP 网络处理语音呼叫和数据会话方式的架构。基本上相当于在传统线路交换电话网络中控制基础设施的地位，

但也存在一些关键的区别。在它的架构中，服务与其下层的网络是完全分离开来的。通过这种方式，文本信息、语音邮件和文件共享等服务就可以驻留在任何地点的应用服务器上，并且通过多家无线和有线服务商提供给用户。也就是说，只需要在一个系统上保存每位用户的个性设施和访问权限就可以在其他系统上实现用户的自由漫游。

IMS 是一种全新的多媒体业务形式，它能够满足现在的终端客户更新颖、更多样化多媒体业务的需求。目前，IMS 被认为是下一代网络的核心技术，也是解决移动与固网融合，引入语音、数据、视频三重融合等差异化业务的重要方式。

3. 第三代移动通信

第三代移动通信系统（3G）是一种能提供多种类型、高质量多媒体业务，能实现全球无缝覆盖，具有全球漫游能力，与固定网络相兼容，并以小型便携式终端在任何时候、任何地点，进行任何类型通信的通信系统。

1988 年开始研究，最初称为“未来公众移动电话通信系统”。第三代移动通信主要有 3 种标准：WCDMA，CDMA2000 和 TD-SCDMA。这 3 种标准都采用码分多址技术。工业和信息化部于 2009 年 01 月 7 日宣布，批准中国移动通信集团公司增加基于 TD-SCDMA 技术制式的第三代移动通信（3G）业务经营许可（即 3G 牌照），中国电信集团公司增加基于 CDMA2000 技术制式的牌照，中国联合网络通信集团公司增加基于 WCDMA 技术制式的牌照。

4. 第四代移动通信

第四代移动通信系统（4G）也称为 beyond 3G（超 3G），它集 3G 与 WLAN 于一体，并能够传输高质量视频图像，它的图像传输质量与高清晰度电视不相上下。4G 系统能够以 100Mbit/s 的速度下载，比目前的拨号上网快 2000 倍，上传的速度也能达到 20Mbit/s，并能够满足几乎所有用户对于无线服务的要求。而在用户最为关注的价格方面，4G 与固定宽带网络在价格方面不相上下，而且计费方式更加灵活机动，用户完全可以根据自身的需求确定所需的服务。此外，4G 可以在 DSL 和有线电视调制解调器没有覆盖的地方部署，然后再扩展到整个地区。很明显，4G 有着不可比拟的优越性，它是能够解决 3G 系统不足的下一代系统。

4G 通信具有以下特征。

① 通信速度更快。

由于人们研究 4G 通信的最初目的就是提高蜂窝电话和其他移动装置无线访问 Internet 的速率，因此 4G 通信的特征莫过于它具有更快的无线通信速度。专家预估，第四代移动通信系统的速度可以达到 10～20Mbi/ts，最高可以达到 100Mbit/s。

② **网络频谱更宽。**

要想使 4G 通信达到 100Mbit/s 的传输速度，通信运营商必须在 3G 通信网络的基础上进行大幅度的改造，以便使 4G 网络在通信带宽上比 3G 网络的带宽高出许多。据研究，每个 4G 信道将占有 100MHz 的频谱，相当于 W-CDMA 3G 网络的 20 倍。

③ **通信更加灵活。**

从严格意义上说，4G 手机的功能已不能简单划归“电话机”的范畴，因为语音数据的传输只是 4G 移动电话的功能之一而已。而且 4G 手机从外观和式样上看将有更惊人的突破，可以想象的是，一副眼镜、一只手表或是一个化妆盒都有可能成为 4G 终端。

④ **智能性能更高。**

第四代移动通信的智能性更高，不仅表现在 4G 通信的终端设备的设计和操作具有智能化，更重要的是 4G 手机可以实现许多难以想像的功能，例如，4G 手机将能根据环境、时间以及其他因素来适时提醒手机的主人。

⑤ **实现更高质量的多媒体通信。**

4G 通信提供的无线多媒体通信服务将包括语音、数据、影像等，大量信息透过宽频的信道传送出去，为此 4G 也称为“多媒体移动通信”。

5. 泛在网络

随着国民经济的发展和社会信息化水平的日益提高，构建一个以“无处不在的网络社会”为目标（Ubiquitous Network Society，UNS，“泛在网络社会”，又称“无线宽带城市”、“无线城市”或者是“数字城市”）的信息化社会的议题日益成为一些国家的政府、学术界以及运营企业热烈探讨和实践的课题。从技术实现的角度看，要实现无处不在的泛在网络社会目标，无线接入方式是最为高效便捷的，也是最有可能实现泛在网络社会目标的技术实现方式之一，因此国内外也将“泛在网络社会”称为“无线宽带城市”。

泛在网络已经被公认为是信息通信网络演进的方向。泛在网络利用网络技术，实现人与人、人与物、物与物之间按需进行信息获取、传递、存储、认知、决策、使用等服务，网络将具有超强的环境、内容、文化、语言感知能力及智能性。泛在网络包含电信网、互联网以及融合各种业务的下一代网络，并涵盖各种有线无线宽带接入、传感器网络和射频标签技术（RFID）等。

浅显地讲，泛在网络就是指无所不在的网络，可以随时随地提供接入网络的服务，从直观上来说就是可以不受环境限制地打电话、上网、看电视等。从这个意义上讲，当 3G 网络完善之后，泛在网络就可以普及，但实际上这是片面的。因为泛在网络所包含的通信，不止是人与人之间的通信，还包括人与物、物与物之间的通信。

泛在网的架构包括以下三个层次的内容。

一是无所不在的基础网络。

二是无所不在的终端单元。

三是无所不在的网络应用。

泛在网络架构中有一个非常重要的概念就是云计算。

“云计算”（Cloud Computing）是分布式处理（Distributed Computing）、并行处理（Parallel Computing）和网格计算（Grid Computing）的发展，或者说是这些计算机科学概念的商业实现。其最基本的概念，是透过网络将庞大的计算处理程序自动分拆成无数个较小的子程序，再交由多部服务器所组成的庞大系统经搜寻、计算分析之后将处理结果回传给用户。透过这项技术，网络服务提供者可以在数秒之内，达成处理数以千万计甚至亿计的信息，达到和“超级计算机”同样强大效能的网络服务。

在未来，我们只要拥有一个终端，就可以享受由各种接入方式提供的网络服务，就可以拥有比任何个体计算机更加强大、更加迅速的运算能力，可以拥有更加人性化、智能化的社会服务体系，这就是网络发展的终极——泛在网络。

思　考　题

9.1　为什么数字通信比模拟通信抗干扰能力更强？

9.2　什么是 CTI 技术？

9.3　现代通信发展的方向有哪些？

9.4　什么是云计算？它有什么特点？

9.5　什么是物联网？

9.6　泛在网的架构包括哪三个层次的内容？

9.7　简要说明 NGN 的定义。

参 考 文 献

[1] 张毅，郭亚利．通信工程（专业）概论[M]．武汉：武汉理工大学出版社，2007
[2] 鲜继清，刘焕淋，蒋青．通信技术基础[M]．北京：机械工业出版社，2009
[3] 李哲英．电子信息工程概论[M]．北京：高等教育出版社，2011
[4] 蒋青，吕翊，等．通信原理与技术（第 2 版）[M]．北京：北京邮电大学出版社，2012
[5] 鲜继清，张德民，蒋青，等．现代通信系统与信息网[M]．北京：高等教育出版社，2005
[6] 史萍．广播电视技术概论[M]．北京：中国广播电视出版社，2003
[7] 刘文开，刘远航．地面广播数字电视技术[M]．北京：人民邮电出版社，2003
[8] 李哲英，等．电子技术及其应用基础（第 2 版）[M]．北京：高等教育出版社，2009
[9] 蒋青，等．现代通信技术基础[M]．北京：高等教育出版社，2009.
[10] 郭梯云，等．移动通信[M]．西安：西安电子科技大学出版社，2005.
[11] 顾畹仪，等．光纤通信系统[M]．修订版．北京：高等邮电大学出版社，2006.
[12] 达新宇，等．现代通信新技术[M]．西安：西安电子科技大学出版社，2001.
[13] 储钟圻．现代通信新技术[M]．北京：机械工业出版社，2004
[14] 乐正友，杨为理．通信网基本概念与主体结构[M]．北京：清华大学出版社，2003
[15] 谢希仁．计算机网络[M]．北京：电子工业出版社，2013
[16] 中国互联网络发展状况统计报告[Z]．中国互联网络信息中心，2013（1）
[17] 通信产业报[N]．信息产业部
[18] 通信世界[N]．中国通信企业协会会刊
[19] 现代通信[N]．中国通信学会主办
[20] 中国信息产业网：http://www.cnii.com.cn/
[21] 维库电子通：http://wiki.dzsc.com/
[22] 移动 LABS：http://labs.chinamobile.com/
[23] 中国电信：http://www.chinatelecom.com.cn/
[24] 重庆邮电大学移通学院本科专科培养方案 2013 级